权威·前沿·原创

皮书系列为
"十二五""十三五""十四五"时期国家重点出版物出版专项规划项目

BLUE BOOK

智 库 成 果 出 版 与 传 播 平 台

建筑文化蓝皮书

BLUE BOOK OF ARCHITECTURAL CULTURE

北京建筑文化发展报告
（2024）

REPORT ON THE DEVELOPMENT OF BEIJING ARCHITECTURAL
CULTURE (2024)

主　　编／张大玉
执行主编／秦红岭
副 主 编／董　宏　李春青　齐　莹

社会科学文献出版社
SOCIAL SCIENCES ACADEMIC PRESS（CHINA）

图书在版编目（CIP）数据

北京建筑文化发展报告 . 2024 ／ 张大玉主编；秦红
岭执行主编 . --北京：社会科学文献出版社，2025.6.
（建筑文化蓝皮书） . -- ISBN 978-7-5228-4979-9

Ⅰ. TU-092.91

中国国家版本馆 CIP 数据核字第 202529PY43 号

建筑文化蓝皮书
北京建筑文化发展报告（2024）

主　　编／张大玉
执行主编／秦红岭
副 主 编／董　宏　李春青　齐　莹

出 版 人／冀祥德
责任编辑／张　超
责任印制／岳　阳

出　　版／社会科学文献出版社·皮书分社（010）59367127
　　　　　地址：北京市北三环中路甲 29 号院华龙大厦　邮编：100029
　　　　　网址：www. ssap. com. cn
发　　行／社会科学文献出版社（010）59367028
印　　装／天津千鹤文化传播有限公司

规　　格／开本：787mm×1092mm　1/16
　　　　　印张：17.75　字数：266 千字
版　　次／2025 年 6 月第 1 版　2025 年 6 月第 1 次印刷
书　　号／ISBN 978-7-5228-4979-9
定　　价／128.00 元

读者服务电话：4008918866

主要编撰者简介

张大玉　北京建筑大学校长，教授，国家注册城市规划师。北京市战略科技人才团队负责人，北京高校"传统村落保护与民居建筑功能提升关键技术研究"高水平创新团队负责人，北京未来城市设计高精尖创新中心执行主任。兼任中国建筑学会第十四届理事会常务理事及城市设计分会副主任，中国风景园林学会副理事长，教育部高等学校建筑类专业教学指导委员会委员，住房和城乡建设部科技委城市设计专业委员会副主任、历史文化保护与传承专业委员会委员。主要研究方向为城市保护与更新、乡村聚落环境营建。主持国家及省部级科研项目30余项，主持实践项目20余项，发表学术论文90余篇，出版著作3部，获北京市科技进步奖等科技奖励10余项。

秦红岭　北京建筑大学人文与社会科学学院教授，北京建筑文化研究中心主任。兼任第14届、第15届、第16届北京市人大代表，第15届、第16届北京市人大城建环保专委会委员；中国伦理学会理事、中国人学学会理事、北京伦理学会常务理事。主要研究方向为建筑伦理、文化遗产保护与城市文化。主持完成国家社科基金项目2项、省部级社科基金项目6项。出版《建筑伦理学》《城市规划：一种伦理学批判》《城魅：北京提升城市文化软实力的人文路径》《城市设计伦理》等学术专著8部，主编学术论丛8部，发表学术论文140余篇，其专著《建筑的伦理意蕴——建筑伦理学引论》获第十届北京市哲学社会科学优秀成果奖二等奖。成果曾获中央领导和省部级领导批示。

摘　要

近年来，北京以落实首都功能定位和推动城市高质量发展为目标，积极推进建筑遗产保护与城市更新相融合的实践，开展了一系列城市更新行动与专项保护计划，取得了显著成效。然而，在建筑遗产保护与活化利用、城市功能优化和社会发展需求平衡等方面，仍然面临挑战。本报告总结了北京建筑遗产保护与利用的实践经验，剖析问题根源，并提出对策建议，促进北京建筑遗产的系统保护与创新发展，助力首都高质量发展。

本书由总报告和多个专题报告组成，多维度展现北京建筑遗产保护与发展的现状与趋势。总报告聚焦城市更新背景下的北京建筑遗产保护与利用，梳理了近年来在历史文化街区风貌提升、文物建筑保护与活化利用、历史建筑保护利用与民生改善融合等方面的成效，分析了在文化遗产保护与经济社会协同发展、产业融合以及治理机制等方面的挑战，提出通过规划引领、机制优化和社会参与等方式推动建筑遗产"活起来"的策略。

分报告包括遗产保护篇和发展篇。遗产保护篇涵盖五个专题，分别从大栅栏历史文化街区的保护实践、清代王府建筑的分类保护与活化利用、京西工业遗产的再利用与转型发展、祭坛建筑体系的保护策略，以及"苏联式"建筑遗产的整体保护方法等方面，系统总结了不同类型建筑遗产保护的经验和挑战。发展篇聚焦三个专题，一是北京老城更新模式的探索与优化。二是系统回顾北京长城保护历程，分析近年成效与未来展望，为长城文化遗产的保护与传承提供方向。三是全面展示北京市绿色建筑技术应用的发展脉络及其在未来建筑行业中的前景，为绿色建筑政策与实践提供借鉴。

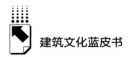

　　为推进北京城市更新进程中建筑遗产保护和建筑文化高质量发展，本报告提出以下对策建议。一是注重规划引领，强化遗产保护顶层设计。完善城市更新规划和遗产保护专项规划，加强对不同类型建筑遗产的分区分类保护，协调遗产保护与经济发展之间的关系，实现长效机制化管理。二是促进社会共治，提升公众认知与参与水平。建立多元化社会参与机制，吸引社会资本、非营利组织和社区居民共同参与建筑遗产保护，营造"全民保护"的社会氛围。三是探索多样化活化路径，提升遗产可持续利用价值。鼓励利用建筑遗产开展文化创意、旅游开发和社区服务等多功能活化实践，创新如"主题式街区更新""社区主导保护"等模式，让遗产在服务经济和改善民生中焕发新活力。四是优化体制机制，增强跨部门协同效能。建立城市更新与建筑遗产保护的联动机制，加强相关部门的协作，推动资金、资源和技术的高效配置，确保遗产保护工作的可持续性和公平性。五是深化遗产保护专项研究，加强经验总结。针对清代王府建筑、工业遗产、祭坛建筑、"苏联式"建筑等特定类型遗产，进一步深化价值研究和保护策略。六是推动绿色建筑技术与遗产保护融合发展，将绿色建筑技术融入遗产保护和活化利用实践，探索低碳环保的建筑修缮和运营方式。

　　关键词：　北京建筑文化　建筑遗产保护　城市更新

目　录 ▶

I　总报告

II　遗产保护篇

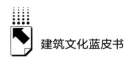

Ⅲ 发展篇

皮书数据库阅读**使用指南**

总报告

B.1

城市更新背景下北京建筑
遗产保护与利用报告（2024）*

摘　要：　　北京城市更新不仅是对建成区城市空间形态和城市功能的持续完善和优化调整，也是落实城市风貌管控和历史文化名城保护要求，助力北京建筑遗产保护传承与活化利用的重要手段。本报告基于北京城市更新的基本特征和模式创新，概括分析了北京建筑遗产保护利用的主要成效，但从整体上看，城市更新背景下迈向首都高质量发展新阶段的北京建筑遗产保护利用工作还面临一些问题和现实挑战：城市更新与历史文化街区和建筑遗产保护协同推进需加强；建筑遗产保护与周边功能衔接和产业融合发展不够；有序推进文物建筑活化利用的成效待提升；历史建筑保护更新与民生改善难平衡的问题。为应对上述问题并结合北京城市发展新形势和新需求，本报告提出以下对

* 本文系北京市习近平新时代中国特色社会主义思想研究中心"首都文化软实力与历史文化名城保护协同发展研究"（北京市哲学社会科学规划重点项目，项目编号：23LLWXB032）的阶段性成果。

** 秦红岭，北京建筑大学人文与社会科学学院教授，北京建筑文化研究中心主任，主要研究方向为建筑伦理、文化遗产保护与城市文化。

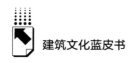
建筑文化蓝皮书

策建议：一是发挥城市更新规划的引领作用，平衡好建筑遗产保护利用与历史文化街区经济发展的关系；二是制订城市更新街区建筑遗产管理规程，完善建筑遗产保护利用的体制机制；三是深化推进文物建筑活化利用路径，拓展社会参与方式，在城市更新中让建筑遗产"活起来"；四是加大历史建筑保护利用实践探索和创新力度，协调好历史建筑保护与民生改善的关系。

关键词： 城市更新　建筑遗产保护　历史文化街区　北京

　　城市更新是党和国家对提升城市发展质量作出的重大决策部署。2022年，党的二十大报告要求"加快转变超大特大城市发展方式，实施城市更新行动"。2024年，党的二十届三中全会报告进一步提出"建立可持续的城市更新模式和政策法规"工作要求，为我国"十五五"时期的城市更新工作重点指明了方向。

　　新一轮北京城市更新是落实新时代首都城市战略定位的城市更新，是全国首个减量背景下的城市更新，是满足人民群众对美好生活需要的城市更新，更是千年古都和世界著名历史文化名城的城市更新。北京通过城市更新，不仅有助于转变城市开发建设方式，推动城市高质量发展，更有助于促进历史文化名城保护与城市更新深度融合，提升建筑遗产价值，实现对建筑遗产的有效保护，促进其合理利用，使其焕发新的活力。总之，北京城市更新既是对建成区城市空间形态和城市功能的持续完善和优化调整，也是对城市历史文化遗产的有机保护与活化利用，为新时代首都发展注入了新动能。

　　本报告基于北京城市更新的基本特征与主要模式，对北京历史文化街区和建筑遗产保护利用的主要成效和问题进行概括和分析，并结合新形势和新需求，提出进一步促进和加强北京历史文化街区和建筑遗产保护利用的对策建议。①

---

① 需要说明的是，本报告所称的建筑遗产是指城市更新范围内已经纳入法定保护体系的各类建筑遗产，主要包括文物建筑和历史建筑。

一　北京城市更新的特征与模式

（一）北京城市更新的内涵和主要特征

当代城市更新逐渐从注重城市物质空间的改善和整治，转向城市经济、社会、环境、文化等方面整体提升的战略行动，其目标日益综合，远远超出了城市整治或翻建的含义。彼得·罗伯茨（Peter Roberts）指出：城市更新是"旨在解决城市问题，并使已发生变化或提供改善机会的地区的经济、物理、社会和环境状况得到持久改善的全面、综合的愿景及行动"。[①] 2023年3月1日起施行的《北京市城市更新条例》第二条指出，"本条例所称城市更新，是指对本市建成区内城市空间形态和城市功能的持续完善和优化调整"，"本市城市更新活动不包括土地一级开发、商品住宅开发等项目"。2022年5月18日发布的《北京市城市更新专项规划（北京市"十四五"时期城市更新规划）》指出："城市更新主要是指对城市建成区（规划基本实现地区）城市空间形态和城市功能的持续完善和优化调整，严控大拆大建，严守安全底线，严格生态保护，是小规模、渐进式、可持续的更新。"[②]

总体来看，新时代北京城市更新的目标是通过系统性的城市空间治理解决城市问题，在经济、环境、社会和文化等方面全面推动城市可持续发展，推行小规模、渐进式、可持续的更新模式，而非大拆大建式城市更新。与以往注重规模扩张的城市更新逻辑相比，城市更新的底层逻辑已从"有没有"转变为"好不好"。对此，《北京市城市更新条例》第一条明确指出，北京城市更新不仅是优化城市功能和空间布局，改善人居环境，还要加强历史文

---

① 彼得·罗伯茨、休·塞克斯、雷切尔·格兰杰主编《城市更新手册》（第二版），周振华、徐建译，上海人民出版社，2022，第22页。

② 北京市人民政府：《北京市城市更新专项规划（北京市"十四五"时期城市更新规划）》，https://fgw.beijing.gov.cn/fgwzwgk/2024zcwj/ghjhwb/wngh/202206/W020240628680193553139.pdf。

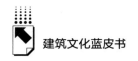

化保护传承，激发城市活力，促进城市高质量发展，建设国际一流的和谐宜居之都。

除此之外，北京城市更新所具有的鲜明特征，还体现在北京作为超大城市与首都城市的双重属性叠加，要求北京城市更新需要在"都"与"城"的关系中找到平衡，努力探索适合首都特点的城市更新之路，既要服务于以政务保障为主的首都功能，落实首都战略定位，又要兼顾城市经济、社会、文化等领域的发展需求，促进城市功能完善和人居环境品质提升。

具体而言，北京城市更新的主要特征表现在以下几个方面。

第一，城市更新的价值逻辑更加突出人民性，是聚焦提高人民生活品质、满足人民群众美好生活需要的城市更新。

北京城市更新以人民为中心，聚焦提高人民生活品质和满足人民群众对美好生活的需要，成为新时代城市更新的核心价值逻辑。当前，北京城市建设已从"增量发展"迈入"存量提质"和精细化治理的新阶段，目标是建设"减量发展、控总量、优存量、提质量"的国际一流和谐宜居之都。在这一新发展阶段，城市更新并非不重视经济增长，而是超越传统的增长范式，不再以房地产开发主导或速度和规模扩张为城市更新主要目标，而是向城市发展目标多元化、复合化转变，用综合目标体系来引领城市更新，特别是聚焦人民生活品质的全面提升。城市更新一头连着发展，一头连着民生，要从人民群众对城市宜居、宜业的需求入手，回应人民群众对美好生活的向往，践行人民城市理念。正如党的二十大报告强调的，"坚持人民城市人民建、人民城市为人民，提高城市规划、建设、治理水平，加快转变超大特大城市发展方式，实施城市更新行动，加强城市基础设施建设，打造宜居、韧性、智慧城市"。

以人民为中心理念在城市更新中的具体表现，不仅体现在打造绿色高品质公共空间和优化城市空间布局，满足人民群众的美好生活需要，更重要的是优先解决老百姓最直接、最迫切的现实居住问题。《北京市城市更新条例》和《北京市实施城市更新行动三年工作方案（2023~2025 年）》确定的五大类城市更新活动①中，以提升居住品质为主的居住类城市更新紧密联系百姓福祉。2023年北京加快推进居住类项目实施，核心区平房院落申请式退租完成2009户，修缮完成1287户，危旧楼房改建完成20.4万平方米；老旧小区改造新开工355个，完工183个；老楼加装电梯新开工1099部，完工822部，均超额完成全年目标。从改造成果来看，全年共完成抗震加固2.4万平方米、节能保温530万平方米，更换上下水立管4.3万趟，建设楼栋单元出入口无障碍设施2863处，新建改建停车位1.5万个。② 上述成果提升了百姓生活的舒适度和便利度，增强了人民的获得感和幸福感。

从政策到实践，北京城市更新在改善老百姓居住品质的同时，也推进了宜居、韧性、智慧城市建设，使城市发展成果更多地惠及人民，彰显了以人民为中心的城市更新价值追求。

第二，北京城市更新的制度逻辑更加突出系统性和配套性，坚持问题导向和需求导向，立足北京城市建设实际进行制度安排与创新。

总体来看，北京城市更新制度体系已基本成形，构建了"1+N+X"的城市更新制度框架，形成了科学管用且基本完备的城市更新配套政策文件和政策工具箱。其中，"1"指《北京市城市更新条例》及市级城市更新纲领性文件，作为城市更新制度的顶层设计，为推进城市更新行动提供了坚实的制度保障；"N"指分类型、差异化的管控政策和相关配套规范性文件。《北京市实施城市更新行动三年工作方案（2023~2025年）》明确了规划土地、审批实施、资金支持、协商共治等方面的50个配套文件，形成制度体系的重要支撑；"X"指各类规范和技术标准，如北京市住房和城乡建设委员会等部门印发的《关于引入社会资本参与老旧小区改造的意见》（京建发〔2021〕121号），为具体项目实施提供指导。

---

① 《北京市城市更新条例》和《北京市实施城市更新行动三年工作方案（2023~2025年）》中确定的五大类城市更新活动分别是：以提升居住品质为主的居住类城市更新，以存量空间资源提质增效为主的产业类城市更新，以保障安全、补足短板为主的设施类城市更新，以提升环境品质为主的公共空间类城市更新和实现片区可持续发展的区域综合性城市更新。

② 北京市住房和城乡建设委员会：《践行人民城市理念，扎实开展城市更新行动》，2024年1月25日，https://zjw.beijing.gov.cn/bjjs/xxgk/xwfb/436344495/index.shtml。

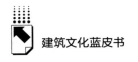

同时，北京市注重政策匹配与落地情况的动态评估，结合城市更新实践中的新需求与新问题，不断推动政策创新。例如，2023 年 12 月 26 日，北京市规划和自然资源委员会出台了《北京市建设用地功能混合使用指导意见（试行）》（京规自发〔2023〕313 号），加强规划与土地政策的深度融合。该文件通过正负面清单和比例管控的方式，支持一种建设用地上不同功能的混合使用，契合城市更新对规划管理的灵活性需求，为盘活闲置低效空间和推进片区综合性城市更新试点提供了制度保障。

通过"1+N+X"制度框架，北京城市更新构建了一个全方位、多层次的政策体系，既强化顶层设计，又注重配套政策的落地与实施效果评估，展现了系统化治理的实践逻辑。

第三，北京城市更新的治理逻辑更加突出协商共治，健全公众参与机制。

城市更新不仅是项目更新和物质空间更新，更是城市治理模式的优化和创新。建立和完善城市更新的协商共治机制，是推进北京市域社会治理现代化的基本要求，也是有序推进城市更新的重要环节。尤其是在居住类城市更新中，其全过程都与居民利益紧密相关，公众参与既是基层社会治理的重点，也是城市更新的难点。通过强化公众参与效能，实现多方参与、共建共治共享的治理机制，能够更好地回应人民群众对美好生活的期盼。

《北京市城市更新条例》对协商共治和公众参与作出了明确要求，并进行了原则性设计，提出要建立健全城市更新协商共治机制，明确街道办事处、乡镇人民政府要通过社区议事厅等多种方式搭建协商平台。针对实践中协商共治主体动力不足、能力不足，以及多元利益主体之间协调规则缺乏的问题，北京市住房和城乡建设委员会、北京市规划和自然资源委员会等部门结合实际，不断完善配套政策和实施细则。具体实践中，北京市积极探索适合不同类型城市更新项目的公众参与机制，形成了一套较为系统的协商共治框架，包括积极推进社区议事协商和完善基层协商平台建设；责任规划师下沉到居民社区发挥其沟通协调作用；针对居住类、产业类、公共空间类等不同类型城市更新项目，形成有针对性的实施细则，规范多元主体的利益博弈与协商规则等。

通过城市更新协商共治的深化探索，北京城市更新不仅成为推动高质量发展的重要路径，也为基层社会治理创新提供了有力支撑。

第四，超越环境改善型城市更新，逐步迈向文化引领型城市更新。

文化传承是城市更新的重要使命。美国城市理论家刘易斯·芒福德（Lewis Mumford）提出，城市是"文化的容器"，具有储存文化和传承文化的基本使命和根本功能。他指出："城市通过它的许多储存设施（建筑物、保管库、档案、纪念性建筑、石碑、书籍），能够把它复杂的文化一代一代地往下传，因为它不但集中了传递和扩大这一遗产所需的物质手段，而且集中了人的智慧和力量。这一点一直是城市给我们的最大的贡献。"[①] 这一思想深刻揭示了文化传承在城市更新中的重要作用。

北京市在城市发展的不同时期，基于不同目标，采用了不同模式的城市更新。从 20 世纪 90 年代的"开发带危改"到 2000 年后的"房改带危改"，以大规模拆除重建为主的城市更新模式，虽然在短期内改善了城区面貌，缓解了住房紧张问题，却对北京的古都风貌和历史文化传承造成了严重影响。这种"推倒重建"式改造忽视了城市的文化储存和传承功能，导致城市特色逐渐丧失，城市发展与城市文化出现断裂与失衡。"随着社会中历史文化保护观念的不断增强，人们逐渐认识到这种'推倒重建'型的改造模式对北京这座历史文化名城来说是行不通的。"[②]

北京新一轮城市更新在结束了以增量开发为主的大规模改造后，逐步进入了"存量提质"阶段，物质环境的普遍改善为以文化传承为核心的精细化治理创造了条件。在这一阶段，城市建设更加注重"以人为本"，将保护历史文化与传承城市文脉作为城市更新的重要目标。2024 年 12 月，《北京历史文化遗产保护传承体系规划（2023 年~2035 年）》正式发布，该专项规划提出，

---

① 刘易斯·芒福德：《城市发展史——起源、演变和前景》，宋俊岭、倪文彦译，中国建筑工业出版社，2005，第 580 页。

② 易成栋、韩丹、杨春志：《北京城市更新 70 年：历史与模式》，《中国房地产》2020 年第 12 期。

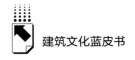

要切实加强城市更新中的历史文化遗产保护，坚持以保留保护为主、留改拆并举。近年来，北京坚持"城市保护与有机更新相结合"，在历史文化街区保护、建筑遗产保护利用和城市更新的深度融合中探索具有北京特色的文化引领型治理策略，逐步形成了一套以文化传承为核心的更新路径。一是强调风貌治理与历史文化保护并重，在更新项目中以保护历史文化导向的风貌治理为抓手，注重城市文脉的延续和乡愁记忆的再现。二是文化空间营造与现代功能融合，将文化遗产保护与城市功能提升相结合，在更新过程中注入新的文化和经济活力。比如，钟鼓楼周边等更新项目在注重保护古都风貌的同时，也融入了现代公共空间设计，增强了城市宜居性和吸引力。三是项目牵引推动示范效应，以文化传承为目标，通过试点项目探索文化引领型城市更新的治理策略。例如，首钢园工业遗产改造成为文化创意产业和现代城市生活空间相结合的典范，既实现了文化功能的传承，也为城市经济发展注入了新动力。

北京新一轮城市更新不仅是空间形态的优化，更是对城市历史文化资源的挖掘与传承，通过文化引领型更新，为新时代城市更新探索了"延续文脉、提升活力"的可持续路径，在服务首都战略功能的同时，彰显了北京作为世界历史文化名城的独特魅力。

（二）北京城市更新的模式创新

自 2017 年起，北京通过实施"疏解整治促提升"专项行动，不断探索存量资源更新实施路径，把握好舍与得、都与城、减与增、旧与新的关系，推动城市建设方式转型升级，逐步建立起城市更新制度、组织和实施体系，逐渐形成减量背景下促进高质量发展的新模式。例如，《北京市城市更新条例》创新性提出了"项目库—计划—实施方案—联合审查—审批手续办理"的项目实施管理体系，解决了城市更新项目中"由谁负责报批、方案如何编制、由谁审查以及如何审查"等关键问题。

作为全国第一批城市更新试点城市以及首个践行减量发展的超大城市，北京在城市更新路径上积极探索，为超大城市治理提供了"北京经验"。例如，在平房院落改造中，形成了"公房经营管理权"的"菜西模式"；在老旧小区改造中，探索出"劲松模式"；在低效产业园区更新中，创新了腾笼换鸟的"亦庄模式"。还探索了城市更新与"站城融合"的中心城区轨道交通微中心模式，以及以亮马河国际风情水岸为示范的"城市更新+花园城市"模式。此外，北京还通过构建多元参与的协商共治模式，形成了丰台区的"街企结对"模式和昌平区的"训练营"模式，在街区控规与基层治理相结合方面，推出了昌平回天地区的"清单式""菜单式"工作模式。

以下聚焦历史文化保护传承，阐述与北京历史文化名城保护和建筑遗产保护利用紧密相关的模式创新。

第一，创新推进区域综合性更新，实现历史文化街区文化遗产保护传承与有机更新协同发展。

《北京市实施城市更新行动三年工作方案（2023~2025年）》明确提出，以区域更新为重点，系统回应民生需求、优化城市空间布局。在区域更新实践中，聚焦老城保护和历史文化街区的更新需求，积极探索综合性实施路径。

针对核心区历史文化街区的综合性城市更新，主要采取以街区综合实施方案为指引，统筹推进申请式退租、文物修缮、风貌保护、功能织补和转化利用，让老城在整体有机更新中实现保护与发展双赢。例如，皇城景山街区2021年以来，平房直管公房通过申请式退租方式进行有机更新，腾出的院落进行了保护性修缮和恢复性修建，既改善了居民的居住环境，也提升了街区品质。在完成一期景山三眼井片区、皇城景山二期申请式退租项目之后，包括院落更新在内，东城区于2023年10月启动了皇城景山三期片区综合性城市更新项目。该项目由北京市发展和改革委员会同市规划和自然资源委员会、市财政局、市住房和城乡建设委员会共同制定了《东城皇城景山三期片区综合性城市更新试点方案》，形成北京市首个居住、产业、设施、公共空间等各类城市更新项目打捆立项的区域综合性城市更新项目。通过统筹街区各类空间更新，推进建筑遗产修缮、历史风貌保护、街区环境提升和产业业态引导，让整个街区通过"腾笼换鸟"实现风貌品质提升。截至2023年12月24日签约期结束，皇城景山三期申请式退租项目累计完成退租签约

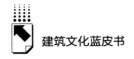

1796 户，其中直管公房居民 1774 户，完成整院腾退共计 133 个院落。① 其中"整院"腾退新模式的成功实践，对促进腾退空间盘活利用和老城风貌集中连片提升有重要作用。腾退后在保护性修缮和恢复性修建环节制定了相关工作标准，防止损害历史风貌。例如，2023 年制定的《东城区平房（院落）保护性修缮和恢复性修建项目前期调查研究及方案设计工作标准（试行）》，要求实施单位和设计单位在前期调查研究过程中要细致分析挖掘胡同肌理、片区整体风貌等演变过程及人文历史信息，并对街区内不可移动文物、历史建筑等进行现状调查研究、价值评估和分类施策，以此作为方案设计和规划部门方案审查的重要依据。

丰台区长辛店老镇探索了北京老城之外其他历史街区综合性更新的成功模式。长辛店老镇是明清"九省御路"进出京要道上的重镇，也是首都红色文化和近现代工业文明的摇篮。作为北京市 178 个城市更新重点街区之一，长辛店老镇 2023 年进入实质性推进新阶段，成为北京率先实施区域综合性城市更新的地区。② 长辛店老镇控规即《北京丰台区长辛店老镇 FT00-4011 街区控制性详细规划（街区层面）（2020 年~2035 年）》。长辛店老镇是《北京市城市更新条例》实施后，首个获得市政府批复的区域综合性城市更新片区，基于"千年驿站，老镇常新"的定位，按照文物考古优先、市政交通设施先行、公服配套同步配置、产业集聚分期引入的实施原则，渐进式、可持续实现老镇历史保护传承与有机更新的协同发展，形成了"城市更新+土地开发上市+政府财政建设"的区域综合性更新模式。在保护好老镇的历史文化遗产、留存好老镇乡愁记忆方面，提出了"以文为神，传承核心文化价值；以街为骨，延续长辛店老镇的生长方式和空间逻辑；以船为形，保持历史空间意象"的总体定位，规划划定了物质文化保护要素，分类提出文物腾退、保护性考古、历史建筑修缮等保护与利用要求，探索保护传承与有机更新协同的城市更新实施路径。

---

① 李瑶、邓伟：《东城区皇城景山三期将开展综合性城市更新》，https：//xinwen. bjd. com. cn/content/s659d42c9e4b064178155457c. html。

② 陈雪柠：《长辛店老镇常新》，《丰台时报》2024 年 4 月 12 日。

第二，探索形成片区统筹式更新模式，激发历史文化街区与城市公共空间的活力。

片区统筹式更新是一种区域综合性更新模式，以统筹规划实施为核心，整合保护性修缮、环境整治、现代功能补齐及社区交往空间增设等多重需求，全面提升历史文化街区与城市公共空间的品质和功能。通过业态多元提升、规划引领、社会资本参与等方式，这一模式有效展现了城市的文化底蕴与公共空间的活力。

朝外片区更新示范段的"朝外模式"。2023年9月，北京市首个片区更新类公共空间试点项目——朝外片区更新示范段公共空间改造提升项目完成，创建了"政府高位统筹、街道联动各方资源、国企主动搭建平台、社会资本参与共建"的"朝外模式"。该项目北起朝外大街，南至芳草地北巷，西至昆泰嘉华酒店，东至工人体育场东路，改造提升总面积6.2万平方米。项目基于文脉传承、多元共生、步行友好理念，通过恢复历史景观脉络、街道品质提升、多元社交空间构建等方式，打造了点线面结合的公共空间体系，实现朝外大街在产业商业、建筑空间、城市景观升级的同时，重现"东岳庙—神路街—日坛"景观文脉，恢复了历史遗迹的风采。其中，东岳文化广场是朝外片区更新示范段公共空间改造的"点睛之笔"，颇受年轻群体喜爱。广场标志性历史景观为神路街牌楼，它是东岳庙山门前的一座砖石结构的琉璃牌楼，始建于明万历三十年（1602年），屋顶为歇山顶，北面书"永延帝祚"，南面刻"秩祀岱宗"，矗立于东岳庙山门正对面，与山门隔街相望（见图1），而琉璃牌楼以南为神路街，通向日坛。改造前的东岳文化广场作为停车场来使用，更新改造后成为开放共享的现代与历史交融的文化广场。

石景山模式口历史文化街区的"模式口经验"。石景山区模式口历史文化街区是片区更新类公共空间项目的又一成功范例，形成了历史文化街区保护与发展的"模式口经验"。该街区面积约38.88公顷，是北京西山永定河文化带的重要节点，于2002年被列入北京市第二批历史文化街区。区域内拥有国家级文保单位法海寺、承恩寺，市级文保单位田义墓、第四纪冰川擦

图 1　更新改造后的北京朝外东岳文化广场，
营造新旧交织的文化景观（秦红岭摄）

痕陈列馆，区级文保单位 17 处、有价值院落 37 处。① 片区更新类公共空间
项目遵循"文物保护是核心，环境整治是前提，有机更新是遵循，民生改
善是重点，业态提升是关键"的理念，通过集中改造多项惠民市政设施、
升级多处市民文化休闲空间、打造多个京西特色文化小微展馆、营造多组商
业文化体验院落，推动模式口历史文化街区保护更新、活化利用。② 在推动
文物活化利用方面，由原西山翠林茶舍改建而成的法海寺壁画艺术馆项目
2023 年 10 月荣获第二届"北京城市更新最佳实践"奖。该项目将法海寺明
代壁画通过超高清视频和沉浸式体验等数字技术展示给游客，让"沉睡"

---

① 北京历史文化名城保护委员会办公室、北京城市规划学会：《北京历史文化名城保护优秀
　案例汇编集（2013 年~2022 年）》，https://ghzrzyw. beijing. gov. cn/zhengwuxinxi/tzgg/sj/
　202207/P020220905553447226470. pdf。
② 潘俊强：《北京石景山区推进模式口历史文化街区保护利用：百年老街 古韵新颜》，《人民
　日报》2024 年 2 月 25 日。

千年的法海寺壁画"活起来"，实现文物展示传播的沉浸式体验和文化遗产的数字化创新利用。

朝外片区的"朝外模式"和模式口历史文化街区的"模式口经验"均证明了片区统筹式更新模式在历史文化保护与城市活力提升中的独特优势。这种模式通过统筹规划、资源整合、多元参与，实现了历史文化与现代生活的深度融合，为其他历史街区的保护与更新提供了示范样本。

第三，探索老旧厂房城市更新多业态融合发展模式，焕发工业遗产时代风采。

工业遗产是城市工业文明的重要见证和特色资源，同时也是不可替代的人文记忆与历史传承。北京的近现代工业旧址和建筑遗产广泛分布于城区、近郊以及远郊，成为推动城市更新与转型的重要载体。通过城市更新手段对低效利用的工业遗产进行保护性开发与活化利用，不仅可以激活关联区域的经济和文化活力，还为城市高质量发展注入了新动能。

"首钢模式"是工业遗产更新的典范。在北京工业遗产的活化利用方面，"首钢模式"成为引领老旧厂房改造利用、推动区域转型发展和城市复兴的范例。"首钢模式"以"政府主导、智库支撑、企业推进"的合作机制为基础，创新性提出了"保留工业素颜值、织补提升棕颜值、生态建设绿颜值"的整体风貌打造理念。在更新路径上，首钢以自主更新为主、市场化开发为辅，推动工业建筑向民用建筑功能的转化。通过承接冬奥会和服贸会等重大赛会，首钢加速实现"厂区""园区"向"社区""街区"的华丽蝶变。[①] 2022 年 2 月，北京冬奥会自由式滑雪女子大跳台决赛中，谷爱凌摘得金牌的一瞬间，全球目光聚焦于"雪飞天"——世界首座利用工业遗产改建而成的滑雪大跳台。冬奥会后，首钢滑雪大跳台成为全世界首例永久保留和使用的单板滑雪大跳台场地，不仅继续举办相关体育赛事，还成为京城一处冰雪游胜地和特色文化空间（见图 2）。

---

① 叶中华、王荣臻：《北京市石景山区：为超大城市更新提供参照路径》，《中国城市报》2023 年 8 月 21 日。

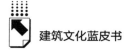

首钢园区的综合发展实践。2023年底，新首钢北区石景山景观公园、冬奥广场、首钢工业遗址公园三大片区基本建成，首钢园也成为一个多业态融合发展的新时代首都城市复兴地标。具体而言，"首钢模式"展现出以下创新实践。一是多功能综合开发，将工业建筑转化为会议、体育、展览、商业等多功能场所，赋予工业遗产新的使用价值。二是文化传承与创新，通过展示工业历史，结合现代技术手段创新表达方式，让工业遗产成为文化体验的重要载体。三是生态修复与景观提升，利用工业废弃地进行生态修复，打造绿色空间，实现"工业锈带"到"城市秀带"的蜕变。四是产业转型与经济发展，引入高端服务业与新兴产业，实现园区经济效益与社会效益的双赢。五是公众参与与社区融合，营造开放、共享的公共空间，增强园区的社区功能与居民互动性，提升区域活力。

"首钢模式"通过在保护工业遗产的基础上满足社会文化需求，探索出工业遗产保护与区域复兴相结合的路径。其创新实践为其他老旧厂房和工业遗址的更新改造提供了宝贵经验，成为新时代北京城市更新和高质量发展的重要参考样本。

图2　2023年9月14日首钢滑雪大跳台举办北京文化论坛文艺晚会（秦红岭摄）

总之，"片区化+综合性"业已成为北京城市更新的基本方向和趋势，有利于统筹资源、发挥规模化效益，做到整体有机更新、综合运营。同时，城市更新背景下建筑遗产保护利用如何更好地满足社会文化需求也正在成为新的探索方向。

二　城市更新背景下北京历史文化街区和建筑遗产保护利用的主要成效

（一）城市更新背景下北京历史文化街区保护主要成效

历史文化街区是北京历史文化名城保护体系的重要组成部分，是传承北京历史文脉的重要载体。截至 2024 年 5 月，北京已公布历史文化街区 4 批次 49 片，其中老城内 39 片，总面积 2373 公顷，占老城面积比例 37.9%；老城外 10 片，分布在海淀、丰台等 7 个区。①

城市更新背景下北京历史文化街区保护主要成效，除了以上所述"创新推进区域综合性更新，实现历史文化街区文化遗产保护传承与有机更新协同发展""探索形成片区统筹式更新模式，通过统筹规划实施、业态多元提升、引导带动社会资本参与等方式，让历史文化街区和城市公共空间活力显现"两个方面之外，还体现在以下方面。

第一，强化了顶层制度设计，通过立法明确城市更新背景下历史文化街区的保护要求。

近年来，北京通过《北京历史文化名城保护条例》和《北京市城市更新条例》进一步巩固了历史文化街区保护的法律基础。2021 年 3 月 1 日施行的《北京历史文化名城保护条例》对北京历史文化名城保护进行了全方位规定，形成了适合北京特点和要求的保护与利用模式，同时也对新时代北

---

① 北京历史文化名城保护委员会办公室编《北京历史文化名城保护关键词》，外语教学与研究出版社，2022，第 46 页；北京市规划和自然资源委员会对北京市第十六届人民代表大会第二次会议第 0652 号建议（"老城历史文化街区建筑遗产保护传承的建议"）答复意见。

京历史文化街区保护提出了基本要求。该条例指出，所谓历史文化街区，是指保留有一定数量的不可移动文物、历史建筑、传统风貌建筑以及传统胡同、历史街巷等历史环境要素，能够较完整、真实地体现历史格局和传统风貌，并具有一定规模的区域。条例第三十四条规定，老城所在地的区人民政府应当推动历史文化街区、成片传统平房区的保护和有机更新，严格控制建设规模和建筑高度，保护传统风貌。条例第四十条规定，在历史文化街区、名镇、名村的核心保护范围内，除必要的市政基础设施、公共服务设施以及按照保护规划进行风貌恢复建设外，不得进行新建、改建、扩建活动。在历史文化街区、名镇、名村的核心保护范围内进行必要的市政基础设施、公共服务设施以及按照保护规划进行风貌恢复建设的，应当严格保护历史格局、街巷肌理和传统风貌。2023 年施行的《北京市城市更新条例》第四条指出，开展城市更新活动，要遵循落实城市风貌管控、历史文化名城保护要求，严格控制大规模拆除、增建，优化城市设计，延续历史文脉，凸显首都城市特色。

上述条例明确了城市更新背景下历史文化街区保护应维护历史文化遗产的真实性、历史风貌的完整性原则，采取街区保护与有机更新并举方式保护传统风貌，加强修复修缮、严格拆除管理的基本要求，有针对性地解决了历史文化街区更新以及历史建筑保护和活化利用等方面的法规政策障碍。

第二，"疏解整治促提升"专项行动与历史文化街区保护和街区更新紧密衔接，持续提升历史文化街区的风貌特色和宜居性。

北京减量发展背景下的综合更新阶段，"疏解整治促提升"专项行动作为先导，开启了新时代首都特色的城市更新之路。① "疏解整治促提升"专项行动是立足于首都城市战略定位，以疏解非首都功能、整治城市环境和改善人居环境为目标的综合治理举措。2017 年 1 月，北京市政府出台《关于组织开展"疏解整治促提升"专项行动（2017~2020 年）的实施意见》，决定开展"疏解整治促提升"专项行动，主要包括治理违法建设、老旧小区

---

① 曹政：《疏整促开启北京特色城市更新之路》，《北京日报》2024 年 5 月 29 日。

综合整治、中心城区重点区域整治提升、沿街立面风貌整治、一般制造业和区域性专业市场等非首都功能疏解、地下空间和群租房整治、棚户区改造、直管公房及"商政住"清理整治等。随后，专项行动进一步向背街小巷整治、美丽乡村建设延伸，并加入留白增绿、地区公共服务提升行动计划等内容。2021年以来，北京"疏解整治促提升"专项行动进一步系统化实施，紧紧围绕服务首都建设国际一流的和谐宜居之都的目标，加强重点地区环境整治提升，统筹用好疏解腾退空间，持续提升历史文化街区的宜居性。

对于集中体现城市历史风貌的北京老城而言，"疏解整治促提升"专项行动并非单纯的环境整治，而是将环境整治提升与街区更新、老城整体保护有机结合，并以此为抓手，落实"老城不能再拆了"要求，推进历史文化街区的保护与活化利用，重塑魅力老城。老城历史文化街区近年来采取了以街区为实施单元的小规模、渐进式、可持续的更新，运用"修补匠"般的微改造、微更新方法，拆除影响街区风貌的违章建筑，通过空间腾退提升、架空线入地等方式整治影响历史风貌的局部区域，通过城市设计的物质空间要素加以控制引导，完善街区家居和景观小品设计，补足便民服务设施，建构风貌协调、肌理承续、便民宜居的街区景观环境。例如，前门草厂三条至十条历史文化街区整治中，采取兼顾保护和宜居的原则，拆除清理了大量违建杂物，配建了便民设施，同时对胡同外立面进行翻修保护，整治修复了被违建堵塞的历史建筑，使历史文化街区的风貌品质和居住环境得以显著提升。在东四四条至六条历史文化街区整治中，对建筑立面、小微景观、便民设施等进行改造升级，完善街区功能植入，设置大件垃圾转运点，改善公共服务供给，同时在街区历史建筑修复中贯彻"最小干预、可逆、可识别"的修复原则，更好保护历史风貌，展现老北京的记忆。

第三，推进街巷精细化治理，打造高质量历史文化街区。

为持续深化、提升背街小巷环境治理成果，打造更多宜居街巷，2023年北京市启动深入推进背街小巷环境精细化治理三年行动，出台《北京市深入推进背街小巷环境精细化治理三年（2023~2025年）行动方案》。新一轮行动坚持与城市更新紧密衔接，聚焦保护历史文化底蕴，营造休闲空间和完善便民服务等重点任务，明确了精品街巷"四有"标准，即历史文化有传承、绿化美化有品质、生活休闲有空间、便民服务有配套，打造符合区域街巷特色、展现传统文化、满足百姓需求的高质量街区。2023 年，北京市共完成 1730 条背街小巷的环境精细化治理任务①，为进一步推动历史文化街区的整体保护与更新提供了借鉴。

第四，结合区域综合性更新，增强历史文化街区整体活力。

北京在历史文化街区的保护与更新中，探索出区域综合性更新模式，通过整合保护性修缮、功能优化和文化传承，构建了多维度的街区活力提升体系。例如，皇城景山三期项目通过"打包立项"的创新方式，实现了多领域、多部门联动推进。这一项目不仅完成了院落腾退和直管公房的申请式退租，还同步开展了文物修缮和功能织补工作，对街区风貌进行系统提升，实现了历史风貌保护与街区功能提升的双赢。长辛店老镇的区域综合性更新以"渐进式、可持续"为核心原则，展现了在历史文化街区保护与发展中平衡各方需求的创新模式。此外，北京还探索历史文化街区的功能优化与产业业态的融合发展路径，通过引入现代商业和文旅消费业态，推动历史街区从传统居住功能向商业、旅游、文化多功能综合体转型。这种更新模式既保护了历史街区的核心价值，又通过多元化的功能补充，使其焕发新的生机与活力。

（二）城市更新背景下北京文物建筑保护利用的主要成效

文物包括不可移动文物和可移动文物，其中文物建筑作为不可移动文物的重要类型，指具有历史、艺术、科学及社会和文化价值的建筑类文物，与其相关的概念还有建筑遗产、建成遗产等。北京拥有丰富的文物建筑资源，其数量和质量在全世界大都市中位居前列。截至 2023 年 11 月，北京市拥有

---

① 2024 年 1 月 21 日在北京市第十六届人民代表大会第二次会议上北京市市长殷勇所作《2024 年政府工作报告》。

全国重点文物保护单位 135 处，北京市文物保护单位 257 处。[①] 在 2024 年 7 月 27 日召开的第 46 届世界遗产大会上，"北京中轴线——中国理想都城秩序的杰作"成功列入《世界遗产名录》。至此，北京以 8 项世界文化遗产的数量成为全球拥有世界文化遗产最多的城市[②]，进一步巩固了其作为世界历史文化名城的地位。

城市更新背景下，北京文物建筑在注重融合发展、以文物建筑开放利用促进首都高质量发展等方面取得显著成效。

第一，注重"文物+"融合发展，推动文物建筑保护利用与环境风貌提升、民生改善和城市更新相融合。

文物建筑的保护不是静态的"冷冻式"保护，而是要通过活化利用更好地融入当代社会生活，提升人民群众的幸福感和获得感，在深入发掘和充分彰显文物建筑历史文化价值的基础上，努力实现文物建筑保护、环境风貌全面提升与城市经济社会发展的多赢局面，尤其是不断拓展文物建筑保护融入经济社会发展的途径与领域，同时将文物建筑保护利用纳入文旅融合新版图，拓宽文旅融合发展空间。

近年来，北京借大力推进城市更新的有利契机，实现了文物建筑保护、历史文脉传承与居住环境改善的多赢局面。2023 年北京中轴线申遗保护三年行动计划圆满完成，以中轴线申遗保护带动文物腾退、环境风貌提升、民生改善和老城整体保护取得了重要进展。例如，钟鼓楼紧邻地区申请式退租在 2021 年 3 月正式启动之后，至 2023 年 3 月，有 374 户居民申请退租并实现签约，从狭小的胡同大杂院搬到了条件更好的单元房，[③] 在提升居住质量

---

① 《截至目前，北京市的三级文物保护单位的数量，各是多少?》，https：//wwj. beijing. gov. cn/bjww/362741/cjwt/436282849/index. html。

② 《北京何以"刷新"全球世界遗产数量最多城市纪录?》，https：//www. xinhuanet. com/ci/ 20240807/4775ed6ef29c4d369458d621eaa61d9c/c. html。

③ 《助力北京中轴线保护，374 户居民申请式退租》，https：//xinwen. bjd. com. cn/content/ s641435dfe4b03a6b6edd4735. html。需要补充说明的是，北京市文物局利用北京卫视金牌民生类栏目《向前一步》探讨天坛周边简易楼、钟鼓楼周边直管公房申请式退租腾退问题，助力街区更新，凝聚文物保护共识。

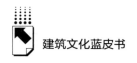

的同时也为中轴线的保护贡献了自己的力量。2023 年 6 月，东城区和西城区完成了钟鼓楼周边紧邻地区环境综合整治，整治钟鼓楼广场及周边公共空间，实施机动车和非机动车停车治理，优化围墙、地面铺装、绿化景观等，形成对钟鼓楼的良好烘托。北京钟鼓楼的保护展示，让"打卡鼓楼"火爆出圈，成为文物活化利用、古建空间复兴、文旅深度融合的标杆案例，2024 年 7 月，钟鼓楼片区保护更新项目获评第三届"北京城市更新最佳实践"奖。

又如，以申请式改善促进街区有机更新，大栅栏观音寺片区老城保护与更新从 2020 年底以来持续推进。观音寺片区历史文化底蕴深厚，通过城市更新与文物活化利用，将观音寺片区项目范围内观音寺、五道庙、谭鑫培故居、梅兰芳祖居等文物节点串联呈现，以点带线形成特色文化探访路。同时，针对共生院的问题和缺陷，探索实践邻里单元模式，划定共生单元，针对人群补充公共服务和公共空间，初步实现从共生院落向共生街区模式升级。2024 年 7 月，大栅栏观音寺片区"共生街区"起步区项目获评第三届"北京城市更新最佳实践"奖。此外，2023 年 3 月，被誉为"中轴线上第一桥"的万宁桥"减负"后亮出全貌，附着在桥体上的自来水管道、通信光缆管道及水泥墩全部拆除完毕，河堤上镇水兽周围的笼架被拆除（见图 3），不仅保护了桥体的文化遗产价值，还通过绿化和步行空间的优化，营造了更友好的历史文化展示环境，体现了城市更新与历史文物保护的深度融合。

好的保护是平衡遗产保护与经济社会的可持续发展，是一种融合城市多维度发展目标的整合性保护模式。以中轴线文化遗产保护为例，近几年来北京中轴线申遗保护所取得的成就，一方面，表现在文物腾退修缮、历史风貌和中轴线文物建筑完整性恢复所取得的进展，另一方面，则表现在沿线环境品质提升、高品质绿色公共空间打造以及街区人居环境综合整治与更新方面，较好地将中轴线保护融入北京城市整体发展战略之中，使北京中轴线既成为历史轴线，也成为发展轴线。

第二，完善北京文物建筑开放利用配套文件，为利用好疏解腾退的文物建筑提供政策支持。

图 3　北京中轴线上最古老的桥万宁桥（秦红岭摄）

注：左图摄于 2021 年 7 月 19 日，可见附着在桥体上的自来水管道、通信光缆管道以及镇水兽笼架；右图摄于 2023 年 3 月 20 日，附着在桥体上的自来水管道、通信光缆管道已拆除完毕，工人也已拆除镇水兽笼架，正在做最后收尾工作。

近年来，以北京中轴线申遗保护和历史文化街区有机更新为牵引，北京市级、区级部门投入大量资金和房源实施文物建筑腾退保护工作，取得显著成效。2024 年 1 月 21 日在北京市第十六届人民代表大会第二次会议上，北京市市长殷勇所作《2024 年政府工作报告》中指出，以中轴线申遗带动老城整体保护，用珍爱之心、尊崇之心善待历史遗存，庆成宫整体院落腾退等 48 项重点任务全面完成（见图 4），社稷坛等 15 处遗产点焕发生机，"进京赶考之路"北京段全线贯通。一批文物建筑在腾退修缮后，向社会开放，如蒙藏学校旧址、皇史宬南院、清华园车站、京报馆、宏恩观等。

为推动文物腾退保护利用，北京市规划、文物、住建、财政等部门分别制定落实措施，研究出台更管用、更具操作性的支持政策。北京市文物局开展了核心区文物保护利用整体规划研究，全面梳理核心区 700 余处不可移动文物的历史价值、保护现状、区位特点，以逐项明确展示利用方向。2023 年 12 月 25 日，为落实"保护第一、加强管理、挖掘价值、有效利用、让文物活起来"的文物工作要求，有效利用首都文物资源，北京市文物局制定并印发《北京市文物建筑开放利用导则（试行）》。该导则结合北京市文物

图4　北京先农坛庆成宫院落腾退前后对比（秦红岭摄）

注：左图摄于2023年4月13日，可见庆成宫院落还有私搭乱建现象；右
图摄于2024年8月8日。

建筑的特点和北京"四个中心"城市战略定位，提出了文物建筑利用方式
和使用功能的"白名单"①；鼓励社会力量参与文物建筑的保护管理和开放
运营，集成各项政策，规范文物建筑产权人、使用人和文物行政部门的职
责。2023年12月22日，北京市文物局与北京产权交易所联合启动上线
"北京文物活化利用服务平台"，集文物建筑活化利用相关政策解读、操作
指引、宣传展示、合作对接、数据管理、项目绩效评价于一体，助力文物建
筑开放利用项目高效落地实施，东城区禄米仓等首批5区10宗重点文物活

---

① 在文物建筑的使用功能方面，提出：历史功能为宫殿、坛庙、衙署、府邸、园林、庙宇、
塔幢、城墙、城门、桥梁、纪念物等，倡导作为博物馆、保管所、参观游览场所向社会开
放；历史功能为学校、医院、图书馆、戏院、剧场等公共建筑，行政、金融、商肆等近现
代建筑，可延续其历史功能，需采取划定开放区域、明确开放时段的方式向社会开放；历
史功能为会馆、使馆的文物建筑，鼓励提供社区服务或作为文化展示、公益办公、国事活
动场所，采取灵活方式向社会开放；历史功能为住宅的文物建筑，其中的名人故居参照
《文物保护利用规范 名人故居》（WW/T0076-2017）实施；其他居民院落可在文物腾退的
基础上，在确保安全的前提下，作为公共文化场所、旅游休闲服务场所等向社会开放，提
供多样化、多层次的社会服务；革命旧址的保护利用参照《革命旧址保护利用导则（试
行）》（文物保发〔2019〕2号）；工业遗产的保护利用参照《文物保护利用规范 工业遗
产》（WW/T0091-2018）。参见《北京市文物建筑开放利用导则（试行）》，https：//
www. beijing. gov. cn/zhengce/zhengcefagui/202312/t20231226_ 3511265. html。

化利用项目同步上线。

在区级实践中，东城区制定了《东城文物"活历计划"实施方案》，创新引入公益信托基金，打通文物活化利用的"堵点"和"难点"，引导文物活化利用高质量发展。针对辖区内会馆文物建筑资源丰富的优势，2023 年 5 月发布的《东城区焕发会馆文化活力伙伴计划》，着力链接更多文化资源与要素焕发会馆活力，如探索联合会馆原发地力量协同利用会馆的机制，位于前门东草厂二条 2 号的韶州会馆成为首个与原发地协同利用并落地实施的会馆。在鼓励社会力量以多种形式参与文物保护利用方面，西城区依据《北京市西城区人民政府关于促进文物建筑合理利用和开放管理的若干意见》，从 2020 年开始，通过向社会公开发布活化利用计划，以面向社会公开招标的"揭榜挂帅"招投标方式，引入社会力量参与文物保护管理开放。截至 2024 年 3 月，已推动两批 16 个文物活化利用项目落地签约，为全国文物保护工作贡献了"西城方案"。①

专栏 1　百年海派弄堂焕新亮相，探索文物建筑的多业态活化路径

2023 年 4 月，作为全国首个文物活化利用信用融资项目和西城区首批文物活化利用计划中首个中标项目，新市区泰安里精彩亮相，"变身"为泰安里文化艺术中心，让文物保护成果惠及更多居民群众。

泰安里位于北京西城区仁寿路，建于 1915～1918 年，其建筑形式独特，是北京现存唯一的仿上海里弄式格局的石库门风格建筑，由两排六座带内天井的二层围楼组成。泰安里腾退工作于 2018 年完成、2019 年修缮竣工。2021 年泰安里被公布为市级文保单位。2023 年 4 月以"泰安里文化艺术中心"身份亮相。

作为西城区首批文物活化利用落地项目，泰安里不仅在融资和运营模式上有创新，更重要的是，在使用功能和利用方式上不仅考虑要跟文物建筑的

---

① 《让更多文物"活起来"》，北京市西城区人民政府官网，2024 年 3 月 6 日，https：//www.bjxch.gov.cn/app/xxxq/pnidpv942764.html。

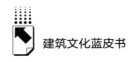
历史文化内涵相契合，还结合城市更新行动，补充街区公共文化服务短板，体现文物建筑的公益属性，使泰安里成为一个集公共文化服务、文化交流、创意阅读、海派文化体验与休闲美食于一体的复合型文化空间，为市民和游客体验北京建筑文化的多样性提供了一个"打卡地"。

总结来看，北京通过"文物+文化""文物+民生""文物+经济"等多种融合路径，探索出了一套适合超大城市文物建筑保护与利用的实践经验。这些创新实践既提升了北京的城市更新质量，也为历史文化名城的保护与发展提供了北京方案。

（三）城市更新背景下北京历史建筑保护利用的主要成效

北京历史建筑是历史文化名城的重要组成部分。历史建筑指能够反映历史风貌和地方特色，具有一定保护价值，尚未公布为文物保护单位且尚未登记为不可移动文物的建筑物、构筑物。原则上，建成时间应超过50年。截至目前，北京市已公布三批次共计1056栋（座）历史建筑，[①] 这些建筑类型多样，涵盖优秀近现代建筑、工业遗产、挂牌保护院落及名人旧（故）居等。2021年1月，重新制定的《北京历史文化名城保护条例》首次将历史建筑纳入保护对象，为历史建筑的保护和利用提供了明确的法律保障。同时，城市更新背景下，北京通过制度完善、机制创新和实践探索，在历史建筑保护利用方面取得了诸多亮眼成绩。

第一，强化制度保障，完善历史文化街区保护更新中历史建筑在登录机制、保护图则、管理细则和修缮技术等方面的政策工具箱。

细化历史建筑登录机制。《北京历史文化名城保护条例》通过加强源头保护，弥补制度缺失，建立了历史建筑保护名录制度，将符合标准的保护对象纳入保护名录。保护名录制度要发挥其应有的作用，还需要有关部门后续

---

① 北京历史文化名城保护委员会办公室编《北京历史文化名城保护关键词》，外语教学与研究出版社，2022，第51页。

出台相关办法加以落实和细化。2023 年 4 月，北京市规划和自然资源委员会会同市住房和城乡建设委员会、市文化和旅游局、市文物局等七部门联合发布《北京历史文化名城保护对象认定与登录工作规程（试行）》，细化了包括历史建筑、历史文化街区在内的历史文化名城保护对象的登录机制，进一步明确历史建筑的认定标准,① 明确各级政府部门在保护对象申报、登录、预保护、名录公布等环节的责任和相关要求，理顺保护对象普查、申请、认定、公布的全流程，实现保护工作的规范化、透明化。

推进挂牌保护工作。2021 年，住房和城乡建设部印发《关于进一步加强历史文化街区和历史建筑保护工作的通知》，部署了历史建筑标志牌设立工作。北京市在 2021 年底实施历史建筑示范挂牌工作，制订了《北京市历史建筑挂牌保护工作规程》，明确挂牌工作组织，规范标志牌制作标准和安装要求，2022 年完成全国政协礼堂、民族文化宫、同兴和木器店旧址、清华大学和北京大学校内建筑等代表性历史建筑挂牌。截至 2023 年 8 月，已有超过 90% 的历史建筑完成挂牌，其中核心区挂牌保护的历史建筑超过 600 处。② 挂牌保护工作不仅提升了公众对历史建筑的认知度，还有效增强了产权人和使用者的保护责任意识。

编撰历史建筑保护图则。历史建筑保护图则既是管理文件，也是北京市历史建筑修缮设计和审查的重要依据。2023 年，北京市第一部历史建筑保护图则《北京市历史建筑保护图则》发布和出版③，朝阳区、海淀区、丰台区

---

① 针对历史建筑认定标准，提出有下列情形之一的，可以确定为历史建筑：具有一定的历史文化价值与社会影响力，见证社会发展、城市建设的重要阶段，或者与重要历史事件、历史名人相关的建（构）筑物；具有一定的建筑艺术价值，反映一定时期建筑设计风格，或体现地域风貌、民族特色的标志性或代表性建筑，也包括著名建筑师的代表作品；具有一定的科学技术价值，建筑材料、结构、施工技术反映当时的建筑工程技术和科技水平，建筑形体组合或空间布局在一定时期具有先进性。参见《北京历史文化名城保护对象认定与登录工作规程（试行）》，https://ghzrzyw.beijing.gov.cn/zhengwuxinxi/2024zcjd/202406/t20240606_ 3706189. html。

② 《申玉彪：超九成北京历史建筑实现挂牌保护》，https：//xinwen.bjd.com.cn/content/s64dae65fe4b00804e0a1969e. html。

③ 北京市历史文化名城保护委员会办公室、北京市规划和自然资源委员会、北京建筑大学：《北京市历史建筑保护图则》，中国建筑工业出版社，2023。

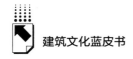

和石景山区的 277 处历史建筑建立起"一栋一册"图则档案，包括历史建筑的基本信息、历史价值、风貌特色和保护范围等内容，并详细记录具有保护价值的部位，为后续开展历史建筑保护管理和活化利用提供了基础参考依据。

明确历史建筑管理细则。2024 年 1 月 8 日，北京市规划和自然资源委员会制定和发布了《北京市历史建筑规划管理工作规程（试行）》，明确历史建筑的保护利用应当遵循规划引领、分类管理、有效保护、合理利用的原则，依据保护利用过程中对历史建筑的干预程度划分了"日常保养""维护修缮""原址复建""迁移""拆除"等五类行为，明确历史建筑保护规划管理涉及的方案审批、行政许可、规划验收、监督检查等工作要求，打通历史建筑规划管理的"最后一公里"。根据该规程，相对于普通工程项目，历史建筑的保护应当更加精细化，采用"绣花功夫"，针对不同情况采取不同保护措施，明确各类保护行为的底线要求。

制定历史建筑修缮技术标准。逐步完善配套技术体系，解决修缮、消防、施工等难题。2023 年 4 月，北京市住房和城乡建设委员会以财政专项的形式，启动了合院式历史建筑、居住小区类历史建筑的修缮标准编制工作。2024 年 5 月，北京市住房和城乡建设委员会发布了《北京市合院式历史建筑修缮技术导则（试行）》，为合院式历史建筑维护修缮提供技术标准。北京历史建筑可分为合院式建筑、近现代公共建筑、工业遗产、居住小区和其他建筑等五类，其中，合院式历史建筑有 520 座，占到了 49%。在目前已挂牌的合院式历史建筑中，400 余座为传统民居，且多数仍有居民居住，对其修缮不仅仅是为了保存历史价值，还应通过功能改善和环境提升，满足居民生活需要。① 尤其是北京合院式历史建筑包括老城的"精品四合院"127 处，② 对其修缮更需要运用传统"建筑文法"，最大限度地保留原形制、采用原工艺、用好旧材料，恢复院落历史格局。北京市住房和

① 曹晶瑞：《〈北京市合院式历史建筑修缮技术导则（试行）〉发布，记者探访参考案例之一同兴和木器店旧址——同兴和木器店旧址有望 8 月对外开放》，《新京报》2024 年 5 月 10 日。
② 所谓"精品四合院"指的是格局清晰且符合较典型四合院特征的四合院。数据根据北京市规划和自然资源委员会公布的第一、二、三批历史建筑保护名录统计。

城乡建设委员会制定了分类别、分阶段地制定不同类型建筑的修缮技术标准计划，拟定于"十四五"期间完成所有种类历史建筑修缮技术标准编制。2024 年，北京市住房和城乡建设委员会启动近现代公共建筑类、工业遗产类及其他建筑构筑物类历史建筑修缮技术标准编制，确保历史建筑在修缮过程中，最大限度保留有价值的历史信息，使保护要素得到精准保护。

专栏 2　历史建筑修缮范例——百年同兴和木器店的新生

同兴和木器店旧址位于北京市东城区金鱼池中区 3 号，是一栋砖木结构中西合璧的二层小楼。同兴和木器店始建于 1923 年，建筑面积 400 余平方米，这栋建筑整体造型沉稳，有精美的砖雕纹饰，它见证了京城木器行的兴衰。2019 年，同兴和木器店旧址被公布为北京市首批历史建筑。

2022 年 9 月对年久失修的同兴和木器店进行修缮，这也是北京市首个开展试点的历史建筑修缮项目。京诚集团在修缮过程中，16 处修缮点都遵循"原形制、原结构、原材料、原工艺"的修缮原则，保护历史建筑及其价值载体的真实性与完整性。2023 年修缮完成并开放，围绕木作文化举办展览、讲座和体验活动，2023 年 8 月 28 日迎来首次展览——"木韵风华"主题展。

同兴和木器店旧址的修缮，为北京合院式历史建筑修缮积累了宝贵的经验，为《北京市合院式历史建筑修缮技术导则（试行）》的出台提供了重要的案例参考。

第二，在功能和空间两个层面探索历史建筑更新和活化利用新路径，让历史建筑真正"用起来""活起来"。

相较于文物建筑，历史建筑年代更近，历史文化要素更广泛，保护利用方法手段也更加灵活。在坚持规划引领、明确历史建筑保护要素和保护建筑主体框架的前提下，北京通过分级管控改造尺度、为历史建筑活化利用设定合理的弹性空间、为更多保护利用路径预留接口、赋予新的业态功能等方

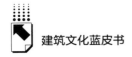

式，探索历史建筑活化利用的新路径。

突出功能优化，提升空间利用率。《北京市历史建筑规划管理工作规程（试行）》提出，鼓励在保护历史建筑核心价值的前提下开放利用，通过使用功能优化满足现代使用需求、促进历史文化保护传承（第3条）；确因合理利用要求进行内部改造、外部扩建或者使用性质调整的，在符合规划和保护要求的前提下，可按照北京市营商环境改革、城市更新等有关规定执行（第22条）。① 由此可见，在功能上，强调历史建筑的开放利用要与使用需求相衔接，在空间适用性上，可根据使用需要对建筑内部格局进行合理调整、改造或扩容以提高空间利用率，在建筑外部进行扩建，如增加附属面积用于满足消防、市政等管理要求。功能优化为历史建筑适应现代需求提供了可能，也让其得以发挥更大的社会价值。

打造历史建筑活化利用标杆案例。近年来，在北京城市更新背景下，涌现了一批历史建筑活化利用的优秀案例，推动历史建筑从静态保护向积极保护转变。以北京工业遗产类历史建筑活化利用优秀案例为例，除了成为中国工业遗产改造"代表作"、目前国内乃至世界范围内最大规模的重工业遗存更新项目的首钢园外，京西琉璃窑厂的"变身"也是一大亮点。2024年7月被评为"北京城市更新最佳实践"的朝阳区751文化消费街区更新项目，同时也是工业遗址及其历史建筑活化利用的优秀案例。位于北京酒仙桥地区的北京正东电子动力集团有限公司——751园区，前身是始建于1954年、由民主德国援建的国营751厂。在北京城市更新过程中完成了从"工业锈带"到"时尚秀带"的转化，成为北京市首批文化创意产业园区、首批国家级夜间文旅消费集聚区。在对其进行更新改造过程中，对历史建筑内部空间进行更新重构，在适当的地方增加进行创意设计所需的新建筑，将废旧老厂区、老厂房、老设施等工业遗产打造成充满时尚元素的创意空间。

---

① 北京市规划和自然资源委员会：《北京市历史建筑规划管理工作规程（试行）》，https：//www.beijing.gov.cn/zhengce/zhengcefagui/202401/W020240109318801450741.pdf。

专栏 3　窑火重燃：历史建筑保护和城市更新的生动样本

位于北京门头沟区琉璃渠村的原北京市琉璃制品厂旧址，经过改造后成为金隅琉璃文化创意产业园。这座产业园是北京市第一座保留生产功能的非遗主题园区，通过琉璃重生和文化创意带动产业转型升级，盘活闲置资产，成为北京工业遗产类历史建筑活化利用的新范例。

始建于 760 多年前的琉璃渠村琉璃窑，曾为紫禁城、天坛、颐和园等皇家建筑烧制琉璃制品，其琉璃烧制技艺被列入国家级非物质文化遗产名录。2013 年，为故宫大修工程烧制完最后一批琉璃后琉璃窑停产。2017 年，琉璃渠村的开山烧窑整体叫停，窑火熄灭，琉璃生产厂房长期闲置。2019 年，金隅集团筹划打造琉璃文创园项目。它们结合北京城市更新相关政策要求，提出以"琉璃重生带动产业转型升级"为目标，将园区定位为"集琉璃保护性生产、琉璃文化传承推广、琉璃体验研学、文化创意办公于一体的中国琉璃文化创意产业园区"。金隅集团与北京市规划和自然资源委员会门头沟分局等部门共同研究制定了更新策略，充分保留琉璃渠村的风貌形象与文化记忆、旧厂区的肌理和建筑现状。园区保留了 10 余座历史建筑、工业遗产，恢复了两口倒焰窑用于古法素烧及釉烧，并增加环保设施以适应现代生产的排放要求。园区内唯一的新建厂房是琉璃生产研发中心，用古法烧制技艺继续为故宫烧制琉璃精品，2023 年 2 月 24 日举办了重新点燃窑火的仪式，谱写出历史建筑和文化遗产保护与城市更新的生动样本。

资料来源：《北京工业遗产建筑活化利用再添新范例——窑火重燃》，《北京日报》2023 年 4 月 6 日。

第三，结合城市更新行动，推动历史建筑保护利用全流程优化。

创新保护模式，推动资源整合。北京在城市更新背景下，注重将历史建筑保护与文物保护、历史街区更新等工作有机结合，形成多领域资源整合模式。例如，"泰安里文化艺术中心"通过历史建筑修缮和文化功能植入，实现了保护与公共服务功能的结合，成为首都公共文化服务的新标杆。

聚焦民生需求，提升保护效能。在合院式建筑大规模修缮过程中，北京

市明确了以民生为导向的保护思路，在修缮过程中同步开展功能改善和环境提升。通过分类制定修缮技术标准和措施，历史建筑保护不仅服务于文化传承，更直接改善了居民的生活环境，提升了百姓的获得感和幸福感。

总体来看，北京作为首批国家历史文化名城，探索了一条适合首都特点的城市更新与建筑遗产整体保护协同推进的模式，注重规划衔接，更新模式多元创新，保护政策集成强，传承利用工作卓有成效，历史文化街区更新保护和文物建筑、历史建筑保护制度体系建设和活化利用工作走在全国前列。

三 城市更新背景下北京建筑遗产保护利用存在的问题

从整体上看，城市更新背景下迈向首都高质量发展新阶段的北京建筑遗产保护利用工作，面临以下问题和现实挑战。

（一）城市更新与历史文化街区和建筑遗产保护协同推进需加强

近年来，北京城市更新有效推动了人居环境改善、产业升级增效和城市文脉保护，尤其是积极落实"老城不能再拆"的要求，探索了文物建筑和历史建筑腾退保护，以及历史文化街区和成片传统平房区的有机更新模式。例如，皇城景山街区在城市更新过程中提出了"遗产保护、街区更新、民生改善"三大目标。[1] 然而，即便是以遗产保护为重要目标，并且城市更新模式已从"大拆大建式"转向"小规模、渐进式"，城市更新通常仍涉及一定程度的开发和旧改，让城市面貌焕新，满足现代城市发展的需求。这意味着，在减量发展背景下，如何平衡城市更新与建筑遗产保护的关系，满足现代社会经济需求与保护历史文化遗产的双重目标，仍是一大现实挑战。此外，北京历史文化街区的更新虽有严格的上位规划要求，但目前尚未探索出可复制可推广的实施路径，尤其是在政府引导下如何充分发挥社会资本的力

---

① 北京市发展改革政策研究中心：《北京城市更新研究报告（2023）》，社会科学文献出版社，2024，第271页。

量，形成良性发展闭环，各方仍在摸索。①

总体上看，现有的政策与法律法规在城市更新与建筑遗产保护协同推进方面，缺乏具体的操作指引，如针对核心区街区的保护规划实施细则和精细化监督管理机制仍待完善。这种不足可能导致"更新性破坏"问题，即城市更新未能与建筑遗产保护协同推进，反而对遗产本身造成损害。

首先，建筑遗产保护需要大量资金进行科学合理的修缮和维护，而城市更新项目也需要大量资金投入。特别是核心区历史街区和传统平房院落更新中，前期退租补偿资金投入巨大，后期配套设施建设和运营管理也需要大量投入。在资金难以平衡的情况下，建筑遗产的修缮与维护往往受到影响，甚至被视为次要环节。

其次，在城市更新过程中，部分项目实施主体对建筑遗产的文化价值认识不足，或缺乏建筑遗产修缮和维护所需要的特定技术和工艺水平，导致文物建筑和历史建筑在修缮中丧失或减损原有的历史文化特征和价值。例如，一些工程在修缮时使用现代材料替代传统材料、改动原有结构或简化修缮工序，影响建筑遗产的真实性与完整性。

最后，目前常见的针对历史文化街区和特色文化地段的更新方式是将其打造成集商业、文化、旅游于一体的消费休闲场域。这种模式若缺乏完善的政策引导、精准的文化价值评估和彰显特色的社区营造，有可能出现同质化现象，甚至导致街区特征和历史文脉"更新式丧失"的问题，使文化承续受阻，导致街区原住居民的身份认同与归属感下降。

（二）建筑遗产保护与周边功能衔接和产业融合发展不够，以文化遗产活力带动城市发展的作用没有充分发挥

建筑遗产腾退修缮利用与周边功能衔接不够。建筑遗产不能孤立在其所处的城市环境之外，在空间层面要将建筑遗产保护与利用放到街区、地段甚至城市这样的"大环境观"视角上审视。城市更新进程中，腾退修缮文物

---

① 张帆：《新生于旧：北京城市更新现在时》，《北京规划建设》2022 年第 4 期。

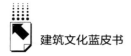

建筑和历史建筑本身并非难事，真正的难点在于如何与周边功能有机衔接，从而让建筑遗产在修缮中盘活，并在再利用中转化为激发城市与街区活力的重要因素。目前，北京在通过建筑遗产保护推动环境提升方面取得了显著成效。例如，以钟鼓楼周边地区环境综合整治为契机，腾退了大量违建，并实施机动车治理和绿化景观优化，使区域环境大幅改善。然而，部分建筑遗产保护与利用项目在结合街区区位、资源特点等现状条件，探索植入适当的功能和文化活动，更好地实现其社会价值、经济价值和文化传播价值等方面还有待加强。以大栅栏观音寺片区为例，该地区通过申请式退租和共生街区模式实现了部分建筑遗产的保护和再利用，但如何将其保护成果与周边文旅功能更好结合仍待探索。类似的问题也存在于其他历史建筑保护项目中，部分植入文化功能（如展览、文化产业空间等）的再利用模式，缺乏深入考量后续运营与持续发展的条件，难以形成长期稳定的城市活力因子。

遗产保护与产业发展还不协调。建筑遗产保护的目标不仅是延续历史文脉，还应实现经济、社会与文化效益的综合提升。然而，目前北京在推动历史文化街区和建筑遗产与周边产业融合发展方面仍存在短板，特别是在制定精准业态规划、培育特色文化产业、实现文化遗产与经济发展良性互动等方面，探索力度还需进一步加强。以《北京中轴线文化遗产保护条例》为例，该条例第二十三条规定，政府及有关部门应当加强对中轴线保护区域内业态的引导。然而，2023年3~5月，北京市人大常委会对该条例实施情况的执法检查发现，目前在前门大街和地安门外大街等区域，符合北京中轴线遗产价值传承的业态与其他业态融合发展的政策引导仍显不足，中轴线文创产品开发设计不够，产品竞争力不强，缺少具有影响力的品牌。① 中轴线申遗成功后，这条古今交融的城市轴线，为未来实现文化遗产保护与产业融合发展双赢奠定了良好基础。未来需要在丰富中轴线文化旅游产品业态等方面，进一步强化保护区域内业态的引导和培育。

① 《北京市人民代表大会常务委员会执法检查组关于检查〈北京中轴线文化遗产保护条例〉实施情况的报告》，http://www.bjrd.gov.cn/rdzl/rdcwhgb/ssljrdcwhgb202303/202307/t20230721_3204962.html。

政策设计与落实不足，影响功能衔接与产业融合。目前，北京建筑遗产的功能衔接与产业融合工作还存在政策设计碎片化、操作指引不够细化的问题。例如，针对建筑遗产保护如何推动街区经济与社会发展，尚未出台具体的业态规划导则、功能植入方案以及综合管理机制。政策执行层面，缺乏定期评估机制，难以及时发现遗产项目实施过程中的问题并调整优化。

此外，针对建筑遗产活化利用所需的多主体协同机制建设较为薄弱。当前多以政府部门主导，但在商业资本、社区居民和专业机构等多方力量的引入与协调方面仍存不足，导致遗产保护与功能植入的系统性整合能力不足。

（三）在城市更新中有序推进文物建筑活化利用的成效待提升

文物建筑活化利用不仅是保护城市历史文化遗产的重要手段，更是推动城市更新和高质量发展的有力工具。文物建筑活化利用，有助于提升城市功能品质，促进文旅业发展，激发城市发展活力。然而，总体上看城市更新背景下北京文物建筑"保护不易、活化更难"的问题依然没有得到有效改善。

文物建筑功能再生与价值提升不足。在实现文物建筑的功能再生和价值提升方面，未能充分发掘契合时代需求的功能价值，赋予文物建筑新的衍生价值。历经岁月洗礼而留存下来的文物建筑，承载着特定时代的生产和生活方式。随着时代和社会变迁，需要结合城市更新要求，植入和叠加新的功能及文化元素，才能更好地唤醒其活力，延续其文化价值。很多文物建筑在长期使用过程中初始功能早已改变，即便腾退修缮后，不少文物建筑也不可能或不宜恢复其初始功能，需要对其功能属性进行调整，统筹解决文物建筑保护与当代使用需求之间的关系，"城市历史文化遗产活化利用成效的优劣，很大程度上取决于它是否发挥出适应时代发展所需的功能作用。"[1] 北京一些文物建筑腾退修缮后处于较长空置状态，未能有效发挥其价值，造成对历史文化资源的浪费。究其原因，一方面，文物建筑的保护和活化利用需要遵循文物保护方面的法规要求，且不同级别文物建筑具有不同要求的改造标

---

[1]　金东：《历史文化遗产在城市更新中的活化利用之道》，《中国文化报》2022 年 12 月 16 日。

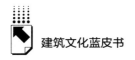

准，限制了其功能改造的灵活性，导致利用难度增加；另一方面，一些文物建筑在修缮时，其后续活化利用的方向和适宜性的功能定位并没有经过充分论证，导致在修缮后难以找到合适的利用方式而空置。例如，位于北京前门外铁树斜街大外廊营 1 号的谭鑫培故居，2009 年列入区级文保单位。该故居尽管完成了保护性修缮，但长期处于空置状态，未能充分发挥文化展示和公共文化服务功能。

文物建筑活化路径趋同与文化定位不清。文物建筑"活起来"的办法不多，活化路径趋向同质化。不少活化项目倾向于复制成功案例，如将文物建筑改造为博物馆、展览空间、文化创意空间，导致项目形式较为趋同。一些项目在活化过程中文化定位不明确，未能充分挖掘和体现文物建筑的独特历史文化价值，导致文化价值展示趋于表面化和同质化。部分文物建筑被简单改造为单一功能的展览场所，未能充分结合文物建筑原有的空间特色和历史价值开发适应不同群体的文化活动。这种简单化的保护利用模式，难以持续吸引公众和游客参与，制约了文物建筑的文化传播效能。同时，文物建筑活化路径同质化也反映出创新不足、机制不完善的问题。鼓励充满创意的社会力量参与活化利用的机制仍需进一步健全，文物建筑保护利用社会力量引入不够。

激励社会力量参与不足。鼓励社会力量参与，是提升文物建筑的利用与民众生活联结度的重要路径。让更多的人近距离接触文物建筑，才能更好发挥其在文化传承、社区文化认同等方面的作用。然而，目前文物建筑活化利用的社会参与程度不足。许多文物建筑在修缮完成后，由于运营资金短缺、市场导入不足，未能实现充分的公众接触和多元化利用。

（四）历史建筑保护更新面临民生改善难平衡的问题

城市更新中历史建筑保护工作是一个复杂的系统工程，涉及很多长久以来积累的房屋质量问题、基础设施问题、居民参与度和配合度以及资金投入等社会经济问题，导致历史建筑保护难度骤增。

历史建筑数量多，腾退修缮成本高，资金缺口大。腾退成本高、腾退和修缮资金不足的问题是制约历史建筑保护的主要因素。北京历史文化街区更新和历史建筑保护资金的来源比较单一，主要依靠财政资金，且投入巨大，形成了政府独揽的格局，社会资本引导和调动不足、可持续性投入机制不健全。尤其是在北京老城，传统合院建筑数量多，修缮成本更高。截至 2024 年，北京已公布 1056 栋（座）历史建筑，分为合院式、居住小区、近现代公共建筑等五类，其中合院式历史建筑 520 栋（座），占已公布历史建筑的 49%。① 北京现存合院式建筑多为明清至民国时期的砖木结构建筑，其结构特性使该类历史建筑的修缮成本高于普通建筑，且修缮难度大，对工匠、材料、工艺都有特殊要求。例如，按照《北京市合院式历史建筑修缮技术导则（试行）》要求，为保护合院式历史建筑的形式、材料、工艺等本来风貌和特点，维护修缮要遵循真实性原则，尽可能保留有价值部位（构件），并采用同质材料、原形制、原工艺修缮。在资金分配上，北京市历史建筑保护修缮的财政专项资金较为有限，在平衡历史建筑保护与其他城市发展需求上存在困难。一些历史建筑吸引社会资本投入较为困难，导致修缮资金紧缺问题严重。例如，门头沟区琉璃渠村琉璃厂的修缮项目虽然形成了良好的示范效应，但其高额的修缮费用与后期维护成本依然让类似项目的推广面临巨大资金压力。政府如何制定激励政策吸引社会力量投入历史建筑保护成为亟待解决的关键问题。

历史建筑再利用率低，民生改善难平衡。北京历史建筑中居住小区约占 26%，② 这些居住小区多为新中国成立初期建成的部委大院、职工住宅、外交公寓、高校职工宿舍等。这类历史建筑普遍存在老旧问题，内部设施老化严重，存在安全隐患，居民对改善民生条件的诉求非常迫切，亟须更新改造。同时，此类历史建筑仍旧作为单位用房和住宅，保护更新面临建筑保护与办公用房改造、民生改善难平衡的问题。实际上，如何较好地解决历史建筑保护与民生改善的矛盾，也是合院式历史建筑保护的难题。在目前北京已

---

① 《保护风貌促进利用 北京出台合院式历史建筑修缮新规》，中国新闻网，2024 年 5 月 9 日，https://www.chinanews.com.cn/sh/2024/05-09/10214063.shtml。

② 《今年北京将全面开展历史建筑挂牌保护》，《建材技术与应用》2022 年第 2 期。

挂牌的合院式历史建筑中，400余栋（座）为传统民居，且多数仍有居民居住。① 在城市更新背景下，如何做到在保护历史风貌和历史价值的前提下，达到居民的居住功能改善和人居环境提升的双赢，仍面临巨大挑战。例如，在北京老城的一些四合院修缮项目中，由于缺乏全局性的政策协调，一些民居修缮后的居住条件改善未能达到预期，影响了公众对历史建筑保护的支持与参与。

四 城市更新背景下加强北京建筑遗产保护利用的对策建议

（一）发挥城市更新规划的引领作用，平衡好建筑遗产保护利用与历史文化街区经济发展的关系

1. 强化城市更新规划的引领作用，制定可操作性强的导则

《北京市城市更新专项规划（北京市"十四五"时期城市更新规划）》明确提出，要以核心区老城整体保护与复兴为重点，充分利用北京文脉底蕴深厚和文化资源集聚的优势。规划强调，发挥文化在彰显历史底蕴、提升城市品质、展现传统风貌、优化空间格局、激发消费活力等方面的重要作用，推动存量地区的活化更新，助力区域经济与社会发展。② 在城市更新行动中，规划将文化传承复兴列为重要目标，并为处理好建筑遗产保护利用与历史文化街区经济发展的关系提供了基本指引。然而，如何具体落实该规划的要求，充分发挥规划的引领作用，还需要进一步探索适用于历史文化街区的统筹更新规划导则，补充完善相关配套政策体系，形成在保护历史文脉的同时实现经济社会协调发展的机制。

---

① 《保护风貌促进利用 北京出台合院式历史建筑修缮新规》，中国新闻网，2024年5月9日，https：//www.chinanews.com.cn/sh/2024/05-09/10214063.shtml。
② 北京市人民政府：《北京市城市更新专项规划（北京市"十四五"时期城市更新规划）》，https：//fgw.beijing.gov.cn/fgwzwgk/2024zcwj/ghjhwb/wngh/202206/W02024062868019355 3139.pdf。

建议结合《北京城市更新专项规划（北京市"十四五"时期城市更新规划）》和《北京历史文化遗产保护传承体系规划（2023年~2035年）》的基本要求，制定具有操作性的专项更新规划导则，重点围绕以下几个方面展开：一是明确协同路径，在导则中明确建筑遗产保护、历史文脉传承与街区经济社会发展的协同路径，将保护和发展的目标统筹纳入街区更新的全生命周期管理；二是制定"一街区一策"的更新方案，根据各历史文化街区的具体特点，如建筑风貌、街巷格局和文化特质，量身定制更新策略，确保每个街区的更新既符合整体规划，又保留其独特性；三是完善配套政策体系，制定特色产业引导政策，引导符合街区文化特色的文旅、文创和教育产业落地，形成产业与文化深度融合的格局。

2. 探索场景化保护路径，激发文化消费新动能

近年来引入美国芝加哥学派提出的场景理论而形成的文化空间营造和提升策略，为平衡好建筑遗产整体保护利用与历史文化街区经济发展的关系提供了有效路径。"场景（scenes）是一种强有力的概念工具，可以辨别不同地方的内部和外部呈现的具有美学意义的范围和结构，从而去发现文化生活的聚集。"[1] 场景理论将抽象的"文化价值"转化为可感知的"场景"，认为文化资源及其设施只有在特定文化空间中，通过多样性文化实践和人群互动整合形成鲜明特征的"场景"，才能真正释放其吸引力和消费潜力。例如，北京首钢园工业遗产保护较好地实现了遗产建筑美学价值、经济价值、社会价值的平衡，在很大程度上得益于其场景化保护模式的探索。然而，总体来看，北京在历史文化街区场景化保护方面仍需进一步探索，尤其是在营造多样化的场景体验、培育新旧融合的消费空间等方面。

为此，提出以下建议。一是通过数字化技术增强场景体验。数字化技术是场景化保护的核心工具之一，可通过数字建模再现建筑的原始状态或不同历史时期的风貌，让观众体验"穿越时空"的沉浸感，结合建筑遗产的特

---

① 丹尼尔·亚伦·西尔、特里·尼科尔斯·克拉克：《场景：空间品质如何塑造社会生活》，祁述裕、吴军等译，社会科学文献出版社，2019，第53页。

点设计互动式多媒体展览，增强参观者的参与感。二是营造多层次的文化消费场景，结合建筑遗产的功能、特征与现代需求，设计多样化的文化消费场景，如非遗体验与手工艺活动、复合型商业与文化空间、创意市集和艺术展览等多样业态以吸引不同层次的消费者。三是融入本地社区生活，强化居民的文化认同和归属感。如鼓励社区居民参与建筑遗产的活化利用工作，策划与建筑遗产相关的定期文化活动，通过"建筑遗产故事征集"等活动挖掘建筑背后的民间记忆，将居民口述历史融入建筑遗产的展示和解读中，丰富建筑遗产的文化故事讲述。

3. 优化周边功能衔接，提升街区整体活力

在城市更新过程中，历史文化街区的保护与发展不仅要注重其内部功能的完善，还需要加强与周边功能的有机衔接，实现整体空间的协调发展。通过优化功能衔接和完善服务设施，历史文化街区不仅能够更好地保护自身历史价值，还将通过周边功能联动，激发新的经济活力，提升街区的整体吸引力和可持续发展能力。

为此，提出以下举措。一是对街区周边的交通设施进行优化，合理规划交通路线和人流动线，优先保障步行和非机动车交通需求，营造宜人的慢行交通环境，吸引更多人流和商机。二是根据街区的实际需求完善公共服务设施，提升街区的基础设施品质，如升级排水、供电、网络等系统，在保留街区历史风貌的基础上，通过合理的功能分区，保障居民的生活便利性。三是丰富街区文旅融合业态，以街区独特的历史文化资源为依托探索"文化+旅游"的融合模式，开发互动式、体验式文化旅游产品，如文化探访路、文创体验馆等。同时，推动"夜经济"发展，在有条件的街区引入符合街区历史氛围的夜间活动，如灯光展览、历史主题夜市等，延长消费链条。四是提升品牌业态的独特性，聚焦京味文化，重点引入体现老北京文化特色的商户，营造"京味生活"标杆街区。鼓励文化创意产业与商业结合，通过策划创意市集、文创主题展览等形式，吸引年轻消费群体，增强街区活力。

（二）制订城市更新街区建筑遗产管理规程，完善建筑遗产保护利用的体制机制

北京在推行以街区为单元的城市更新模式过程中，建筑遗产保护利用工作应贯穿城市更新全过程。为了确保建筑遗产在城市更新中得到妥善保护与合理利用，需要梳理各层次城市更新规划中建筑遗产的保护要求和管理流程，制订北京城市更新街区建筑遗产管理规程。虽然北京市已出台了《北京市历史建筑规划管理工作规程（试行）》，但该规程主要针对历史建筑管理，未能完全涵盖文物建筑及其他建筑遗产，更未能直接适用于城市更新街区。因此，有必要结合城市更新特点，制订《北京城市更新街区建筑遗产管理规程》，结合城市更新各阶段建筑遗产保护利用的总体要求、管理流程和部门职能，把握城市更新全流程的关键节点，对建筑遗产形成更为有效的保护管理。

在城市更新规划编制和实施工作体系中，北京市已形成了"总体规划—专项规划—街区控规—更新项目实施方案"的完整工作框架。然而，目前尚缺乏针对建筑遗产保护利用的具体管理规程和配套政策。为此建议，第一，在更新项目实施方案中同步制定建筑遗产保护专章。保护专章需衔接控制性详细规划及相关保护规划，其内容至少应包括：城市更新单元范围内建筑遗产的现状概况（宜采用图表形式进行说明）；相关规划衔接情况；建筑遗产的保护要求、建设管控要求；对与建筑遗产相关的历史环境要素提出的保护要求；非物质文化遗产的保护要求；活化利用建筑遗产的措施等，并将建筑遗产保护利用实施方案纳入竣工验收资料。第二，明确全流程建筑遗产保护关键节点。在更新项目的前期调研、规划设计、审批实施及验收管理等环节，将建筑遗产保护纳入必备要件。例如，在规划编制阶段，开展全面的建筑遗产普查。《北京历史文化遗产保护传承体系规划（2023年~2035年）》强调，老街区、老居住区、老镇、老村、老厂区等更新改造前，预先进行历史文化价值评估，及时认定、公布保护对象，落实保护措施。在施工阶段，要制定并执行建筑遗产保护的技术标准和修缮导则；在验收阶段，对建筑遗产保护效果进行专门评估并建立长效监管机制。

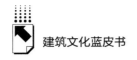

（三）深化推进文物建筑活化利用路径，拓展社会参与方式，在城市更新中让建筑遗产"活起来"

2023 年 12 月，北京市文物局发布的《北京市文物建筑开放利用导则（试行）》及 2024 年 12 月北京历史文化名城保护委员会发布的《北京历史文化遗产保护传承体系规划（2023 年~2035 年）》，为文物建筑的活化利用提供了政策指引。下一步，应积极落实导则和规划，完善相关配套政策，建立多维度的文物资源可利用项目库，规范文物利用决策流程，并通过系统化的政策设计解决文物不合理占用等突出问题。同时，总结既有文物建筑活化利用项目的经验与不足，探索通过产权交易、租赁合作等方式推动社会力量深度参与的可复制、可推广路径，为全国文物保护利用提供北京样板。

在文物建筑活化利用方面，应进一步打开思路、开拓创新，充分发挥文物建筑的文化价值和社会价值。一是通过定期举办特色文化活动，推动历史文化资源融入市民生活，让民众在日常生活中与文物有更多互动关系，在日用而不觉中接受文化熏陶。二是建议探索和研究试点区级文物建筑、未定级文物建筑认养制度，争取更多社会资金和人力投入文物事业。北京文物建筑数量众多，政府虽不遗余力地进行保护，但由于人员和资金有限而显得力不从心，社会认养是缓解保护压力的一种可行方式。三是激活社会支持的多样化参与机制，增强全社会支持和参与文物建筑保护的意识，创新文博志愿者机制，设立文博志愿者特色主题驿站，以各种重要纪念日、节假日、重大时事发生为契机举办活动，吸引更多稳定的优秀志愿者参与文博志愿服务工作。

总之，要想让文物建筑"活"起来，不能仅仅对文物建筑进行博物馆式的保护，必须依托人进行活态传承，实现文物建筑、历史文化街区与百姓生活的活态融合。

（四）加大历史建筑保护利用实践探索和创新力度，协调好历史建筑保护与民生改善的关系

建立系统化的保护利用工作指引。为了全面、有效落实历史建筑保护要

求，应统筹考虑历史建筑保护、利用、传承各方面要求，建立覆盖全生命周期的保护管理体系。这一体系应涵盖普查、认定、挂牌、建档、日常保养、维护修缮、迁移、拆除、原址复建、应急抢险、装修改造功能活化、监督检查、公众科普等各环节，针对实际操作中遇到的问题，明确各环节工作要求，并加强相应技术标准、管理规定和政策保障，形成清晰的历史建筑保护利用工作指引，为各相关管理部门、相关利益方指明工作方向，系统保护、利用和传承好历史建筑。[①] 同时，历史建筑保护利用工作指引还要为有效实现历史建筑保护与民生改善的平衡提供政策要求，如在保护历史建筑的同时推进社区环境整治、提升基础设施和服务水平。在涉及历史建筑开发利用的项目中，确保开发收益能够惠及社区居民，形成保护工作与民生改善的良性循环。

创新活化利用方式，提升历史建筑的社会价值。活化利用是历史文化名城保护工作的重要组成部分，也是对历史资源的有效保护方式。在遵循"先保护后利用"原则的基础上，应探索适度灵活的活化路径。一是为活化利用预留弹性空间。历史建筑保护利用与文物建筑不同，可以在法律规范的框架下进行一定程度的改造和更新。例如，通过合理改造增加功能性空间，同时确保建筑风貌不受破坏。二是优化资金引导机制，发挥政府奖励和补助资金的杠杆作用，鼓励高质量社会资本参与历史建筑的活化利用。建议建立专门的历史建筑活化资金池，用于支持保护性修缮和功能改造。三是探索产权与使用权转让机制。借鉴国际经验，通过出售历史建筑的使用权或产权，吸引社会资本参与保护工作。例如，《北京历史文化名城保护条例》第六十四条已规定"历史建筑可以依法转让、抵押、出租"，但在实施中需与现行工程建设审批制度相衔接，建立保护与交易相结合的监管机制，确保交易合法合规，且保护责任明确。四是链接产业与建筑，鼓励将文旅、教育、文化创意等产业融入历史建筑遗产的活化中，探索"文化IP+商业空间"的综合

[①] 辛萍、叶楠、赵幸、郭晨曦：《北京市历史建筑保护更新路径初探》，《世界建筑》2022年第8期。

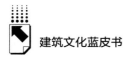

利用方式。

　　平衡保护需求与民生改善。历史建筑的保护工作必须兼顾居民的生活需求，特别是涉及民居的历史建筑时，应坚持"以人为本"的原则，既保留城市的历史记忆，又提升居民的生活质量，实现历史建筑保护与民生改善的和谐统一。为此，提出以下建议。一是大力推进平房区成套化改造，实现居住功能与风貌保护同步提升。在更新项目中注重基础设施升级，例如，改造老化的供电供水管网、优化排污系统，提高居民生活的便利性与安全性。二是注重公共服务设施补足，增强社区宜居性。在更新项目中，合理增设市民活动中心、儿童游乐场、老年人服务中心等公共设施，为不同群体提供多样化服务；优化街区内绿化景观，增设公共休闲空间，提升居民的生活舒适度。针对老旧社区防灾减灾设施不足的问题，增设消防通道、安全疏散设施等，提高其安全性和抗风险能力。三是探索社区共治更新模式，引入社区参与机制，通过协商共治明确保护目标，制定兼顾保护与居民利益的更新方案。

　　总之，历史建筑是历史文化名城的重要组成部分。通过系统化的保护管理、灵活的活化利用模式和民生改善措施的协同推进，北京能够在城市更新中实现历史建筑保护、传承与现代发展的多赢，为历史文化名城保护提供创新样本。

遗产保护篇

B.2
北京历史文化街区建筑遗产
保护利用研究报告

——以大栅栏历史文化街区为例*

齐 莹 陈忆侠 张秋妍**

摘 要： 北京有 3000 年建城史、800 年建都史，作为世界著名的历史文
化名城，是中国古代都城建设的范本与历史见证。在漫长的建城史中，宣南
地区始终与城市格局的历史变迁息息相关，初为蓟国故地、金中都内，后改
为城外，是北京营城建都的见证，也是北京文化的缩影。后申遗时代，北京
老城的保护活化工作进入新的阶段，本报告以宣南地区中历史文脉完整、文
化丰富、特征突出的大栅栏历史文化街区为例，就其更新实践现状进行分
析、提炼，为后续活化利用提供策略与方向。

---

* 基金项目：北京市教委科研项目"基于仪轨制度的外朝及皇城空间演变研究——以明清北京
为例"（项目编号：SM202110016001）。

** 齐莹，博士，北京建筑大学建筑与城市规划学院副教授，北京建筑文化研究基地副主任，主
要从事建筑遗产保护研究工作；陈忆侠，北京建筑大学建筑与城市规划学院硕士研究生；张
秋妍，北京建筑大学建筑与城市规划学院硕士研究生。

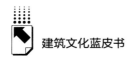
关键词： 大栅栏 历史文化街区 建筑遗产

北京有 33 片划定的历史文化街区，近年各级政府先后对各片区开展了不同侧重的保护及更新工作，主要聚焦于民生基础条件的提升及立面整治。后申遗时代，北京老城的保护活化工作进入新的阶段，诸多历史街区位于缓冲区，对这些历史街区的文化差异和特色挖掘提出了更高的要求。差异性及复合价值认识是进一步讲好老城故事、有效保护的前提。大栅栏历史文化街区紧邻中轴线，价值积淀深厚多元，是北京营城建都的见证，也是北京文化的缩影。本报告以此为例，梳理其文化底蕴及历史定位，梳理回顾既往保护利用工作，提出新阶段的文化策略及修复引导建议。

一 北京历史文化街区差异性概述

（一）历史文化街区空间分布及文脉差异

北京是一座拥有 3000 多年建城史和 800 多年建都史的城市。公元 1153 年，金代海陵王完颜亮迁都至燕京，在辽南京城的基础上依照北宋汴京的规制营建金中都，设皇城、内城、外城三道墙垣，以皇城位居中央。公元 1266 年，元世祖忽必烈在金中都东北方向建造元大都，即明清北京城的前身。元大都遵循《考工记》中"前朝后市、左祖右社"的原则，格局方正、秩序井然。至明朝定都北京，将都城北侧的部分区域舍弃并向南推移五里修建北城墙，这一时期修建完成的为北京城的内城。嘉靖时期为加强防御开始修建外城，由于经费有限仅修建了南侧部分，将先农坛等皇家祭祀建筑包围在内，称之为外城。最终自元代至明代形成了北京"凸"字形的城郭格局并被清朝完整继承。

沉淀了 800 年都城制度的北京老城以皇城为中心，区域内涵盖了以紫禁城为核心的宫殿建筑群、皇家苑囿、社稷坛庙并通过中轴线串联。中轴线两侧分布有南池子、北池子、东华门大街、景山前街等胡同街区，主要是为皇室服务的衙署建筑，是宫廷文化的集中区。皇城外北京都城以正阳门为界，分为北侧内城、南侧外城。依照清代"满汉分城"的规定，内城主要为权贵乡绅、皇家子弟所居住，是王府大院等权贵聚集地。与外城区域相比，拥有更为良好的文化基础，且街区留存了大量名人故居或文化类建筑遗产。而外城则成为汉人官员、商人与百姓的聚集地。商人频繁的贸易活动加之区域交通的发展，让五湖四海的人们皆聚集于此，在推动地区经济发展的同时也增强了文化的交流。以平民、商人为主的区域，形成了会馆、梨园、茶馆等具有市井特征的多类文化。晚清以来，更是萌发形成银行一条街、出版社一条街等北京老字号汇聚地。

2018 年北京公布的 33 片历史文化街区中基本囊括了前序各个类型的历史街区。其中 14 片位于皇城内，以景山前街、文津街等为代表，紧邻紫禁城，象征明清皇家文化；14 片位于内城，如西四与东西片区，重点代表官僚士绅文化；另外 5 片位于外城区域，以大栅栏历史文化街区为代表，作为老北京市井文化凝聚地。

（二）北京南城历史文化街区特色分析：历史深度与类型广度并重

1.宣南历史城市及文化背景

西周时期周武王灭商，分封诸侯。封黄帝后代于蓟，蓟城在今北京西城区广安门一带；封周王室贵族于燕，燕都在今北京房山区琉璃河镇。后燕国灭蓟国并迁都于此，是北京兴起的源头。广安门及宣武门附近出土的该时期文物佐证了蓟国都城的存在。其范围大致推断为北至宣武门和平门一线，南至南横街，西至广安门外护城河，东至虎坊桥一带。[①] 金代迁都于此并修建城墙。元代在东北方向建大都，金旧都仍保持居住功能，称为"南城"。随着两地居民间的不断往来，新城旧城间出现斜街道路及沿街店铺住宅，即今之杨梅竹斜街、樱桃斜街。明嘉靖时期修建外城将此区域纳入都城范围，进

---

① 王世仁主编《宣南鸿雪图志》，中国建筑工业出版社，2002。

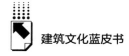
一步扩大了商业街规模。宣南区域叠加了"蓟国—唐幽州—辽金城池—元代旧都—明清商业区—近代宣南"多个时期的历史文化信息，与城市营建、功能变迁的发展息息相关，是北京纵向历史文化的缩影（见图1）。

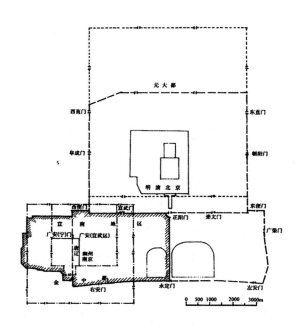

图1　宣南地区范围

资料来源：王世仕主编《宣南鸿雪图志》，中国建筑工业出版社，1997。

2. 南城历史文化街区分类概述

相较于官邸祠庙严整恢宏的内城，北京南城展现出生动多元的特色。南城现有4片（东、西琉璃厂历史文化街区认定为一片）历史文化街区，分别是大栅栏历史文化街区、东西琉璃厂历史文化街区、法源寺历史文化街区、鲜鱼口历史文化街区。比较其规模、历史文脉、面向人群及建筑特色角度，可以梳理为表1。从规模、多样性、综合性和历史性角度，丰富性最突出且与中轴线联系最紧密的即大栅栏历史文化街区。

表 1　北京南城历史文化街区特征梳理

名称	规模	历史文脉	面向人群	建筑特色
大栅栏历史文化街区	115 公顷,东起前门大街,西至南新华街,南起珠市口西大街,北至前门西大街	元代位于新、旧两城间,由于两城居民往来形成斜街及两侧住宅商铺。清代"满汉分城"使大量商人迁居于此,进一步成为繁华商业区	商人、进京科考举子、戏子等	会馆建筑、梨园戏楼、西洋式元素、商铺老字号
东西琉璃厂历史文化街区	琉璃厂东街东至延寿寺街,西至南新华街,全长 350 米。琉璃厂西街位于东街西侧,全长 340 米	元、明两代为修建宫殿在此设官窑琉璃厂;清代科考举子聚集在此,因此开设了许多笔墨纸砚店铺	各地来京士人学子	书局、笔墨纸砚店铺为主
法源寺历史文化街区	21.5 公顷,东至菜市口大街,西至教子胡同,北至法源寺后街,南至南横西街	唐代此地建造悯忠寺以祭祀东征将士。明清以花事闻名,诸多文人墨客在此赏花作诗后更名为"法源寺"	文人墨客	法源寺、会馆建筑
鲜鱼口历史文化街区	20.12 公顷,东至草场十条,西至前门大街,南至薛家湾胡同、得丰西巷、小席胡同、大席胡同,北至经西打磨厂、长巷四条路	辽金时期为漕运中转站,元代继续发展。明代随正阳门建立而兴起,形成集市	商贾、百姓	老字号餐馆、戏园、茶楼

资料来源：笔者梳理。

　　大栅栏历史文化街区是我国首批历史文化街区,街区范围北至前门西大街,南至珠市口大街,东至珠宝市街、粮食店街,西至南新华街,总占地面积 115 公顷。街区内包括东西向胡同前门西河沿街、三井胡同、耀武胡同、廊坊头条至四条、大齐家胡同、小齐家胡同等,南北向胡同延寿街、煤市街、珠宝市街,以及斜巷胡同樱桃斜街、铁树斜街、杨梅竹斜街等(见图 2)。

　　大栅栏历史文化街区文脉肌理始于元代并持续演进到近代,不仅是城市历史发展的物质见证,也是各阶段城市空间政策的直接体现。历史上此区域

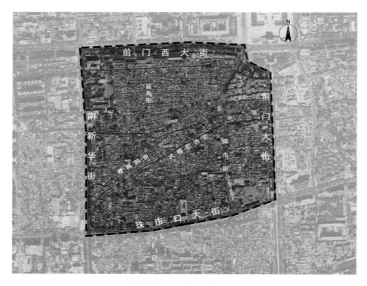

图 2　大栅栏历史文化街区范围

资料来源：基于规划云卫星底图绘制。

内人群类型及产业业态尤为丰富，涉及商业、文娱、市井等多个领域，拥有银行一条街、银号一条街；商业囊括书店、银店、古董、餐馆、茶酒等多种类型；促进了晚清梨园业、烟花业的兴起。衍生的建筑类型也不同于内城传统四合院：会馆建筑受到各省外乡文化的影响，商业娱乐建筑呈现对中西合璧的偏好；银行等新功能也带动了新空间结构的出现。上述种种，从不同角度共同构筑出多元化的老北京文化生活场景。

（三）大栅栏历史文化街区空间文化特色

1. 肌理鲜明的历史商业贸易走廊

公元 1271 年，元大都营建完成后"诏旧城居民之迁京城者"，使金中都（即旧都）的居民搬迁至新城居住，而旧都内仍留有部分遗民。随着新旧两城居民间的往来交流，元大都与南城之间逐渐开辟出若干斜向路径，后又沿道路两侧搭建民居与店铺，逐渐形成颇具规模的斜街，即今日的杨梅竹斜街、樱桃斜街等，为北京老城刻画出了不多的两条斜街。明清时期，城市的营建与街区商业的规模再次得到发展，形成了较为成熟的街巷肌理、空间格局。伴随着地区文化丰富度提升，此区域成为北京重要的市井文化商业区。

2. 旗民分治下的五方杂处文化汇聚地

清代实施"满汉分城"的管理制度，要求北京的内城区域仅供旗人居住，而汉族人只能居住在外城，且娱乐业等仅限于外城。区位原因带动了前门外地区商业活动的繁荣，形态丰富、规模扩大。晚清运河水运码头南移至其附近以及京汉、京奉火车站在前门的建立，进一步提升了此处交通的重要地位。外地商旅及科举士子来京后都会先落脚此地。以瑞蚨祥为代表的一系列老字号、交通银行等银行一条街以及琉璃厂的兴盛，也是这种多方影响汇聚的产物。此地是北京会馆密度最高的区域之一，也是"茶楼""饭庄"等旧式娱乐场所最为密集的区域。

3. 600年演变叠加的创新实践地

明弘治年间，管理者为增强对街区的掌控设置宵禁，由商贾出资在廊坊四条街道的巷口搭建木栅栏来进行管理，就此成为此地"大栅栏"的名称来源，持续近600年。在元代道路的肌理上，历代管理者及居民屡有更新创造，形成了丰富的文化层积及城市空间面貌，其主要发展脉络整理如表2所示。

表 2　大栅栏历史文化街区发展脉络

发展阶段	发展范围	主要建设活动	建筑类型和特色	主要历史遗存
辽金 （907~1234年）	东至五斗斋，西至方壶斋	建设延寿寺及民居建筑	以寺庙为主，早期建筑现已基本无存	海王村遗址、延寿寺遗址均由遗留碑刻获悉
元朝 （1206~1368年）	北至西河沿，南至庄家桥及孙公园，东至延寿寺街及桶子胡同，西至南、北柳巷	增设琉璃厂，建设房屋、寺庙等	形成工字形院落布局	琉璃厂遗址已不存在，仅知其原有边界范围

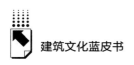
续表

发展阶段	发展范围	主要建设活动	建筑类型和特色	主要历史遗存
明朝 (1368~1644年)	永乐年间扩展至前门大街,嘉靖年间形成街巷(东至前门大街,北至西河沿,南至珠市口大街)	填沟铺路,建造民房、寺庙,商铺。延续琉璃厂的使用,东西街巷相连接,形成街巷;外城增设栅栏	以东西厢房、正房抄手游廊和垂花门组成的名副其实的四合院格局	延寿寺、火神庙等寺庙遗存建筑;明四合院院落格局;以杨梅竹斜街为主的街区格局较好保存
清朝 (1616~1911年)	东至前门大街,西至琉璃厂,北至护城河,南至珠市口大街	重修各寺庙、房屋;增设学堂,建各省会馆、报刊及京师商务总会;设蚕桑局、牛痘局等政府部门;修筑主要街道路面	出现新型建筑,四合院院落格局逐渐发生变迁	中西式结合的新式建筑,明清四合院及变形四合院;该时期所形成的街区肌理和格局现状基本保存
民国 (1912~1949年)	东至前门大街,西至南新华街,北至护城河,南至珠市口大街	修筑街道,疏浚北京前三门护城河;建海安王村公园、北京电话局、警察局;开辟南新华街,成立北平国剧学会、传习所,成立各行业公会	大量西式建筑,以欧陆式、民国式为主要特色建筑;传统民居、庙宇	劝业场、盐业银行、中原证券交易所等近代建筑;该时期形成的最复杂的景观风貌(传统式、欧陆式、民国式)较好保存
新中国成立后 (1949年至今)	东至前门大街,西至南新华街,北至前门西大街,南至珠市口大街	仿清店铺改建琉璃厂东街的沿街商铺,拆除东南园头条周边建筑,扩展煤市街	特征鲜明的现代建筑,仿清店铺建筑,形成新的街巷格局	明清四合院建筑,劝业场、青云阁等近代建筑,以及该街区所保留的现状街巷肌理和格局

资料来源:段晓婷,《历史街区更新视角下大栅栏地区历史文化价值载体研究》,北方工业大学硕士学位论文,2018。

二 大栅栏历史文化街区建筑遗产整理

（一）街区及建筑遗产梳理

基于北京文物地图数据统计，街区内共有国家级重点文物保护单位 4 处，市级文物保护单位 6 处，区级文物保护单位 10 处，区级普查登记文物 27 处，历史建筑 8 处（见表 3）。当然这远不足以覆盖区域内现有的全部高价值传统建筑。参考《宣南鸿雪图志》及街区调研中梳理的建筑遗产，还有天和玉、聚宝茶室、潮州会馆等各具特色的传统建筑因处在使用中，勘察测绘及价值研究不足而尚未定级。

表 3　大栅栏历史街区现存建筑遗产清单及保护等级

名称	级别	时代
大栅栏商业建筑:劝业场	国家级	清
大栅栏商业建筑:谦祥益	国家级	清
大栅栏商业建筑:瑞蚨祥	国家级	清
大栅栏商业建筑:祥义号门面	国家级	清
正乙祠	市级	明
纪晓岚故居	市级	清
德寿堂药店	市级	中华民国
交通银行旧址	市级	中华民国
盐业银行旧址	市级	中华民国
粮食店第十旅馆(通新客栈)	市级	中华民国
琉璃厂火神庙	区级	明
前门清真礼拜寺	区级	明
泰丰楼饭庄(西楼)	区级	清
东南园四合院	区级	清
护国观音寺	区级	明
青云阁	区级	中华民国
谭鑫培故居	区级	清
五道庙	区级	明
王瑶卿故居	区级	清
裕兴中银号	区级	中华民国

续表

名称	级别	时代
中原证券交易所	登记文物	中华民国
钱业同业公会	登记文物	中华民国
婺源会馆	登记文物	清
刘家大院旧址	登记文物	中华民国
海王村公园	登记文物	清
吕祖祠	登记文物	清
王士祯故居	登记文物	清
梁诗正旧居	登记文物	清
大安澜营胡同 13 号四合院	登记文物	清
西单饭店旧址	登记文物	中华民国
大栅栏西街 37 号商店	登记文物	
裕丰烟铺	登记文物	
煤市街第二旅馆	登记文物	清
朱家胡同 45 号茶室（临春楼）	登记文物	中华民国
榆树巷 1 号茶室	登记文物	中华民国
梅兰芳祖居	登记文物	
云吉班旧址	登记文物	清
百顺胡同 49 号茶室	登记文物	中华民国
斌庆社旧址	登记文物	清
万佛寺	登记文物	
谦祥益老号旧址门面	登记文物	清
宝恒祥金店	登记文物	中华民国
廊房头条 19 号商店	登记文物	中华民国
廊房二条传统商店	登记文物	中华民国
瑞蚨祥西鸿记门面	登记文物	中华民国
荣丰恒煤油庄	登记文物	
聚顺和栈南货老店旧址	登记文物	中华民国
裘盛戎故居	历史建筑	
佘家胡同 13 号四合院	历史建筑	
岚秋故居四合院	历史建筑	
笤帚胡同 31 号	历史建筑	
余三胜故居	历史建筑	
培英胡同 12 号	历史建筑	
培智胡同 17 号	历史建筑	
甘井胡同 15 号	历史建筑	

资料来源：北京文物地图网站，https：//maptable.com/s/p/cnzodzkujocg。

（二）街区及建筑遗产类型概况

1. 民居类建筑——纪晓岚故居（市级文物保护单位）

清代所实施的"满汉分城"政策导致汉人官员、士人搬入街区，与源源不断的驻留举子共同构成了宣南地区的官僚士绅文化，也是街区内有众多名人故居的原因之一。

纪晓岚故居位于北京市西城区珠市口大街，原为清雍正时期兵部尚书陕甘总督岳钟琪的府邸，乾隆年间大学士纪晓岚居住于此。民国时期此院作为北京国民议会筹备处，后又作为联络站、北京国剧学会、晋阳饭庄使用，2003年被公布为北京市级文物保护单位。院落坐北朝南，为二进院落。一进院门房及倒座经民国时期改造为砖券窗。院内抄手游廊连缀正房三间，硬山顶过垄脊合瓦屋面，勾连搭过厅，有砖雕彩画。二进院正房为阅微草堂，共五间前出抱厦，硬山顶过垄脊合瓦屋面，同样有砖雕彩画。院内种有紫藤、海棠树等植物。

2. 商业类建筑——中原证券交易所（登记文物）

大栅栏商业街的繁荣促进了地区经济的发展，也同样带动了金融领域。历史街区内聚集了众多银号、银行等并形成"银行一条街"，其中中原证券交易所是我国自行开办的第一家证券交易所。

该建筑位于西河沿街196号，是一栋内廊围合式二层建筑（见图3）。建筑平面为长方形，占地东西16米，南北33米，主立面五开间楼房。交易所的结构为砖木式，二层内部带有走马廊，中庭通过带有高窗的天井形成光线明亮的交易大堂空间。与过往四合院天井楼房、加建顶棚不同的是，其更倾向于对南方天井建筑的基础做法的模仿，是近代建筑中庭空间的雏形。此类本土建筑的发展，影响到区域内其他各类商业建筑中公共空间做法，反映了大栅栏历史文化街区商业建筑对新式公共空间做法的不断探索。

3. 会馆类建筑——潮州会馆（未定级）

大栅栏历史文化街区因区位优势及政策影响，成为明清外乡人来京的主要聚集区，街区内有多处会馆建筑，招待各省商旅、士人、官绅。清乾隆

图 3　中原证券交易所外观及内部

《宸垣识略》中记述宣南有会馆 100 所，据清《京师坊巷志稿》记载，大栅栏煤东街区的会馆有廊房三条的临汾会馆，王皮胡同的仙城会馆，施家胡同的青阳、广德会馆等。根据 1949 年北京市民政局的调查统计，全市有会馆391 座①，此街区内便有会馆上百处。其中只有少数得到充分挖掘及有效保护，多数湮没为档案上的一笔，潮州会馆即为一例。

北京潮州会馆共有三处，"南、北、西"三馆。其中北京潮州七邑会馆为县级会馆，位于延寿街 12 号。潮州七邑会馆建于乾隆三十四年（1769年），由潮州京官陈时谦捐银建造。房屋位于京都琉璃厂延寿寺街北，坐东朝西门面，前后地基计六进（见图 4）。门口有潮州新馆匾额。会馆现存旧址为三进院落。各进正房坐东朝西、呈梯状横向排布。② 当前，由于四合院

---

① 白继增：《北京宣南会馆拾遗》，中国档案出版社，2011，第 2 页。
② 刘雨涵、齐莹、邱清玥：《基于人类学角度的建筑遗产恢复性重建研究——以宣南潮州会馆为例》，《北京规划建设》2021 年第 3 期。

产权与居住者的改变，会馆已经沦为民居杂院，会馆临街大门甚至改为公厕，内部格局也因私搭乱建而遭到破坏，仅有一系列高大的正房暗示着原有的空间秩序。

|a.乾隆京城全图|b.1950年历史地图|c.2000年卫星地图|

图 4　潮州会馆平面布局变化

注：a、b 两个时期合街并院，扩大了范围；b、c 两个时期整体范围不变，增加了多处私搭乱建。

资料来源：刘雨涵、齐莹、邱清玥，《基于人类学角度的建筑遗产恢复性重建研究——以宣南潮州会馆为例》，《北京规划建设》2021 年第 3 期。

4. 民俗文化类建筑——聚宝茶室（未定级）

清乾隆时期徽班进京并居住于八大胡同一带，衍生出茶室青楼、饭庄旅馆等多类娱乐场所。聚宝茶室是这类商业娱乐建筑的典型案例。聚宝茶室位于朱茅胡同北段路西9号，是一座民国时期建造的坐西朝东三合院，主体为砖木结构。茶室临街立面全砖砌筑，中间为一纵向拉长的西洋式门楼，略矮于两侧临街房间山墙。立面门洞为西洋式拱券，中间雕刻"福禄"二字，上方悬挂砖雕匾额为"聚宝茶室"（见图 5）。其内部为二层天井式格局，二层内有跑马廊。

茶室的临街立面受到西洋建筑风格的影响，使用拱券、几何等做法将其通过细部装饰的手法融入中式砌筑中。茶室内部的天井与基本格局仍受本土南方建筑的影响。此类中西合璧的建筑做法，在大栅栏历史文化街区的商业娱乐建筑中极为流行。

图5 聚宝茶室外立面及局部

资料来源：笔者自摄。

三 大栅栏历史文化街区建筑遗产价值梳理

不可移动文物的认定需要从历史、科学、艺术三个方面的价值进行评估，2015年的《中国文物古迹保护准则》又补充了社会价值及文化价值两个角度。

（一）历史价值：街道及空间肌理是800年城市演变的见证地

此区域商业街的规划可追溯至明代永乐年间，而向南延伸的八条胡同，则是从明朝中叶至清初年间，逐步形成的布局规整、秩序井然的居住区。东西椿树胡同之间，特别是延寿寺街以东的几条小巷，以及达智桥至校场口一带，同样是历经规划的居住地段，体现着当时城市建设的匠心独运。其余的杂乱交错的胡同大多是在辽金元时期自由形成的，包括斜胡同、窄胡同、直胡同、短胡同，称为四"多"现象。可以说此地保留着北京历史上延续最长（金、元、明、清、民国至当代）的城市肌理及街区风貌，不同朝代的统治理念、经济政策、文化风俗等都在这里留下了深刻的烙印。

（二）艺术价值：中式商业与洋式建筑嫁接融合的博览地

繁荣的商业带动了各色商铺的建造，特别是 1900 年老德记药房火灾后，大栅栏历史文化街区东部大量建筑进行了翻建。适逢西洋式建筑手法流行，传统砖细手艺高超的工匠们开始用青砖等材料模仿西式建筑外观，在立面上率先做出了改变，引入巴洛克风格、各种西洋柱式，新型建筑材料与传统的建筑工艺融合，创造出大栅栏历史文化街区独有的中西融合的建筑风格。

"八大祥"铺面中的瑞蚨祥、谦祥益、祥义号等都在门脸处引入不同的洋式装饰，建筑的立面设计普遍以柱廊为显著特征，并辅以阳台、精致的铁花饰、女儿墙以及装饰性的山花等西式构件，做工考究花纹繁复。室内空间则保留了雕梁画栋、雕刻彩绘等中式传统元素，展现出深厚的文化底蕴。这种在保留传统中式建筑特色的同时，吸收西方建筑设计造型理念和大空间技术的模式，形成了大栅栏历史文化街区独特的近代洋式风貌。

（三）科学价值：新结构与新业态影响下的公共建筑形式创新场

相较规矩严整的传统官宅街区，大栅栏历史文化街区的建筑类型及面貌丰富，其结构形式也更加多样。传统戏楼使用勾连搭结构形成开放大空间。晚清商业建筑的更新更推动了建筑空间结构的创新，出现了大量近代中庭式建筑，砖（石）木构成的承重体系采用三角木桁架作为中央天井顶棚的支撑，同时为提升室内采光与通风效果，安装玻璃高窗令自然光线能够充分进入室内。其中最具代表性的是施家胡同 11 号裕兴中银行、杨梅竹斜街的青云阁商场以及煤市街的泰丰楼饭庄、大力胡同同福居饭庄等。其中以劝业场最为成熟宏大，作为近代北京第一幢大型综合性商业建筑，其室内自南向北设置的三处通高中庭，打破了传统商业建筑的封闭格局，各房屋围绕中庭布置，在视线流动和互动之余，保持了空间相对的独立性。

（四）社会价值：历史城市规划建设及人文地理的活档案

明永乐年间，朱棣将都城向南扩展二里并建正阳门，正阳门外始建

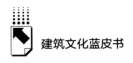

"廊房"，大栅栏煤东街区的廊房头条至四条即为当时所建。嘉靖三十二年（1553 年），朝廷加筑了外城并设"八坊"，大栅栏地区为正西坊，成为京城内外闻名的商业中心并持续至今。

商业活动的空前繁荣，带动金融业迅猛发展，民国时期大栅栏地区成为北京城内的主要金融市场，钱庄、票号等银钱交易机构纷纷涌现。此外区域内拥有数量庞大的戏院、名角宅邸以及诸多与梨园相关商业店铺：布料店、绸缎庄以"瑞蚨祥"为首，常为名角和戏班提供布料制作戏服；戏剧表演促进了饭庄、酒楼、会馆、茶园的兴盛。谭鑫培、梅兰芳、程砚秋、马连良等京剧名角也都活跃在这一片区，王公贵族、文人墨客都在这里留下过痕迹。

（五）文化价值：多方来宾多元业态催生的文化汇聚地

大栅栏历史文化街区以四"多"著称：名人故居多、祠观庙宇多、梨园古迹多、非标住宅多。名人故居见证了百年宣南地区的辉煌与沧桑，祠观庙宇承载着百姓的信仰与寄托，梨园古迹记录了戏曲文化的繁荣与发展，而非标住宅则体现了胡同生活的多样性与包容性。

1. 士人文化

大栅栏历史文化街区中会馆林立的文化现象，使其在宣南地区形成了特定的士人社区。乾隆年间朝廷修《四库全书》，天下文人聚集北京，《四库全书》总编修纪晓岚、编修程晋芳等均住在宣南，他们以大栅栏的琉璃厂书肆为中心交换书籍，探讨学问，形成了最初以士人文化为代表的"宣南文化"。

2. 梨园文化

明万历年间，前门大栅栏区域便是弋阳、海盐、昆山等声腔剧种戏班的固定寓所所在。乾隆五十五年（1790 年），随着四大徽班相继进入京城，更多知名科班、戏院汇集在此，各种演出场所遍布大栅栏地区（见表 4）。《金台残泪记》有云："听歌而已，无肆筵也，则曰'茶园'。园同名异，凡十数区，而大栅栏为最盛。"大栅栏历史文化街区逐渐成为京剧艺术的摇篮，为京剧的发展和繁荣提供了优越的物质条件和人才基础。

表4　1949年以前大栅栏地区主要演出场所统计

类别	场所名称	时期	位置
戏楼	庆和园	清乾隆	大栅栏街
	广德楼	清乾隆	大栅栏街
	三庆园	清乾隆	大栅栏街
	庆乐园	清乾隆	大栅栏街
	中和园	清乾隆	粮食店街
	同乐轩（同乐园）	清乾隆	门框胡同
	第一楼	1912年	廊房头条
	新罗天剧场	1912年	廊坊头条
	民乐园	1912年	棕树斜街
	文明茶园	清光绪	煤市街
	开明戏院	1912年	珠市口西大街
	第一舞台	1914年	珠市口西大街
	四明戏院	1933年	粮食店街南口
	大亨轩	清光绪	大栅栏街
	中华舞台	清末	廊坊头条
会馆	正乙祠会馆戏楼	清初	西河沿街
商场中的茶园	首善第一楼	1912年	廊坊头条
	宴宾楼茶社	1926年	观音寺街
	青云阁茶园	清乾隆	大栅栏西街

资料来源：胡晟男，《北京大栅栏地区历史文化资源整合方法研究——以宣南梨园文化为中心》，北京理工大学硕士学位论文，2016。

四　大栅栏历史文化街区建筑空间更新实践

（一）大栅栏地区整治活化脉络梳理

1990年北京市政府将旧城内包括大栅栏、南锣鼓巷、什刹海、国子监等在内的25个街区划定为历史文化保护区，并提出了保护与改造的具体要求。此后大栅栏历史文化街区的整治工作大致可以分为三个阶段（三个十年）：第一阶段从文旅角度对街区进行整修开发，主要集中在东部大栅栏区

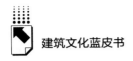

域；第二个阶段兼顾保护与社区活化，以杨梅竹斜街为主，实行针对性和特色化的更新活化，向西进入社区层面并在文化生态上进行了大胆尝试；第三个阶段的物质空间聚焦观音寺片区，物理空间整治在有序启动，对其活化策略及路径的探讨是必要且迫切的。

2000 年：北京市人民政府在大栅栏街口修建了铁艺栅栏。

2002 年：《北京旧城二十五片历史文化保护区保护规划》确定大栅栏地区的性质为民俗旅游、老北京传统商业购物和居住相结合的综合型传统文化保护区。

2002 年：《大栅栏地区保护、整治与发展规划》确定大栅栏的总体功能定位为文化旅游商业区，规划提出增加集中的旅馆、特色餐饮、茶馆酒吧、特色艺术品、展览馆、服务中心等设施。

2008 年：大栅栏街区修缮完毕，重新对外开放。大栅栏西街改造中，护国观音寺的门脸重新露出。

2011 年：大栅栏历史文化街区更新计划启动。项目是在北京市文化历史保护区政策的指导和西城区政府的支持下，由北京大栅栏投资有限责任公司作为区域保护与复兴的实施主体，创新实践政府主导、市场化运作的基于微循环改造的旧城城市有机更新计划。

2012 年：以北京国际设计周带动的杨梅竹斜街改造试验，积极与在地居民及商家合作共建，赢得了广泛认可，已经开始向社区共同治理阶段过渡，成为新时期北京历史文化街区更新改造与社会治理相得益彰的典型案例。

2013 年：护国观音寺修缮保护项目启动，修缮完成后成为西城区文物活化利用项目之一。

2017 年：大栅栏历史文化街区内北京坊建筑群建成开放；珠粮街区进行整体保护性修缮。

2020 年：观音寺片区申请式退租开始。

2024 年：西城区大栅栏整院违建拆除工作开始。

可以看出，随着历史文化街区保护的经验不断完善，大栅栏历史文化街区的规划逐渐从由政府为实施主体的整片街区的总体规划，向单片街区的细部规划转变（见表5、表6），从大范围的对街区建筑进行统一规划逐渐转变到对小面积的街道进行"一店一策"的立面改造，以及恢复性重建的风貌修复（见表7）。

表5　北京大栅栏历史文化街区规划文件

发布主体	名称	发布时间
北京市规划委员会	《北京旧城二十五片历史文化保护区保护规划》	2002
北京市宣武区规划局	《大栅栏地区保护、整治与发展规划》	2002
宣武区人民政府	《北京前门大栅栏地区保护、整治与复兴规划》	2004
北京大栅栏投资有限公司	《北京大栅栏历史文化保护区改造振兴规划与实施策略》	2007
北京市西城区人民政府	《北京市西城区"十二五"时期历史文化保护区保护与发展规划》	2012
北京市西城区人民政府	《北京市西城区大栅栏琉璃厂历史街区保护管理办法》	2013
北京市人民政府	《北京城市总体规划（2016年~2035年）》	2017
北京市西城区人民政府	《西城区"十四五"时期历史文化名城保护规划》	2022

表6　北京大栅栏历史文化街区更新项目

实施主体	名称	实施时间
北京大栅栏投资有限责任公司	杨梅竹斜街保护修缮方案	2012
汉嘉设计集团	前门西河沿街市政景观及建筑外立面改造工程方案设计	2012
北京大栅栏安创置业有限公司	观音寺片区老城保护更新项目	2019

表7　北京大栅栏历史文化街区立面整治项目

整治区位	整治内容	整治时间
大齐家胡同、棕树斜街、扬威胡同、茶儿胡同、大耳胡同、排子胡同、笤帚胡同、耀武胡同、三井胡同、东南园胡同、东南园头条、小沙土园胡同、大力胡同、博兴胡同、珠宝市街、粮食店街、前门西河沿街、大安澜营胡同	市政设施升级；街巷景观、房屋整治和修缮：雨搭、房檐、墙面装饰、墙帽拆砌、简瓦墙帽、防护栏；新增砖雕、文化墙	2013~2017

续表

整治区位	整治内容	整治时间
大栅栏商业街	一期:道路、电线电缆、建筑立面修缮、内部改造 二期:路面、外立面修整,硬件和业态升级,标识、导览牌重做	一期工程:2003~2008 二期工程:2020~2022
前门大街	一期:建筑修缮改造、风貌修复 二期:屋面管线、屋顶机房等设施整治,清理拆除违建,广告招牌设施整治	一期工程:2001~2008 二期工程:2022

资料来源:笔者整理。

(二)大栅栏地区整治数据及效果

大栅栏历史文化街区中影响力和持续性最强的为杨梅竹斜街保护修缮试点项目。作为大栅栏历史文化街区更新计划的启动项目,杨梅竹斜街保护修缮试点项目腾退居民 792 户,疏解人口 2068 人,拆除违建 53 处、广告牌匾 51 处。15 处历史建筑得到原汁原味的保护,25 处重要风貌建筑立面得到原真性修缮,75% 的普通建筑立面按照不同建筑元素进行弹性设计与改造。腾退后的建筑成为社区公共空间的有益补充,包括公共厨房、邻里共享空间、内盒院生活性服务功能,同时结合杨梅竹斜街的区域文化特性,适度引入了以书店出版、独立文化传播及生活方式、新商业为主的文创体验产业。

杨梅竹斜街保护修缮试点项目的成功,为后续其他片区的保护修缮项目提供了范例。按照"打造第二条杨梅竹斜街"的指示,2019 年 6 月启动观音寺片区老城保护更新项目前期研究。截至 2022 年 2 月 25 日,共计 1085 户已签约居民参与退租,累计收房 1070 户,解约 996 户。完成了观音寺片区业态导则,开展已腾退资产活化利用。联合北京国际设计周平台组织了片区视觉形象及标识导览设计竞赛,完成大栅栏西街牌匾店招及导览方案设计。选定 6 个保护性修缮试点院落,其中整院修缮类 3 个、共生单元 2 个、共生院及申请式改善1个，现已全部启动工程施工，其中1个院落已完成工程验收，进入常态化资产运营阶段。

杨梅竹斜街片区更新项目和观音寺片区更新项目，联合北京国际设计周平台创新，以文化创意引导建筑更新与利用，积极与周围居民及商家沟通合作，自愿式腾退，多方参与共建，赢得了广泛认可，成为新时期北京历史文化街区更新改造与社会治理的典型案例，是探索并实践历史文化街区城市有机更新的新模式。作为北京老城区的宣南文化的重要载体，大栅栏的更新再生不仅是北京老城区胡同生活方式的重生复兴，它对其他城市的城中村、里弄等城市旧区改造更带有示范效应。

（三）保护活化利用的策略提炼与展望

1. 街区体系：优化空间布局，提升街区整体环境

根据大栅栏历史文化街区的整体发展定位和功能需求，合理规划不同区域的空间布局，实现功能互补和协调发展。保障街区民生，通过划定共生单元、补充公共服务和公共空间，实现功能混合、活力共生。进一步梳理胡同交通系统，提高人行空间舒适度及安全性。在现有杨梅竹、琉璃厂、观音寺等东西向街道整治的基础上，加强区域南北向街道环境整治、基础设施的建设和维护，形成纵横网络，提升街区整体品质。

2. 建筑遗产：继续挖掘梳理当地历史建筑特色，完善遗产档案

深入展开大栅栏历史文化街区传统建筑的再调研，确保修缮工作中"研究先行"，避免雷同单一的风貌修复工程破坏近代建筑的历史信息，造成不可挽回的遗憾。建立街区传统建筑遗产档案，特别是应展开西式风格本土化工艺、地方文化本地化构造的研究，进一步充实完善北京近代建筑史中民间实践的篇章，凝结成大栅栏地区传统建筑特征导则，为街区修复提供专业支持及技术引导。

3. 业态组合：文化理念引导建筑整合利用，结合历史功能打造特色业态

深入挖掘街区市井曲艺、书香文艺与中式高奢的历史文脉与特色IP。结合空间特色进行精细化业态规划，分片规划引入特色业态，将传统文化特

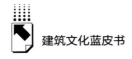

质与实体书店、创意办公、科技创新等新零售业态相融合，孵化街区特色符号，与大栅栏传统商业街形成差异化互补。

4. 社区精神：传承文化创新，引入文化产业，调动社会参与活化街区

延续 600 年更新精神，传承文化创新。加强宣南多元活力的历史文化精神挖掘，形成大栅栏历史文化街区的差异性认知；引导省市、曲艺行业的寻源之旅，鼓励社会各界参与经营街区内的文化产业，引入新的文化元素和创意产业，为街区注入新的人文活力和发展动力。从多年北京国际设计周引出"设计+"概念，强化大栅栏历史文化街区的实验与创新精神。

5. 数智运行：老胡同嫁接新技术，智慧化管理平衡历史街区文旅及居住需求

在常规物质空间改造提升外，通过加强对海绵城市、智慧化设备设施、5G 等新技术的应用，通过雨水花园等小市政提升街区低洼院落的防涝能力，通过数据监测提升智慧停车、共享服务等空间效率，通过动态数据收集掌握游客及居民的活动偏好，形成街区建设项目引导库。

五　结语

大栅栏历史文化街区内建筑遗产分布密集且类型丰富，见证着北京营城建都的历史发展，是北京传统文化中重要的拼图。通过整理可以看到，这一区域在商业活动上以大栅栏东片区为引领，在空间实践上以杨梅竹斜街的系列共享共建试点更新为代表，在文化活动上以北京国际设计周为示范品牌，合力取得了可观的进展，成为北京老城保护更新中最有影响力的街区之一，并在接下来持续地面对提升街区活化振兴水平的挑战。通过调研可以观察到，由于区域范围可观、文化层积丰富，这一片区还有大量的传统建筑尚未得到有效的研究勘察及保护评级。为进一步点亮街区文脉和历史鳞爪，活化建筑遗产，有必要对建筑本体及其背后的人文脉络做更多的整理，从而实现以建筑遗产为抓手，讲历史故事、现历史场景、迎未来宾朋。

参考文献

王世仁主编《宣南鸿雪图志》，中国建筑工业出版社，2002。

白继增：《北京宣南会馆拾遗》，中国档案出版社，2011。

周传家、程炳达主编《北京戏剧通史·明清卷》，北京燕山出版社，2001。

王世仁：《"雪泥鸿爪话宣南"之市井风貌》，《北京规划建设》1999 年第 3 期。

刘雨涵、齐莹、邱清玥：《基于人类学角度的建筑遗产恢复性重建研究——以宣南潮州会馆为例》，《北京规划建设》2021 年第 3 期。

周尚意、吴莉萍：《苑伟超景观表征权力与地方文化演替的关系——以北京前门—大栅栏商业区景观改造为例》，《人文地理》2010 年第 5 期。

段晓婷：《历史街区更新视角下大栅栏地区历史文化价值载体研究》，北方工业大学硕士学位论文，2018。

胡晟男：《北京大栅栏地区历史文化资源整合方法研究——以宣南梨园文化为中心》，北京理工大学硕士学位论文，2016。

B.3

北京老城清代王府建筑
保护和利用研究报告[*]

李春青　金恩霖　闫雯倩　刘圣楠　李卓然[**]

摘　要：　北京老城是见证历史沧桑变迁的千年古都，是中华文明源远流长的伟大见证，是北京建设世界文化名城的根基。由于清代特殊的封王不赐土的分封制度，几乎清代所有的王府建筑集中分布于北京老城中的内城，成为北京古都风貌的重要组成部分，见证了清代社会、政治、文化的变迁，也反映了中国传统建筑文化的精髓，具有数量和类型多、规模差异大、分布区域集中的特点，因此清代王府建筑是北京老城中具有重要代表性和丰富价值的历史文化遗产之一。本报告通过对北京老城清代王府建筑的调查研究，对北京老城内现存的40座清代王府的历史沿革、现存状况、保护等级、使用功能等各方面进行系统梳理总结，初步构建出北京老城清代王府建筑的遗产体系，提炼总结北京老城清代王府建筑的保护与利用价值。在此基础上，还对北京老城清代王府建筑进行了特征总结和分类归纳，探讨各等级王府建筑的现存问题及其影响因素，并提出相应的保护与利用策略和对策，目的是提高政府和公众对北京老城清代王府建筑的价值认知，并为其保护与利用工作提供研究基础和支撑。

---

　*　基金项目：国家自然科学基金面上项目"老城更新视角下北京清代王府建筑遗产空间形态系统性保护与利用研究"（项目编号：52178003）。

**　李春青，北京建筑大学建筑与城市规划学院教授，主要研究方向为建筑遗产保护、城市设计、传统村落保护；金恩霖，北京建筑大学建筑与城市规划学院博士研究生，主要研究方向为建筑遗产保护、城市设计；闫雯倩，中国建筑设计研究院有限公司初级建筑师，主要研究方向为建筑设计；刘圣楠，北京市市政工程设计研究总院有限公司工程师，主要研究方向为建筑设计；李卓然，北方工业大学建筑与艺术学院建筑学专业本科生。

关键词： 北京老城　清代王府建筑　保护利用

　　2020 年公布的《北京城市总体规划（2016 年~2035 年）》提出以皇家宫殿、园林、王府、坛庙、衙署等腾退修缮保护为重点，保留古都印记；同年，《首都功能核心区控制性详细规划（街区层面）（2018 年~2035 年）》提出围绕老城历史文化保护推进全国文化中心建设；2023 年，十四届全国人大一次会议的政府工作报告指出，"弘扬中华优秀传统文化，加强文物和文化遗产保护传承"。可见，无论是国家层面还是北京市层面，优秀传统文化的传承和我国建筑遗产的保护与再利用工作越来越受到广泛重视，也为北京王府类建筑遗产资源的保护利用提供了重要的时代背景。

　　由于北京清代王府建筑的建造按照王爷爵位的等级制定有专门的王府建筑规制，因此它成为北京帝都礼制文化的典型代表之一，在建筑特色上是介于皇家建筑与民居建筑之间的重要建筑类型，且在总数量和占地面积上占北京内城很大的比例，成为首都北京重要的特色性建筑遗产之一。同时，王府建筑遗产又展现了当时一定时期内宗室阶层的价值观念、生活方式和风俗文化，也反映了当时中国传统建筑营造的高超工艺水平，因此作为北京不可或缺的重要历史文化资源，对其进行合理的保护和利用就变成重中之重的工作。但是，当前部分王府面临在快速城市建设和城市更新过程中被破坏的紧迫问题，同时也存在不合理利用的情况，因此对王府建筑遗产的现状、价值和保护利用进行系统研究，是延续王府建筑文化、发挥首都北京四个中心建设的必然途径，具有必要性和紧迫性。

一　北京老城清代王府建筑的演变

（一）集权政治下的诞生背景

　　清廷入关后，为避免分权扩张和分封过滥，从清太祖努尔哈赤之父显祖塔克世算起，太祖及其兄弟以下子孙称"宗室"，并采取了严格的宗室制度和袭爵制度，宗室爵位在整个清代历史上不断发展变化，最终形成十二等清朝宗室爵位，分别是和硕亲王、多罗郡王、多罗贝勒、固山贝子、奉恩镇国公、奉恩辅国公、不入八分镇国公、不入八分辅国公、镇国将军、辅国将军、奉国将军和奉恩将军。皇帝女儿即公主的爵位分为两等，分别是固伦公主、和硕公主。清朝的袭爵制度包括世袭罔替与王公降袭，世袭罔替是指每代以原爵承袭，不再降级，世袭罔替的宗室并不多，多是清朝开基创业立有大功的宗室，此间共有八位宗室王爷被封为世袭罔替的爵位，被称为八大铁帽子王。① 王公降袭则是指爵位每代降一级承袭，是清朝多数宗室的分封制度，该制度使清代的封爵者人数得到控制，为国家减轻了一定的负担。

清政府在总结历代封藩制度利弊的基础上深刻认识到"封而不建，实万祺不易之常法"的道理。据《清史稿》卷二一五《诸王列传》记载，明朝的分封制度只有郡国之名，而无治国之实。然而，皇子受封后还要到所封之地居住，即"就国"，这对朝廷来说是一种潜在的离心因素。因此清廷采取"封而不建"的分封形式，规定"凡诸王授封以素行为封号""但予嘉名，不加郡国"②，即用吉祥字替代郡国名的封号后，赐建府第集中居住在京城内。同时清朝对王府建筑的修建有着严格的规制要求，府第中路建筑的门庭殿宇、房间数量、尺寸高低、屋瓦颜色、雕饰彩绘等都要按照与封爵制度相对应的等级标准，不得随意违反。

《大清会典》中记载："凡亲王、郡王、世子、贝勒、贝子、镇国公、辅国公的住所均称为府。亲王、郡王称为王府。"可见，在当时府和王府是有明确区分的。但在现代释义中"王府"所指逐渐泛化，《汉语词典》中将其定义为封建社会等级最高的贵族府邸，《辞海》中将其定义为王族所居住的府第。另外，清代爵位分为宗室爵位、异姓功臣爵位及蒙古爵位，但王府多赐予宗室爵位王爷，异姓功臣爵位王爷的王府较少，蒙古爵

---

① 贺业钜等：《建筑历史研究》，中国建筑工业出版社，1992，第88页。
② 赵尔巽：《清史稿》卷207-卷225，1995。

位王爷的王府多在蒙古地域，仅有少量蒙古王爷因为和亲或在京任职而在北京内城被赐有府第。因此，本文所指的王府建筑，包括清代各等级爵位的王爷及公主所居住的府第。

（二）王朝兴衰中的发展历程

对北京王府建筑的典籍记载最早可追溯到元朝，熊梦祥所写北京地方志《析津志》中记载："文明门，即哈达门。哈达大王府在门内，因名之。"[①]意为元代北京的哈达门附近有一王府，称作哈达大王府，这是元代关于北京王府的唯一记载。

明代因其分封制度为"分封而不赐土，列爵而不临民，食禄而不治事"[②]，即将宗室王爷们分封至地方，但不给予实权。因此，明代政府迁都北京前定都于南京，朱棣被朱元璋分封为燕王并就藩于北京，于是在太液池（今中海）西侧建燕王府，也是明代的第一座王府。此后朱棣即位明成祖后，将都城迁至北京，按其旧都规制在今王府井地区建十王府，其建筑今虽不存，但"王府井大街"的称号沿用至今。

到了清代，由于王府建筑必须集中在北京内城建设，因此北京的王府建筑发展进入鼎盛时期，陆续建造了大量的王府建筑。大致可分为三个阶段。

1. 明府改建

第一阶段是自清军入关至顺治时期。该阶段由于人力稀缺、财资薄弱，多将明代遗存的仓场、府邸、园林等改建为王府，在《天咫偶闻》中有记载："内城诸宅，多明代勋亲之所。"[③] 目前史料可查的此类王府名单见表1。

---

① 熊梦祥：《北京图书馆善本组辑·析津志辑佚》，北京古籍出版社，1983。
② 赵尔巽等：《清史稿》卷215《诸王列传》，1995。
③ 震钧：《天咫偶闻》，北京古籍出版社，1982。

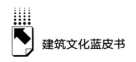

表 1 由明府改建王府名录

改建时间	清代王府府名	明代原址情况
崇德元年（1636 年）	奈曼亲王府	民居
崇德元年（1636 年）	卓哩克图亲王府	适景园
顺治元年（1644 年）	睿亲王府	重华宫
顺治元年（1644 年）	豫亲王府	诸王宫
顺治元年（1644 年）	英亲王府	官邸
顺治元年（1644 年）	郑亲王府	荣国公府
顺治元年（1644 年）	庄亲王府	太平仓
顺治元年（1644 年）	敬谨亲王府	府邸
顺治元年（1644 年）	肃亲王府	官邸
顺治元年（1644 年）	克勤郡王府	官邸
顺治元年（1644 年）	顺承郡王府	官邸
顺治元年（1644 年）	饶余郡王府	宁远伯府
顺治二年（1645 年）	礼亲王府	周奎宅
顺治六年（1649 年）	端重亲王府	冉驸马宅
顺治八年（1651 年）	杜尔祜贝勒府	官邸
顺治十年（1653 年）	和硕恪纯公主府	大学士府
顺治十六年（1659 年）	达尔罕亲王府	净车厂

2. 择址新建

第二阶段是自康熙至乾隆时期。该阶段是清代政通人和的鼎盛发展时期，且随着宗室壮大，财资富足，此前王府在规模、数量上均无法满足王爷们的需求，因此此时王府建筑大多择址新建。该时期王府多建于东城区，西城区王府主要分布于什刹海地区（见表2）。

表 2 康熙至乾隆时期新建的王府名录

建成时间	清代王府府名	所在城区
康熙六年（1667 年）	裕亲王府	东城区
康熙十年（1671 年）	老恭亲王府	东城区
康熙三十一年（1692 年）	那王府	东城区
康熙三十三年（1694 年）	雍亲王府	东城区
康熙四十三年（1704 年）	阿拉善亲王府	西城区

建成时间	清代王府府名	所在城区
康熙四十八年(1709 年)	诚亲王府	西城区
康熙四十八年(1709 年)	恒亲王府	东城区
康熙六十一年(1722 年)	怡亲王府	东城区
康熙六十一年(1722 年)	廉亲王府	东城区
雍正元年(1723 年)	果亲王府	西城区
雍正元年(1723 年)	永恩贝勒府	西城区
雍正元年(1723 年)	淳亲王府	东城区
雍正八年(1730 年)	宁郡王府	东城区
雍正八年(1730 年)	弘璟贝子府	西城区
雍正八年(1730 年)	新怡亲王府	东城区
雍正十一年(1733 年)	和亲王府	东城区
雍正十一年(1733 年)	诚亲王府	东城区
雍正十二年(1734 年)	弘晓贝子府	东城区
雍正十三年(1735 年)	新醇亲王府	西城区
乾隆十一年(1746 年)	固伦和敬公主府	东城区
乾隆二十五年(1760 年)	和硕和嘉公主府	东城区
乾隆三十九年(1774 年)	弘晥贝子府	东城区
乾隆四十四年(1779 年)	仪亲王府	西城区

3. 沿用旧府

第三阶段是自嘉庆至光绪时期。由于这段时间清政府的败落和世袭递降制度的影响，宗室后人或因获罪惩治，或因代际降爵等原因而出现了较多的府主更替情况，且该时期也少有新分封的宗室爵位，受封赐的王府大多沿用之前的旧府（见表3）。

表3　嘉庆至光绪年间沿用旧府名录

时间	嘉庆至光绪年间王府名	沿用旧王府
道光五年(1825 年)	僧王府	和硕庄敬公主府
道光十九年(1839 年)	惠亲王府	世子弘昇府邸
道光二十四年(1844 年)	涛贝勒府	愉郡王府
咸丰元年(1851 年)	新庆亲王府	琦善旧宅

时间	嘉庆至光绪年间王府名	沿用旧王府
咸丰元年（1851 年）	恭亲王府	庆亲王府
咸丰七年（1857 年）	醇亲王府	荣亲王府
光绪六年（1880 年）	棍贝子府	弘璟贝子府
光绪十四年（1888 年）	新醇亲王府	成亲王府
光绪二十八年（1902 年）	洵贝勒府	康亲王府

（三）战乱动荡后的日渐式微

清末民初，随着帝国主义的侵略和清政府的覆灭，王府建筑也随之走向衰败。清朝灭亡后，王府府主便失去了朝廷所提供的经济来源，纷纷靠变卖家产房产度日，同时军阀混战和侵略抢夺使王府加快了衰败的进程。自此，王府从宗室所有转而融入了更广泛的社会结构当中，有的成为私人府邸，有的成了大杂院，有的则被变卖给学校、教会或医院等公共机构。

抗日战争时期，王府建筑的状况急剧下降，该时期的王府多被各国使馆或军事基地占用，这造成王府内大量的建筑被掠夺拆除。例如，1939 年日本侵略者拆除了雍亲王府（雍和宫）的金丝楠木梁柱并运回日本。正是由于帝国主义对我国的侵略，大量王府建筑遗产资源被破坏。[①] 此间的动荡局势使无人再有暇关注王府建筑的保护，王府建筑在时代洪流中被用作各种各样的功能（见表4）。

表4　部分王府的衰落形式

衰落形式	王府名称	使用功能
八国联军毁坏	庄亲王府	大部分建筑被烧毁
	端郡王府	烧毁无存
	慎郡王府	烧毁无存
	恂郡王府	大部分建筑被烧毁

---

① 贺业钜等：《建筑历史研究》，中国建筑工业出版社，1992。

衰落形式	王府名称	使用功能
开辟使馆占用	肃亲王府	英法公使馆
	裕亲王府	拆除新建奥匈使馆
	淳亲王府	英国公使馆
赔偿割让	履亲王府	赔款割让后建教堂
府主变卖	顺承郡王府	张作霖大帅府
	睿亲王府	德商礼和洋行
	宁郡王府	西什库教堂
	郑亲王府	中国大学
	醇亲王府	国民政府
	礼亲王府	私立华北学院校舍
	豫亲王府	美国石油大王洛克菲勒基金会
	克勤郡王府	民国财政总长私宅

二　北京老城清代王府建筑的现状分析

（一）北京老城清代王府的现状概述

在历经时代变迁、社会变革以及城市化进程之后，老城内仅有部分王府建筑得以保存下来，其中大多是规制较高、规模较大、关注度高的王府建筑，但也不乏许多等级较低且鲜为人知的王府，因为它们多是与一般的民居四合院规模形式相似。除了像恭亲王府和雍亲王府（雍和宫）等有限的几座王府实现对外开放参观以外，很多王府建筑多被各种单位占据，或是作为民居大杂院淹没于老城的胡同街区之中。据统计，目前根据《京城乾隆全图》《大清会典》《清史稿》《京师坊巷志稿》4 份古籍、元代至民国等各时期的 37 份北京老地图，以及部分《寻访京城清王》和《北京王府建筑》等当代文献来看，能查到的北京老城王府建筑共有 110 座，其中有明确记载不存的有 47 座，目前可明确尚存的有 40 座，其中西城区 21 座、东城区 19

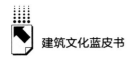

座。按照王府建筑规制的等级来看，其中亲王府 22 座，郡王府 4 座，贝勒府 5 座，贝子府 3 座，辅国公镇国公公府 2 座，公主府 4 座，汇总如表 5 所示。

表5　北京老城现存王府建筑数量统计
单位：座

王府类别	王府数量	王府名称
亲王府	22	雍亲王府、恭亲王府、醇亲王府、新醇亲王府、睿亲王府、礼亲王府、奈曼亲王府、博多勒噶台亲王府、郑亲王府、那王府、阿拉善亲王府、恒亲王府、新肃亲王府、敬谨亲王府、新庆亲王府、端重亲王府、惠亲王府、淳亲王府、新怡亲王府、和亲王府、豫亲王府、定亲王府
郡王府	4	循郡王府、克勤郡王府、宁郡王府、理郡王府
贝勒府	5	载洵贝勒府、裴苏贝勒府、杜尔祜贝勒府、礼多罗贝勒府、载涛贝勒府
贝子府	3	绵勋贝子府、弘昉贝子府、棍贝子府
公府	2	镇国公魁璋府、辅国公弘曒府
公主府	4	固伦和敬公主府、和硕恪纯公主府、和硕和嘉公主府、和硕柔嘉公主府

（二）环形发散、重点集中的分布特征

当今北京老城"凸"字形老城格局始于明代中晚期，明代嘉靖三十二年（公元 1553 年）在元大都内城的基础上修建了南侧的外城，而内城成为王爷赐建府第的聚集区。之所以会出现这样的集聚特色是因为清朝实行了旗民分治的政策，即将地位较低的汉族人迁于外城居住，内城则按八旗划分并安置满族旗民及眷属居住，这样既能巩固满族统治，又能将封爵赐府圈定在作为政治中心的紫禁城周边，便于监督和管理王爷们的言行，同时也有利于紫禁城的安全。

从北京老城现存清代王府建筑的空间布局来看，总体呈现以故宫为中心，向四周环形发散的特点，其形式可大致分为内外两环，内环围绕故宫各自分布较为均匀；而外环呈现整体分散但局部三两王府组团集中的特点

（见图 1）。若从北京老城的街巷与环境格局来看，东城区 19 座现存王府建筑分布均在东四北大街—东四南大街两侧，在清代乾隆时期，这条街为东大市街—崇文门内大街，从《乾隆京城全图》中可见此街两侧列布有炮局、兵营、寺庙、王府等，交通便利，是城市重要的交通要道。而西城区 21 座现存王府建筑则沿积水潭、北海、中海、南海的水系分布，该水系为北京老城提供了便利的用水、漕运和极佳的景观条件。由此可见，王府的选址非常看重交通和环境两个要素。但从不同等级的王府建筑的分布特征来看，王府建筑的分布与其等级规制并没有直接的相关性。

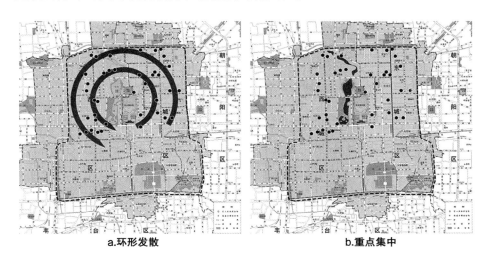

图 1　北京老城清代王府空间分布

资料来源：根据北京市行政区域界线基础地理底图（首都功能核心区）制作。

（三）王府建筑遗产保护利用现状

1. 保存现状评估

通过对北京老城清代王府建筑的现状进行调研，对其保存现状进行分类评估，初步确立了评估标准的五大要素，包括历史格局保存状况、院落环境整体状况、文物建筑保存状况、历史要素保存状况、是否有专人看管及定期维护，并以此将王府建筑的保存现状分为保存现状好、保存现状较好、保存现状一般和保存现状较差四个等级。其具体评估标准如下。①保存现状好：历史格局保存完整、院落环境整洁、文物建筑风貌保存较好、历史要素保存完整，有专人看管及定期维护（修缮），整体保存情况良好。②保存现状较好：历史格局改动较小、院落环境较为整洁、文物建筑和历史要素未发生明显改变，没有专人看管及定期维护，整体保存现状较好。③保存现状一般：历史格局变动较大、私搭乱建较多，院落环境杂乱、文物建筑和历史要素出现明显变动，呈现年久失修或无人看管的状态，整体保存现状一般。④保存现状较差：历史格局被完全破坏，文物建筑和历史要素遗存较少，整体呈现濒临消失的状态。

对现存王府建筑进行评估的结果如表6所示。

表6　北京老城现存王府建筑保存现状统计

单位：座

保存状态	亲王府	郡王府	贝勒府	贝子府	公府	公主府	总计
保存现状好	10	1	2	2	1	2	18
保存现状较好	4	1	1	–	–	1	7
保存现状一般	3	1	1	1	1	1	8
保存现状较差	5	1	1	–	–	–	7

从表6可见，老城内保存现状好的王府近半，占45%，这些王府大多是因1982年国家颁布《中华人民共和国文物保护法》后被修缮，且等级一般较高、规模较大，设有专人看护，因此至今保存现状好；保存现状较好的王府占17.5%，这些王府大多经过修缮，但在使用过程中没有专人的日常维护，因此条件稍差一些；保存现状一般的王府占20%，此类多是民居杂院，产权混乱且未经修缮，院内加建严重；保存现状较差的王府占17.5%，多数仅残存几座房屋或抱鼓石，原王府风貌已近乎不存。

2. 保护修缮情况

新中国成立后，曾经被变卖、拆改的王府建筑重新回到大众视野，随着人们对王府建筑价值认知的增强和建筑遗产保护意识的逐渐提高，社会各界人士开始重视建筑遗产的研究与保护，北京老城清代王府建筑的腾退和修缮工作也随之展开。1982 年，我国第一部关于文物保护的法律文件《中华人民共和国文物保护法》颁布，1989 年北京市人民政府颁布《北京市实施文物保护管理条例罚款处罚办法》和《北京市文物建筑修缮工程管理办法》，1997 年北京市人民政府颁布《北京市文物保护管理条例》，这些早期的法规文件都促进了 20 世纪末对北京清代王府建筑的腾退、修缮工作；至 21 世纪初，北京市建设委员会、规划委员会和文物局共同制定了《北京旧城历史文化街区房屋保护和修缮工作的若干规定（试行）》，对相关文物建筑的修缮提出了更为精细的要求；近年来，《北京中轴线文化遗产保护条例》《北京市合院式历史建筑修缮技术导则（试行）》《北京市文物建筑开放利用导则（试行）》出台，相关文物认定、分类和修缮标准逐步完善和更新，并开始强调规范的开放利用（见表 7）。

表 7　北京老城清代王府建筑保护利用相关政策文件梳理

发布年份	政策文件	发文机关
1982	《中华人民共和国文物保护法》	全国人民代表大会
1989	《北京市实施文物保护管理条例罚款处罚办法》	北京市人民政府
1989	《北京市文物建筑修缮工程管理办法》	北京市人民政府
1997	《北京市文物保护管理条例》	北京市人民政府
2002	《北京旧城二十五片历史文化保护区保护规划》	北京市规划委员会
2004	《北京市实施〈中华人民共和国文物保护法〉办法》	北京市人民代表大会
2005	《北京市城乡规划条例》	北京市人民代表大会
2009	《北京旧城历史文化街区房屋保护和修缮工作的若干规定（试行）》	北京市建设委员会、规划委员会和文物局
2018	《北京西城街区整理城市设计导则》	北京市规划和自然资源委员会
2019	《北京老城保护房屋修缮技术准则》	北京市住房和城乡建设委员会
2019	《北京历史文化街区风貌保护与更新设计导则》	北京市规划和自然资源委员会
2019	《北京市非物质文化遗产条例》	北京市人民代表大会
2019	《北京市古树名木保护管理条例》	北京市人民代表大会
2019	《北京市城乡规划条例》	北京市人民代表大会
2021	《北京历史文化名城保护条例》（修订版）	北京市人民代表大会
2022	《北京中轴线文化遗产保护条例》	北京市人民代表大会

发布年份	政策文件	发文机关
2023	《北京历史文化名城保护对象认定与登录工作规程(试行)》	北京市规划和自然资源委员会
2023	《北京市文物建筑开放利用导则(试行)》	北京市文物局
2024	《文物保护单位保护范围划定指南》	北京市文物局
2024	《北京市合院式历史建筑修缮技术导则(试行)》	北京市住房和城乡建设委员会

最初在 1950~1952 年，国家拨款对雍亲王府（雍和宫）进行修缮，到 1980 年后，国家及各权属单位对恭亲王府及其花园、礼亲王府等进行大规模修缮。从表 8 中可见，对王府的大规模修缮主要是在 20 世纪 80 年代前后进行，而资金的主要来源则是政府拨款和权属单位自筹。在 2008 年恭王府面向社会开放时，初步统计估算其修缮资金已累计高达 6 亿元，腾退和修缮均需要高额的资金投入，政府财政缺口和权属单位筹资欠缺成为目前王府建筑修缮工作进展缓慢的主要原因。

表 8 部分北京老城现存王府建筑的修缮情况统计

单位：万元

修缮王府	时间	修缮资金	修缮资金来源
雍亲王府	1950 年、1979 年	—	政府拨款
新醇亲王府	1982 年	200	政府拨款
恭亲王府	1987 年	500	政府拨款、自筹
礼亲王府	1985~1993 年	90	权属单位自筹
新庆亲王府	1990 年	80	权属单位自筹
新醇亲王府	1985~1993 年	90	权属单位自筹
郑亲王府	1985~1993 年	18	权属单位自筹
载清贝勒府	1985~1993 年	18	权属单位自筹
敬谨亲王府	1989 年	150	权属单位自筹
固伦和敬公主府	1984 年	—	政府拨款
睿亲王府	1995 年	150	政府拨款
醇亲王府	1996 年	150	权属单位自筹

修缮王府	时间	修缮资金	修缮资金来源
载涛贝勒府	2002 年	—	政府拨款
恒亲王府	2005 年	260	政府拨款
棍贝子府	2005 年	—	权属单位自筹
醇亲王府	2011 年	—	政府拨款
宁郡王府	2019 年	—	政府拨款、自筹
和硕恪纯公主府	2024 年	—	政府拨款

资料来源：段柄仁主编《王府》，北京出版社，2005。

3. 保护等级评定

从北京老城现存的清代王府建筑的保护等级来看，其中属于全国重点文物保护单位的共有 7 座，属于北京市级文物保护单位的共有 17 座，属于区级文物保护单位的有 10 座，属于文物普查单位的有 2 座，不具有文物身份的有 4 座（见表9）。由图2可见，亲王府多属于全国重点文物保护单位和北京市文物保护单位，其原因是亲王府的等级规制较高、规模较大，在北京老城中是仅次于故宫的存在，因此在新中国成立之初多由大体量的国家机关入驻使用，其使用和管理更加严格规范，更容易在快速的城市建设中保存下来，保存情况也更好一些，而其中4座未被列入文物保护及普查单位的王府建筑保存现状较差，遗存较少，未来的使用和保护情况堪忧。

表9 北京清代王府建筑保护等级统计

保护等级	王府等级	王府名称
全国重点文物保护单位	亲王府	雍亲王府、新怡亲王府、新醇亲王府、睿亲王府、恭亲王府、豫亲王府
	公主府	和硕恪纯公主府
北京市级文物保护单位	亲王府	礼亲王府、恒亲王府、和亲王府、醇亲王府、淳亲王府、新庆亲王府、郑亲王府、那王府、博多勒噶台亲王府
	郡王府	循郡王府、宁郡王府、克勤郡王府
	贝勒府	裴苏贝勒府、礼多罗贝勒府、载涛贝勒府
	公主府	固伦和敬公主府、和硕和嘉公主府

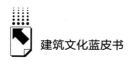

续表

保护等级	王府等级	王府名称
区级文物保护单位	亲王府	敬谨亲王府、惠亲王府、阿拉善亲王府
	贝勒府	杜尔祜贝勒府、载洵贝勒府
	贝子府	棍贝子府、弘昑贝子府、绵勋贝子府
	公府	镇国公魁璋府
	公主府	和硕柔嘉公主府
文物普查单位	亲王府	定亲王府
	公府	辅国公弘曕府
未列入文物保护及普查单位	亲王府	端重亲王府、新肃亲王府、奈曼亲王府
	郡王府	理郡王府

4. 现状使用情况

近年来，随着公众对文化遗产价值认知的提高和相关法规政策的出台，对北京老城清代王府建筑的利用实践逐渐开展，根据现场调研，本文统计了北京老城清代王府建筑的占地面积和使用功能，将其按功能分可大致分为三类，其中文化展示类6座、行政办公类21座、民居杂院类13座。而从王府建筑的占地面积来看，近一半的王府整体院落面积在1000～5000m²，这一类王府建筑在民居杂院类中占比最大，达46.2%；其次是10000m²以上的王府，这类王府在文化展示类中占比最大，达66.7%；而1000m²以内和仅有部分残余的王府数量最少，各有3座，仅各占7.5%（见图3）。

（1）文化展示类的6座王府中作为景区的雍亲王府（雍和宫）、恭亲王府、睿亲王府（普度寺）以及和硕恪纯公主府（中华民族共同体体验馆），均被腾退修缮后面向游客开放，其中知名度较高的雍亲王府（雍和宫）和恭亲王府分别于1981年和2008年面向社会开放，如今已是著名的王府文化展示载体和重要的宗教活动场所。睿亲王府则于2001年启动修缮和复建工作，开放后由三品美术馆租赁使用，日常承办各类主题展览向公众开放使用。和硕恪纯公主府如今已是国立蒙藏学校旧址，于2024年修缮完工并在国家民委和北京市委宣传部的支持下打造成为中华民族共同体体验馆，同年8月原子城纪念馆移动展馆入驻，后又在此承办了第二十三届什刹海文化旅

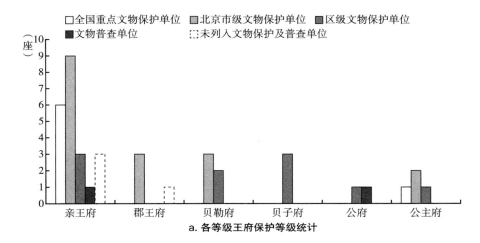

a. 各等级王府保护等级统计

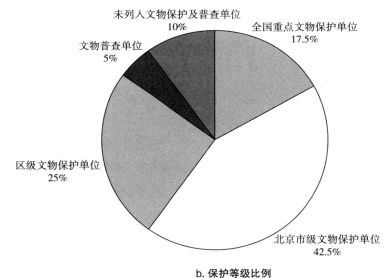

b. 保护等级比例

图2　老城现存王府保护等级统计

游节文旅市集等各种活动，因此一经开放便引得各界观众踊跃参观。除此4座作为景区开放展示的王府外，还有2座是以商业服务功能开放使用，分别是现为华侨饭店的理郡王府以及现为宾馆的固伦和敬公主府。

（2）行政办公类则是以礼亲王府（国家机关事务管理局）、郑亲王府

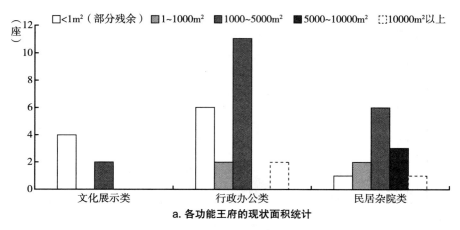

a. 各功能王府的现状面积统计

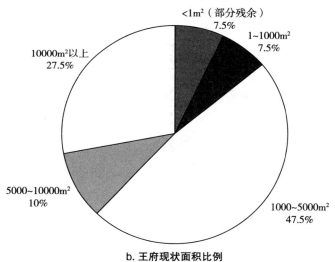

b. 王府现状面积比例

图3　北京老城现存王府建筑功能及面积统计

（教育部）、新醇亲王府（国家宗教事务局）为代表，共7座现由军队和政府
单位使用的王府。在新中国成立之初，大量机关单位用地的空缺使一些保存
较好、规模较大的王府先被入驻，在其使用期间对王府进行修缮，因此目前
此类王府保存状况均较好。此外还有14座是作为企事业单位使用，比如端重
亲王府（北京第二十四中学）、克勤郡王府（北京师范大学附属二小）、豫亲

王府（协和医院）、棍贝子府（积水潭医院）、那王府（中国工商银行）等。

（3）民居杂院类王府的情况则较为复杂，作为单位宿舍使用的有3座王府，包括裴苏贝勒府（人大职工宿舍）、阿拉善亲王府（公安部宿舍）和敬谨亲王府（武装部招待所）；另有作为民居的10座王府，其中2座保存较好，分别是定亲王府和礼多罗贝勒府，但剩余8座目前保存一般或是较差，分别是博多勒噶台亲王府、惠亲王府、新肃亲王府、奈曼亲王府、循郡王府、杜尔祜贝勒府、弘昑贝子府、镇国公魁璋府。

表10　北京老城清代王府建筑利用现状统计

王府类型	王府名称	现状使用功能	整体评价	周边环境	是否修缮	功能分类
亲王府	雍亲王府	雍和宫景区	好	好	是	文化展示
	新怡亲王府	自然科学史研究所	好	一般	否	行政办公
	新醇亲王府	国家宗教事务局	好	好	是	行政办公
	睿亲王府	普度寺景区	好	好	否	文化展示
	恭亲王府	恭王府景区	好	好	是	文化展示
	礼亲王府	国家机关事务管理局	好	较好	是	行政办公
	郑亲王府	教育部	好	较好	是	行政办公
	恒亲王府	新闻大厦	好	一般	是	行政办公
	淳亲王府	公安部	好	好	是	行政办公
	和亲王府	中国社会科学院	一般	好	否	行政办公
	醇亲王府	中央音乐学院	一般	好	否	行政办公
	新庆亲王府	军事管理区	较好	较好	是	行政办公
	那王府	中国工商银行	好	好	是	行政办公
	博多勒噶台亲王府	民居	一般	好	否	民居杂院
	敬谨亲王府	武装部招待所	较好	一般	是	民居杂院
	定亲王府	民居	较好	较好	否	民居杂院
	阿拉善亲王府	公安部宿舍	较好	好	否	民居杂院
	惠亲王府	民居	较差	一般	否	民居杂院
	新肃亲王府	民居	较差	一般	否	民居杂院
	端重亲王府	中学	较差	一般	否	行政办公
	豫亲王府	协和医院	较差	一般	否	行政办公
	奈曼亲王府	民居	较差	一般	否	民居杂院

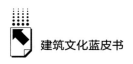

续表

王府类型	王府名称	现状使用功能	整体评价	周边环境	是否修缮	功能分类
郡王府	克勤郡王府	小学	好	较好	是	行政办公
	宁郡王府	国家话剧院	较好	一般	是	行政办公
	循郡王府	民居	一般	较好	否	民居杂院
	理郡王府	华侨饭店	较差	一般	否	文化展示
贝勒府	载涛贝勒府	中学	好	好	是	行政办公
	礼多罗贝勒府	民居	较好	较好	否	民居杂院
	裴苏贝勒府	人大职工宿舍	较差	好	否	民居杂院
	杜尔祜贝勒府	民居	一般	好	否	民居杂院
	载洵贝勒府	中共中央组织部	好	一般	是	行政办公
贝子府	棍贝子府	积水潭医院	好	一般	是	行政办公
	绵勋贝子府	消防局	好	一般	是	行政办公
	弘昕贝子府	民居	一般	较好	否	民居杂院
公府	镇国公魁璋府	民居	一般	一般	否	民居杂院
	辅国公弘曣府	电影制片厂	好	一般	是	行政办公
公主府	固伦和敬公主府	宾馆	好	一般	是	文化展示
	和硕恪纯公主府	中华民族共同体验馆	较好	一般	否	文化展示
	和硕和嘉公主府	高等教育出版社	一般	较好	否	行政办公
	和硕柔嘉公主府	中共中央宣传部	好	一般	是	行政办公

三　北京老城清代王府建筑在城市发展中的问题

（一）品牌宣传与科普性欠佳

1. 老城王府建筑的整体知名度较低

首先，北京老城清代王府是介于皇家建筑故宫和民居四合院之间的一种建筑形式，其等级规制仅次于故宫。但其目前的知名度远不及故宫，究其原因，一是故宫所象征的皇权地位更高，在建筑形式和文化体现上更为纯粹；二是因为对故宫积极的保护修缮工作，其公众开放度更高，而目前王府建筑对外开放展示利用的数量较少，即使开放也不是作为清代王府建筑群的整体进行宣传，没有形成规模效应，对公众的建筑文化认知的传达没有从总体上进行推广，从而导致人们对王府建筑的知识和价值的宣传难以科学全面地开展，使王府建筑不能充分发挥其作为首都独特建筑遗产载体应有的作用。例如，自 2008 年恭王府修缮开放以来，至今仍无一座王府能与之媲美，恭王府也作为近乎唯一的王府宣传展示景点，独自承担着王府文化展示的重任。虽然恭王府在 1982 年就被评为第二批国家重点文物保护单位，2012 年又晋级为国家 5A 级旅游景区，但其仍具有一定的局限性：所展示的主要是恭亲王府本身的历史和文化，并非老城的所有王府文化。而老城清代王府文化则是由众多不同等级、不同规模的各类王府建筑共同组成的，缺一不可，单纯依靠一个恭王府难免会造成公众的认知过于片面。同时，公众和游客通常也以为北京的王府建筑就只有恭王府一处，这是与清代北京王府建筑的整体要素和群体价值不匹配的，也不能展示首都北京丰富的建筑遗产构成，因此亟待加强王府建筑遗产的保护利用与宣传力度。

其次，王府建筑开放利用难度大，对于已被征用的王府建筑，其使用性质导致其无法面向公众开放。对于隐没入市井的民居大杂院，由于历史原因，院落中居住人口多、密度大，在长期高强度的居住功能使用下，王府建筑的自然与人为破坏情况较为常见，各种改建、加建所导致的格局破坏，居民保护意识的缺乏，都使这些王府建筑处于一种危险的境地，更难以获得开放展示的资源和机会。另外，高额的腾退、修缮和维护成本同样无法支撑数量众多的王府建筑的保护工作，仅靠国家财政的资金支持远远不够，还需权属单位的筹资、社会群体的募捐以及多途径的活化利用模式来弥补这些资金缺口。

最后，由于有的低等级王府建筑知名度较低，保护利用的公众参与程度也难以提高。目前王府建筑遗产的保护利用等相关工作主要由遗产保护的政府文物部门、业内人士与专家学者在推进，提升公众认知和发动公众参与保护利用等方面还开展不足。这一情况就导致了这些低等级的王府建筑仅留存在极少数北京胡同老居民的记忆中，亟待通过各种手段和途径来促进政府、学界和公众对王府建筑群的重视，并关注等级低、规模小的王府建筑，因为它们也是北京清代王府建筑群不可缺少的一部分。

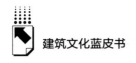

2. 缺少有效的宣传资源和途径

目前北京老城清代王府的最好的展示窗口便是 6 座文化展示类的王府，但是通过对其宣传内容和宣传途径的调查研究发现科技赋能不够：就数字化宣传的普及率来看，目前雍亲王府（雍和宫）和恭亲王府的官方网站、公众号、文创产品、数字技术和 VR 虚拟技术均有具备，雍亲王府（雍和宫）依托 SPP 平台开发了一套 3D 雍和宫线上数字产品，是第一个应用国内技术实现的在线虚拟场景展示，将现实中的雍和宫景区通过 3D 虚拟现实技术和实景技术还原于线上平台中。另外 4 座仅有官网和文创的相关宣传，甚至睿亲王府（普度寺景区）和理郡王府（华侨饭店）没有任何数字化宣传，仅就其服务产品上线了部分售票和交易平台（见表 11）。数字化展示程度不足，则导致无法为不同地域的观众提供便捷的参观途径，在如今的数字信息时代，这一展示技术除了利用人机交互的操作环境，实现在虚拟场景中游览之外，还包括通过实时的三维空间表现技术，提供虚拟导游、显示增强、全景珍品展示、视频点播等其他附属功能。这一技术既将王府景点的旅游从打卡式变为体验式，强化游客对王府的认识，又拓宽了王府文化的宣传途径，增强了游客的学习体验与科普体验。

表 11　文化展示类王府建筑数字化宣传情况统计

王府	使用功能	官方网站	公众号	文创产品	数字技术	VR 虚拟技术
雍亲王府	雍和宫景区	√	√	√	√	√
恭亲王府	恭王府景区	√	√	√	√	√
睿亲王府	普度寺景区					
和硕恪纯公主府	中华民族共同体体验馆				√	
理郡王府	华侨饭店					
固伦和敬公主府	宾馆	√				

（二）文化内涵挖掘深度不足

在社会不断强调文旅融合的背景下，王府建筑的保护与利用工作的首要前提是深入研究和挖掘其文化内涵，这将有利于将独特的王府建筑文化价值有效转化为社会价值和经济价值，如相关的文创产品、主题展示、游线设计等，运用王府建筑文化做好宣传展示，同样也是为将来的展示利用提供理论依据。而目前针对王府建筑主要文化内涵的调查研究对象有史料典籍、王府建筑、装饰构件等，主要的研究方法有文献查阅和现场调研，但行政办公类王府建筑多为封闭管理，访问调研就受到较大的限制。在 21 座行政办公类王府中，仅有豫亲王府（协和医院）、宁郡王府（国家话剧院）、棍贝子府（积水潭医院）、和硕和嘉公主府（高等教育出版社）以及辅国公弘晱府（电影制片厂）5 座能够自由进入访问。

在行政办公类的王府建筑中有 7 座入驻了军队和政府单位，其中仅有新醇亲王府（国家宗教事务局）可查得一篇建筑彩画专题的相关研究[①]，其余王府由于封闭的状态不具备现场调查研究的条件，对其院落格局、建筑特色等难以查考，因而其相关的学术研究成果也比较少，这不利于清代王府建筑群的建筑特征和建筑历史的整体研究，对王府建筑的价值全面认知不利。

（三）保护利用情况参差不齐

13 座民居杂院类王府建筑大多是等级较低、规模较小的清代王府。从等级上来看，其中 7 座王府是亲王府，1 座郡王府，3 座贝勒府，1 座贝子府，1 座公府；从规模上来看，仅有 2 座王府的占地面积在 10000m² 以上（敬谨亲王府、定亲王府），1 座 5000 ~ 10000m²（惠亲王府），7 座 1000 ~ 5000m²，还有 3 座不及 1000m²（裴苏贝勒府、循郡王府和新肃亲王府）；从保护等级来看，其中 4 座是市级文物保护单位，6 座为区级文物保护单位，1 座为文物普查单位，2 座没有文物身份。其文物价值的隐没导致了这些王府鲜为人知，对其的保护与利用工作也相对滞后（见图4）。

从该类王府的现状评估的情况来看，其中 4 座保存状况较好、5 座保存

---

① 刘沛：《醇亲王府建筑彩画探究》，《古建园林技术》2019 年第 1 期。

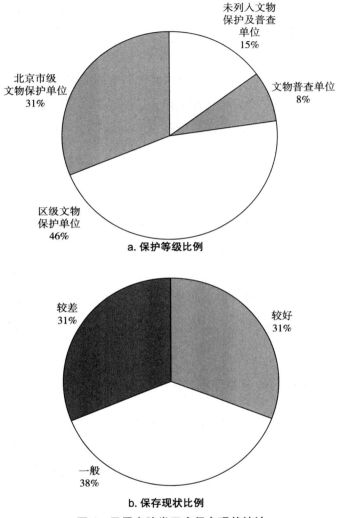

未列入文物
保护及普查
单位
15%

北京市级
文物保护单位
31%

文物普查单位
8%

区级文物
保护单位
46%

a. 保护等级比例

较差
31%

较好
31%

一般
38%

b. 保存现状比例

图4　民居杂院类王府保存现状统计

状况一般、4座保存状况较差，可见其保护现状差异较大。其中保存较好的
4座王府院落格局仍相对完整，其修缮工作符合王府建筑的风貌协调要求，
其多为单位的家属院，如公安部宿舍、武装部招待所等。但其余9座王府的
保存状况堪忧，缺少监管及合理利用的规范，因其内部使用人数多、密度
大，使用者缺乏保护意识，再加上部分院落内部的产权不一，各自归属，无

法统一管理。这导致了其旧有院落格局遭到破坏，被加建、改建严重，部分建筑破败亟待修缮，甚至门窗、槛墙等都已被改为现代构架。

（四）使用失范导致保护风险

老城清代王府建筑面临一个严峻的发展困境，不规范的利用行为可能造成王府建筑物质与非物质文化遗产消亡的风险，如 2015 年上海市第四批优秀历史建筑"德邻公寓"被承租人违法改建而破坏。随着社会经济文化的不断发展，王府建筑作为具有深厚历史底蕴和文化价值的遗产，其多功能利用的需求日益增加。然而，这种需求的增加可能导致部分开发或管理主体为了短期的经济利益或盲目追求现代化改造，而忽视了王府建筑本身的保护原则和历史文化价值。在这种情境下，王府建筑可能会面临过度开发、无序改造和滥用等不规范行为的风险。这些行为会导致王府建筑的布局遭到破坏，历史风貌逐渐丧失，原本应保留的文化内涵被淡化或扭曲，影响王府建筑作为文化遗产的整体价值。

更具体地说，如果缺乏有效的监管和引导，部分王府建筑会被改造成与周边环境或历史文化背景不相符的宅院，失去了其原有的历史氛围和文化特色。或是为了迎合市场需求，王府建筑内部可能会进行过度的装饰和改造，使其原有的建筑细节和装饰艺术所呈现的文化信息被掩盖或丢失，或是如已消失的 47 座王府建筑一般不复存在。如果任由其发展，王府建筑作为珍贵文化遗产的独特魅力和历史价值将面临严峻挑战。因此，社会各界应高度重视、共同努力，确保王府建筑在未来的利用过程中能够得到妥善保护，实现其文化、社会和经济效益的统一。

四 北京老城清代王府建筑保护与再利用政策建议

（一）北京王府建筑整体申报世界文化遗产

分布在老城中的清代王府多达 40 座，如果只看到单一王府的建筑价值

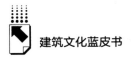

和历史价值，就无法认识到北京老城清代王府的整体价值，而王府类文化遗产则胜在数量多、分布广，单一王府虽平平无奇，但整个王府的遗产体系将是北京罕有可待发掘的文化遗产资源。北京老城清代王府的保护利用将势必以宏观的视角，探索所有王府共生体系结合体的整体效应，建立起属于清代王府专属魅力的系列文化旅游产品，弘扬中华民族的优秀传统文化。

《北京城市总体规划（2016 年~2035 年）》中对北京的发展做出了明确的规划。总体规划指出了北京的战略定位是全国的文化中心、政治中心、科技创新中心、国际交往中心。《首都核心区控制性详细规划（街区层面）（2018 年~2035 年）》中提出要以历史文化遗产为活力点，以街道胡同、历史河流、历史绿化带、文化遗产为连接线路，以历史文化街区为平台，建设具有特色的文化点、文化路线以及文化网络，以此来展示弘扬中华文化。北京作为中国悠久历史底蕴的古都，如今已有故宫、长城、中轴线等 6 处文化遗产入选世界文化遗产名录，老城清代王府遗产体系同样具有较好的申报潜力，如 1979 年入选的克罗地亚斯普利特古建筑群及戴克里先宫殿、埃塞俄比亚贡德尔地区的法西尔盖比城堡及古建筑，同样都是拥有深厚文脉、形式精美的贵族府邸，因此老城清代王府建筑遗产在未来有望成为宝贵的世界文化遗产。

（二）打造北京罕有且珍贵的文化遗产体系

北京老城清代王府建筑遗产体系是散布于北京老城的文化遗产，具有数量多、分布广的特点，宏观规划、整体利用能够连接起分散在老城各处的王府，实现老城王府建筑遗产的最大价值。由于老城王府的保存情况参差不齐，少数保存较好的能够开放展示，发挥其应有的价值，但现状较差的王府面目全非甚至只有少数残存，并不能还原地体现其遗产价值。通过在老城宏观层面对王府遗产进行整体规划，建立起帮带效应，相互补充，提高整个王府建筑遗产体系的知名度，有利于宣传王府文化，加深公众认知。

以老城王府建筑为活力点，以街巷胡同、景观线路、文化遗产为纽带，依托历史文化街区打造游览平台，建设具有王府文化特色的兴趣点、探访路线和文化网络。每个散点既独立成景，又相互呼应，形成错落有致、互为支撑的整体布局。这种布局不仅能够最大化地展现王府的多元魅力，还能促进游客与居民在探索中自然流动，增加空间体验的深度与广度。同时精选几个具有代表性或禀赋极佳的王府作为打造重点，进行文化内涵的深度挖掘与高品质设计。这些精品项目可以是王府历史文化的深度复原与展示，也可以是现代艺术与传统文化的创新融合体验，抑或高端文化旅游产品与服务的提供。通过集中资源、精细管理，确保每个精品项目都能充分展示王府文化，不仅能促进文化旅游产业发展，更能在文化传承、艺术创新等多方面发挥引领作用，将王府打造为一个既保留传统韵味又不失现代活力的综合性文化地标，在满足人们对历史文化的探索需求的同时，提供丰富多样的文化消费体验，促进文化与经济的良性互动。

（三）积极适应各类功能使用的常态化模式

北京老城清代王府要在保持其历史特色与文化底蕴的同时，稳定、高效地服务于各类使用功能，步入一个适应性更强的常态化模式。这一模式将基于全社会对历史文化遗产的深刻理解，结合现代社会的多元化需求，实现王府空间与功能的灵活转换与高效利用，将改变如今局限于传统的居住或行政功能，整个王府遗产体系将成为一个集文化展示、艺术交流、教育普及、旅游休闲等多功能于一体的综合性平台。

在这一常态化模式下，王府的建筑布局将得到科学合理的调整，既保留其原有的历史风貌与空间特色，又通过现代设计手法与技术手段，实现空间的高效利用与功能的灵活切换。例如，王府的庭院空间可作为举办文化节庆、艺术展览、户外演出的理想场所，而内部建筑则可根据不同需求，改造为博物馆、图书馆、会议中心、特色餐厅等多种功能区域。同时，老城王府还将注重与周边环境的和谐共生。通过合理的交通规划、绿化景观设计以及环保节能措施的实施，王府将为市民提供优质的公共活动空间与生态环境。

王府建筑的常态化模式并非一成不变，而是随着时代的发展与社会需求

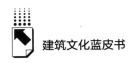

的变化而不断演进。在这一过程中，王府建筑将始终保持其作为历史文化遗产的独特魅力与价值，同时不断探索与创新，以适应新的时代要求与市场需求，为社会各界提供持续的服务与价值。

（四）建立权责明确、多方协同的共利机制

目前老城清代王府的权属较为复杂，有私产、单位产以及国家产，各个王府产权的拥有方对王府直接管理与使用，国家的相关职能部门仅对部分王府的保护与使用拥有管理权，但王府的保护与再利用工作不能仅依靠政府的财政投入与监管。

第一是主导方，政府作为主导方要通过法规条例的制定，统筹管理，引领整个保护与再利用工作的导向。第二是使用方，王府的产权所有者对王府具有直接使用权，要承担管理与使用的权利与责任，与政府建立积极有效的合作机制，执行政府制定的相关政策，建立完善老城清代王府的再利用平台，在资金和管理上与政府共同投入、共同受益。第三是经营方，在市场经济的供求关系中让经营方积极主动投入王府的建设工作中，推动王府文化产业的发展。

主导方、使用方和经营方三方间的有效合作，不仅能够发挥自身优势，解决王府建筑腾退、修缮的资金空缺，还能借助专业团队的力量，打造王府建筑的文创产品，提高其知名度。通过搭建多元化合作平台，共同制定科学合理的保护规划与发展策略。同时，鼓励公众参与，形成全社会共同参与、共同维护的良好氛围，在王府建筑保护与再利用中集思广益，促进王府建筑高效利用与发展。

（五）提高王府价值和使用规范的公众认知

首先，要打造好北京老城清代王府的形象，通过开放展示的窗口向公众全方位、多层次地宣传王府文化和京韵文化。并通过科技赋能，促进体验式文旅产业的发展，将王府文化元素凝练提取，注入现代产品当中，使王府文化焕发新活力。推进文旅融合，讲好王府的专属故事，打造具有文化特性的

经典文旅产品。

其次，提高公众对王府建筑的保护利用意识，增强民众参与度。从国外优秀的建筑遗产保护利用经验来看，鼓励公民参与到王府建筑的保护利用工作中来，广纳公众建议，并对其进行可行性分析研究，推动王府文化、京韵文化和中华优秀传统文化的弘扬与传承。同时政府要建立公众参与的便捷平台，提升公众的文化程度，提高王府建筑遗产体系的保护意识，激发全民参与的积极性。

最后，政府应进一步优化建筑遗产再利用的相关法律法规体系和管理机制，通过完善的法律法规及管理机制来确保政策条例的有效实施。我国自20世纪70年代以来颁布了一系列文物保护的法规政策，在遗产保护方面有一定的政策基础。但是在遗产的活化利用方面的相关研究相对薄弱，体系并不健全。随着城市的发展，应逐步建立具有前瞻性的保护与发展规范体系，涵盖文物修缮、环境整治、文化传承、文旅发展等多个方面，确保王府遗产体系保护与利用中的每一项工作都有据可依，这不仅将有效避免工作中的随意性和盲目性，还能提升日常管理工作的专业化水平，为王府建筑的长期可持续发展奠定坚实基础。

参考文献

熊梦祥：《北京图书馆善本组辑·析津志辑佚》，北京古籍出版社，1983。

赵尔巽等：《清史稿》卷215《诸王列传》，1995。

震钧：《天咫偶闻》，北京古籍出版社，1982。

贺业钜等：《建筑历史研究》，中国建筑工业出版社，1992。

刘沛：《醇亲王府建筑彩画探究》，《古建园林技术》2019年第1期。

赵志忠：《北京的王府与文化》，北京燕山出版社，1998。

郭静主编《北京王府》，上海画报出版社，2001。

文安主编《大清王府》，中国文史出版社，2004。

段柄仁主编《王府》，北京出版社，2005。

冯其利：《寻访京城清王府》，文化艺术出版社，2006。

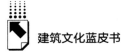

闫雯倩：《北京老城清代王府类建筑遗产再利用研究》，北京建筑大学硕士学位论文，2022。

刘圣楠：《北京清代王府建筑艺术与传承设计研究》，北京建筑大学硕士学位论文，2021。

李春青、黄一平：《北京清代王府马号建筑遗产研究》，《北京建筑大学学报》2019年第1期。

李春青、邱凡：《清代北京内城亲王府空间分布研究》，《北京建筑大学学报》2016年第1期。

李春青：《北京清代王府建筑研究》，《中国名城》2012年第7期。

B.4
北京市京西工业遗产保护与利用报告

郑德昊　傅凡*

摘　要： 工业遗产作为文化遗产的一种类型，见证了城市工业的兴衰，承载着城市工业发展的历史记忆，是城市化发展中宝贵的财富。近年来，随着城市化进程的加快，以及经济的飞速发展，工业遗产的保护与利用也越来越受到重视。以首钢集团有限公司、北京重型电机厂等为代表的京西八大厂抓住工业厂区外迁及打造新时代首都城市复兴新地标重大机遇，取得阶段性成果。目前，首钢已成为集科技、体育、商业、文旅等多业态于一体的高端产业综合服务区，北京重型电机厂等京西八大厂厂区也相继开始转型建设。然而其发展依然面临许多问题与困境。本报告基于翔实的数据收集和实地调研，结合北京市、石景山区和京西八大厂相应政策和上位规划，整理归纳出京西工业遗产保护与再利用现状及存在的问题，提出了京西工业遗产保护与再利用建设发展的路径和建议，以期为更为合理地保护和利用京西工业遗产提供决策参考。

关键词： 工业遗产　京西八大厂　可持续转型　北京

改革开放40多年来，北京先后经历了城市从"快速工业化"到"去工业化"的巨大转变。北京是全国范围内较早地尝试工业遗产保护和利用的城市之一，从2010年《北京倡议》提出"抢救式保护"，到2017年《北京城市总体规划（2016年~2035年）》中定义的"存量资源"，北京的工业

---

* 郑德昊，北京建筑大学建筑与城市规划学院博士研究生，主要研究方向为建筑历史理论与遗产保护；傅凡，北京建筑大学建筑与城市规划学院风景园林系教授，主要研究方向为风景园林规划设计、风景园林历史理论、建筑历史理论与遗产保护。

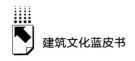

遗产保护与再利用经历了繁荣发展的十余年，在广度和深度上都积累了一定的经验。[①]

京西八大厂的兴衰见证了北京市工业发展的辉煌与成就，更是中国工业从无到有的缩影。[②] 作家杨东平在《城市季风》中回忆道："新中国的同龄人，在小学语文课本中看到了这样的礼赞：'北京的秋天，天空瓦蓝瓦蓝的，像水洗过一样；工厂的烟囱冒着浓烟，像一朵朵水墨画的大牡丹。'"。自 20 世纪 90 年代以来，北京的工业开始为实现首都发展转型而进行大规模的腾退疏解。2003 年，为改善北京生态环境、落实城市功能定位，支持 2008 年北京奥运会的申办，以首钢为代表的京西八大厂开始实施搬迁调整。同年，《北京城市总体规划（2004 年~2020 年）》提出，"结合首钢的搬迁改造，建设石景山综合服务中心，提升城市职能中心品质和辐射带动作用，大力发展以金融、信息、咨询、休闲娱乐、高端商业为主的现代服务业"。同时，北京重型电机厂也在近年的转型升级上取得阶段性成果，2020 年，在多个部门的鼎力支持下，北京重型电机厂老旧的辅机车间被打造成一座拥有 34400 平方米建筑面积的设计中心，并吸纳华诚博远工程技术集团有限公司总部落户，转型升级迈出坚实的一步。[③]

本报告以京西八大厂为研究对象，通过翔实的数据收集和实地调研。归纳整理京西工业遗产保护与再利用现状情况，分析存在的问题并提出相应的建议。以期对京西工业遗产进行更为合理的保护和再利用，进而为促进京西工业遗产保护与再利用提供合理的建议和决策参考。

一　京西八大厂工业遗产的历史沿革

所谓"京西八大厂"主要包括首钢集团有限公司（首钢）、北京首钢特

① 孟璠磊、齐超杰：《北京工业遗产保护和再利用的回顾、思考与启示》，《工业建筑》2020 年第 3 期。

② 刘伯英、李匡：《首钢工业遗产保护规划与改造设计》，《建筑学报》2012 年第 1 期。

③ 《升级！石景山这 30 万平区域将有大变化！》，https://mp.weixin.qq.com/s/woSf4Mvw42ZDLdtqeVA61A。

殊钢有限公司（首特钢）、北京首钢二通建设投资有限公司（二通厂）、北京锅炉厂（巴威·北锅）、北京重型电机厂（北重西厂、北重东厂）、石景山发电厂（京能热电）、北京西山机械厂和燕山水泥厂八家工业企业，总占地面积 1032.5 公顷，总建筑面积 851.96 万平方米。[①] 这些企业的老旧厂房不仅是石景山区重要的城市记忆，也深深融入城市的血脉和居民生活。同时，京西八大厂在北京现代工业化进程中扮演了重要的角色。京西八大厂先后经历了建立初期、辉煌发展时期以及转型升级时期，下面将分别对八家企业的发展历史进行梳理。

首钢集团有限公司是在中国近代民族工业"稳速增长期"诞生的重工业企业的重要代表。首钢前身是建立于 1919 年的官商合办龙烟铁矿公司石景山炼钢厂。[②] 自 1919 年建厂至 1949 年新中国成立，厂区先后由北洋政府、国民政府、日本南满铁路株式会社等持有。直至 1949 年新中国成立时，石景山钢铁厂的发展也步入正轨。[③] 1967 年，在经历了新中国成立后工业的快速发展之后，石景山钢铁厂正式更名为"首都钢铁公司"，简称"首钢"。[④]改革开放后，首钢的发展达到了巅峰，1978 年，钢产量达到 179 万吨，成为全国十大钢铁企业之一。1994 年，首钢钢铁产量达到 824 万吨，雄居全国首位，并完成北京市工业销售收入 1/10 以上。贡献了北京市 1/4 的利税收入。[⑤] 2001 年，为配合 2008 年北京奥运会建设，首钢开始转型升级。2005 年，首钢开始启动园区功能转型。同年 7 月 7 日，首钢为燃烧了 47 年之久的 5 号高炉举行停产仪式。2007 年，首钢逐步减产至 400 万吨。2010年，首钢主厂区实现了全面停产，完整保留了大量工业建（构）筑物及设

① 《升级！石景山这 30 万平区域将有大变化！》，https：//mp. weixin. qq. com/s/woSf4Mvw42ZDLdtqeVA61A。
② 北京市石景山区地方志编纂委员会：《北京市石景山区志》，2005。
③ 薄宏涛：《存量时代下工业遗存更新策略研究——以北京首钢园区为例》，东南大学博士学位论文，2019。
④ 梁珂：《北京城区工业遗址室内空间的改造与利用——以首钢工业园为例》，北方工业大学硕士学位论文，2021。
⑤ 《从山到海、从火到冰——百年首钢变迁史》，https：//www. shougang. cn/sgweb/html/mtgz/20230530/9580. html。

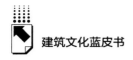

施设备。2015年，北京2022冬奥组委选择首钢园区作为办公地点，首钢以此为契机，开始大力推进园区建设，其在保护和利用工业遗产的基础上，探索"城市复兴"的新路径。

北京首钢特殊钢有限公司（首特钢）始建于1920年，时为私人合伙投资企业，在朝阳门大街开办中华汽炉行。1931年，在广安门外南蜂窝扩建新厂。1941年，该厂与日本人合资，改名为中华铁工厂，1945年停产关闭。1949年12月由北京市政府接收，1950年3月改名为汽炉制造厂，隶属北京市清管局。1952年5月，该厂与政务院机关中南铁工厂合并，成立北京暖气材料厂。1955年4月，改属北京市第三地方工业局。1956年2月，8家私营暖气铸造厂并入该厂，北京市铸钢厂铸钢部分并入组成铸钢车间。1957年3月，公私合营振兴铁工厂并入。1958年4月，该厂改名为北京钢厂。11月，隶属北京市冶金局。1972年北京市冶金局与首钢合并后，该厂划属首钢。1976年隶属首钢特殊钢公司，1977年7月划归北京市冶金局。1983年1月改属首钢，成为首钢集团有限公司下属的全资子公司。[1] 2001年随首钢一同进入转型腾退程序，2006年经国家发改委批准，首特钢园区成为中关村科技园区石景山园南区的重要组成部分，同时也是新首钢高端产业综合服务区的重要组成部分。随着北京市总体规划（2017年）和石景山分区规划（2019年）的出台，石景山区政府紧锣密鼓地组织首钢园区的转型升级。首特钢园区规划范围82.72公顷，依托特钢空间机理和历史发展脉络，打造串联园区内各功能板块与景观节点的钢铁文化活力带，围绕钢铁文化活力带建设金融科技引领区、综合服务配套区、城市休闲活力区、科技创新培育区，构建"一带四区"的空间布局结构。[2]

北京首钢二通建设投资有限公司简称"二通厂"，作为首钢的重要组成部分，它位于海淀、石景山、丰台三区交界处，二通厂于1958年6月建厂，先后建设了炼钢、铸钢、铸铁、模型、锻压、热处理等热加工车间和冷加工

① 北京地方志编纂委员会：《北京志·工业卷·黑色冶金业志》，2005。
② 首钢集团——首钢园区介绍，参见 https：//www.shougang.com.cn/sgweb/html/stgyq/。

车间，配套完善了热加工装备和大型机械加工装备，成为具有冷热加工实力的重型机器制造骨干企业，跻身全国八大重机厂行列，① 朱德、李先念、彭真、万里等国家领导人都曾来厂视察指导工作，1992 年划归首钢。在京西工业企业转型升级的历史阶段，二通厂成为首钢厂区转型为文化创意产业园区的先行示范区，园区内保留并重新利用了约 20 万平方米具有工业特色的建筑物。

北京锅炉厂（北京巴布科克·威尔科克斯有限公司）始建于 1951 年，其前身为朝阳区洪兴铁工厂，是国家重点锅炉制造企业，也是北京重型工业企业的代表，1986 年北京锅炉厂与美国巴布科克·威尔科克斯有限公司合资组建了北京巴布科克·威尔科克斯有限公司（简称"北京巴威"），也就是现在俗称的"巴威·北锅"。② 经过 30 余年发展，北京巴威已成为生产规模、技术水平位居全国前列的大型锅炉装备制造企业，市场遍布国内外。2007 年，由于北京环保标准的提高、交通运输的限制以及人力成本的不断增加，北京巴威开始酝酿生产部门的搬迁计划。2014 年，京津冀协同发展上升为国家战略，北京巴威转型发展迎来契机。③

北京重型电机厂（简称"北重"）分为东、西两个厂区，其前身是兴建于 1958 年 5 月的北京汽轮发电机厂和北京重型电工机械厂。1963 年 2 月，两厂合并，组建北京重型电机厂。1989 年初，地处门头沟区的北京市东方机械厂和地处房山区的北京红光机械厂并入北京重型电机厂。北京重型电机厂位于北京市石景山区东南部的吴家村路 57 号院，占地面积 25.65 万平方米，既有建筑规模 19 万多平方米。④ 2015 年以来，北重厂区逐步腾出，转型定位为发展高端装备与智能制造、工业互联网、虚拟现实等数字科技产业的专业产业园区。2022 年，北京市编制了《深入打造新时代首都城市复兴新地标 加快推动京西地区转型发展行动计划（2022~2025 年）》，开启了

---

① 《探秘北京第二通用机械厂（上）－工厂情况介绍》，https：//mp. weixin. qq. com/s/5AFQh7oWXSm1Kxcbf2KHpw。
② 北京市石景山区地方志编纂委员会：《北京市石景山区志》，2005。
③ 《京城机电——北京巴威从"山"到"海"助力京津冀协同发展》，https：//mp. weixin. qq. com/s/cS7m3NNt_ E4698_ cNfkcFQ。
④ 北京市石景山区地方志编纂委员会：《北京市石景山区志》，2005。

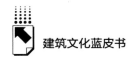
京西地区转型发展的新篇章。为进一步细化京西行动计划，《京西地区转型发展 2023 年工作要点》正式印发，明确了 2023 年京西地区转型发展的重点领域、重大支撑项目以及保障措施。借助政策的相关支持，北京重型电机厂逐渐建设形成以科技引领、制造升级、数字赋能、文化创新为主导的新一代产业园区。作为首都的西大门，京西地区转型发展又将迎来新的篇章。

石景山发电厂（京能热电）可追溯至清光绪二十八年（1902 年），清朝御史、刑部员外郎史履晋，御史蒋式惺以及候补同知冯恕募得官商股本白银 8 万两，于 1904 年创办京师华商电灯股份有限公司，并于 1919 年 8 月在现石景山发电厂的位置兴建新厂。1937～1949 年，石景山发电厂先后为日伪、民国政府和新中国政府所有。新中国成立后的经济恢复时期，石景山发电厂开足马力，为北京工农生产以及人们的生活提供了必要的电力。1983 年，国家计委批准石景山发电厂老厂改建为热电厂，工程列入国民经济"七五"计划时期国家重点工程项目。1985 年 10 月，石景山发电厂开始安装新式千瓦级发电机。20 世纪 90 年代初期，北京市严重缺电，集中供热需求增加，石景山发电厂继续扩建。① 至 1995 年 10 月，石景山发电厂总装机容量达 80 万千瓦。经过长期的建设和发展，至 2000 年，石景山发电厂（当年改名为北京京能热电股份有限公司）成为北京市第一家现代化大型股份制供热企业，是北京地区电力负荷的重要支撑和供热单位。然而城市发展建设的需求使其不得不开启腾退转型工作，2015 年 3 月 19 日，石景山发电厂陆续响起了震撼人心的汽笛声，11 点 06 分，一号机组关停。到 2016 年底，所有发电机组全部关停。这座具有近百年历史的发电厂，终于完成了背负的使命，带着岁月的沧桑和曾经的辉煌退出了历史舞台。

北京西山机械厂又称"7312 工厂"，坐落于群山环抱的石景山区黑石头西边，是北京最早的军工企业之一。抗美援朝开始后，为了加强首都防空部队的军械技术保障力量，华北军区决定在北京组建华北军区后勤部军械部修炮所，初步选址在东郊慈云寺古庙内。1953 年 7 月，由于生产规模的扩大，

---

① 北京地方志编纂委员会：《北京志·工业卷·黑色冶金业志》，2005。

该厂由慈云寺迁至北京市西郊的今石景山区黑石头地区。抗美援朝后，北京西山机械厂先后完成了 1969 年"珍宝岛"事件和 1971 年"九·一三"事件等几次紧急战备任务。改革开放以来，为了弥补由于部队整编造成的生产任务不足，为企业走向市场做准备，厂领导认真贯彻"以军为主，保军转民"的方针，从单纯的军品生产，转到了军品、民品"两条腿"走路，在干中学、在实践中积累经验。1990 年被评为"军队一级企业"，1995 年工业总产值 3002 万元，实现利润 65.58 万元，上缴税金 35.58 万元。①

燕山水泥厂的前身是始建于 1958 年 9 月的北京市水泥制品厂，位于石景山区南部京原路北侧，北靠首钢主厂区，南临莲石路，与南大荒苗圃隔莲石路相望，占地面积 43.75 万平方米，建筑面积 14.5 万平方米。拥有机械化立窑和悬浮预热、窑外分解旋窑两条生产线，年设计生产能力为 60 万吨，是我国最早采用立窑生产水泥的企业之一。② 1960 年 3 月，北京市水泥制品厂更名为北京市水泥厂。水泥厂自 1962 年 1 月下马停产，一部分留守工人开始以副业维持生活，生产自救，同时研制出水淬矿渣砖。1964 年 3 月，水泥生产线恢复生产。同年 7 月，该厂建成年产 6000 万块矿渣砖生产线。改革开放后，该厂迅速发展。1976 年，该厂一举超额完成国家计划，实现了"一年翻身"的目标，提前跨入先进企业行列。1985 年，改名为北京市燕山水泥厂。2007 年，为保证北京奥运会和北京市今后的环境质量，该厂逐步停产转型，现址被金隅集团开发为大厦林立的居民住宅区。③

京西八大厂的建设与发展历程见证了北京现代工业的发展足迹，成为北京城市中不可或缺的重要历史文化。在新旧动能转换与传统产业转型、升级和提质的大背景下，京西八大厂借助时代的"东风"，正加快其产业转型的步伐。目前，首钢园抓住服务保障冬奥会和打造新时代首都城市复兴新地标重大机遇，北区以奥运工程破局城市更新，已成为集科技、体育、商业、文

---

① 北京市石景山区地方志编纂委员会：《北京市石景山区志》，北京出版社，2005。
② 北京市石景山区地方志编纂委员会：《北京市石景山区志》，北京出版社，2005。
③ 《石景山文史——"京西八大厂"之一的燕山水泥厂》，https://mp.weixin.qq.com/s/cwAaNc4A6asSEQM0GimqfA。

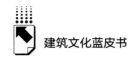

旅等多业态于一体的高端产业综合服务区和跨界融合的都市型产业社区。①工业遗产，华丽转身，曾经的筒仓被改造成北京冬奥组委办公楼；曾经的精煤车间，改建成为国家冰壶队、短道速滑队、花样滑冰队的训练基地；记录辉煌历史的 100 多米高的"3 号高炉"，现已成为首钢工业文化体验中心……同时，北京重型机械厂也紧跟时代的脚步，陆续引入华诚博远工程技术集团有限公司、北京三匠建筑工程设计有限公司、重美术馆等 27 家企业，涵盖数字技术、科技创新、运动休闲、文化创意等多个领域。

二　京西八大厂遗产保护与再利用现状

（一）工业遗产保护与利用相关政策法规日益完善

国内关于工业遗产保护与利用的相关政策的出台相较于欧美等国家较晚，但呈现日益完善的趋势。2014 年，《国务院办公厅关于推进城区老工业区搬迁改造的指导意见》中首次提出城区老旧厂房搬迁改造的相关内容，2017 年北京市人民政府办公厅出台的《关于保护利用老旧厂房拓展文化空间的指导意见》中提出鼓励老旧厂房拓展相关文化空间开发利用。

2020 年《中共中央关于制定国民经济和社会发展第十四个五年规划和二〇三五年远景目标的建议》将城市更新提升至战略层面，列入国家"十四五"规划。

2021 年北京市政府出台了《关于实施城市更新行动的指导意见》，明确了城市更新的主要任务。以此为基础陆续出台多项详细的政策，如北京市规划和自然资源委员会等四部门发布的《关于开展老旧厂房更新改造工作的意见》中，对老旧厂房改造提出相关要求和应用指导。2021 年北京市发展和改革委员会出台的《关于加强腾退空间和低效楼宇改造利用促进高精尖产业发展的工作方案（试行）》中加强了对腾退空间和低效楼宇的利用和扶持。

2024 年，为进一步推动老旧厂房转型升级、功能优化和提质增效，落

---

① 赵鹏：《后冬奥时代首钢打造城市复兴新地标》，《北京城市副中心报》2023 年 3 月 7 日。

实老旧厂房更新改造实施工作，北京市规划和自然资源委员会等 5 部门联合出台了《老旧厂房更新改造工作实施细则（试行）》，细则中提出确定用地规模、建筑规模、建筑高度、绿地率等内容，以及建筑退线、间距、日照、停车等原则上应满足现行标准和规范要求。同时还明确了用地腾退、配套服务设施配建、内部加层改造等要求。

综上所述，国家和北京市对于工业遗产保护利用的相关政策从最初的宽泛的保护为主，到如今提倡在系统化、合理性保护的基础上，拓展利用路径，并制定了详细的保护利用政策（见表 1）。并在 2024 年出台的《老旧厂房更新改造工作实施细则（试行）》文件中进一步深入，切实解决了工业遗产中老旧厂房改造过程中遇到的相关难点与痛点问题，为北京市京西地区的工业遗产改造注入新的动力。

表 1　工业遗产保护利用相关政策文件梳理

发布年份	政策文件	发文机关	核心内容
2014	《国务院办公厅关于推进城区老工业区搬迁改造的指导意见》	国务院办公厅	通过合理规划，推进城区老工业区的搬迁、改造与转型
2014	《节约集约利用土地规定》	国土资源部	提高利用率
2014	《北京市人民政府关于推进首钢老工业区改造调整和建设发展的意见》	北京市人民政府	明确工业遗产保护再利用任务及相关政策措施
2016	《关于深入推进城镇低效用地再开发的指导意见(试行)》	国土资源部	集中改造开发
2017	《关于保护利用老旧厂房拓展文化空间的指导意见》	北京市人民政府办公厅	充分挖掘老旧厂房的文化内涵和再生价值，通过兴办公共文化设施，发展文化创意产业的方式，提升城市文化品质,推动城市风貌提升和产业升级
2019	《保护利用老旧厂房拓展文化空间项目管理办法(试行)》	北京市文领办	设置 5 年过渡期，进一步落实《关于保护利用老旧厂房拓展文化空间的指导意见》内容
2020	《关于加强市属国企土地管理和统筹利用的实施意见》	北京市国资委	制定在京国企土地利用的四种方式

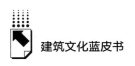

发布年份	政策文件	发文机关	核心内容
2020	《住房和城乡建设部办公厅关于在城市更新改造中切实加强历史文化保护坚决制止破坏行为的通知》	住房和城乡建设部	加强历史文化保护,坚决制止破坏行为
2021	《住房和城乡建设部关于在实施城市更新行动中防止大拆大建问题的通知》	住房和城乡建设部	"开发方式"向"经营模式"转变
2021	《关于在城乡建设中加强历史文化保护传承的意见》	国务院办公厅	明确关于工业文化遗址保护要求
2021	《关于开展老旧厂房更新改造工作的意见》	北京市规划和自然资源委员会等四部门	提出针对老旧厂房改造的指导框架
2021	《关于加强腾退空间和低效楼宇改造利用促进高精尖产业发展的工作方案(试行)》	北京市发改委	利用腾退楼宇和老旧厂房发展高精尖产业资金支持等扶持政策
2021	《石景山区城市更新行动计划(2021~2025年)》	北京市石景山区人民政府	加速老旧厂房转型改造,促进京西八大厂整体复兴
2021	《北京市人民政府关于实施城市更新行动的指导意见》	北京市人民政府	明确老旧厂房改造利用业态准入标准,优先发展智能制造、科技创新、文化等产业
2021	《北京市城市更新行动计划(2021~2025年)》	北京市委办公厅	北京市制订的城市更新五年计划,涉及各类城市更新改造指标和工作计划
2022	《关于促进本市老旧厂房更新利用的若干措施》	北京市经济和信息化局	根据产业升级以及完善区域配套需求,可配建不超过地上总建筑规模15%的配套服务设施

续表

发布年份	政策文件	发文机关	核心内容
2024	《老旧厂房更新改造工作实施细则（试行）》	北京市规划和自然资源委员会等5部门	确定用地规模、建筑规模、建筑高度、绿地率等内容，以及用地腾退、配套服务设施配建、内部加层改造等要求

资料来源：住房和城乡建设部、国务院办公厅、北京市发改委等相关政府网站。

（二）以首钢、北重为引领的京西八大厂复兴新动力

随着北京冬奥会、冬残奥会的成功举办，首钢园借助冬奥的契机以及各级政府相关政策的支持，积极发展体育、科技、文化和服务产业，产业数量日益增加。由图1可知，现首钢园区内科技产业占比最多，达48%，其次是服务产业，占比32%。体育和文化产业最少，各占比10%。

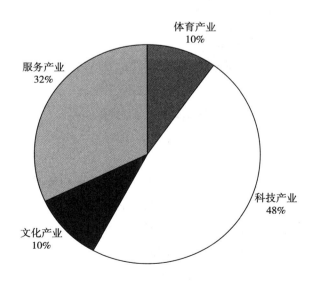

图1 首钢园区产业发展统计

资料来源：石景山区人民政府。

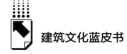

体育产业方面，首钢园已获得了国家体育产业示范区、北京市体育示范基地等多项荣誉称号。由图2可知，体育产业的细分领域中，体育产业运营占比50%，数量最多，体育产品销售占比25%，上述两者的占比达到了75%，已成为首钢园区内体育产业的主导领域。目前，首钢园区已建成多个体育场馆设施，包括北京2022年冬奥会自由式滑雪和单板滑雪比赛的场地"首钢滑雪大跳台"、北京最大的户外滑板和攀岩场"首钢极限公园"、国家体育总局冬季训练中心（速滑、花滑、冰壶、冰球馆）、冬季体育用品和高端装备器材保税仓库等。

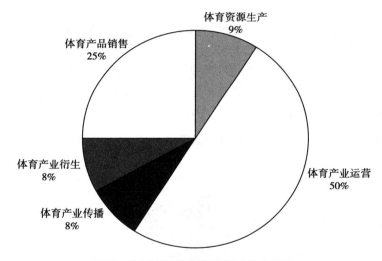

图2　首钢园区体育产业领域分布统计

资料来源：石景山区人民政府。

科技产业方面则"百花齐放"，各细分领域呈现均衡增长的态势，行业应用及产品应用和运营服务两个细分领域的占比超过20%（见图3）。目前，首钢园区获得了北京市智能网联汽车示范运行区、首钢园自动驾驶服务示范区、中关村（首钢）人工智能创新应用产业园、北京市游戏创新体验区等多项荣誉。首钢园区已吸引探月中心航天八院、中国科幻研究中心、当红齐天、天图万境、未来事务管理局、腾讯体育及PCG平台与内容事业集群、小米（零售旗舰店）、百度（自动驾驶）、科大讯飞等多家科技、科幻企业入驻，相关项目陆续落地，"科技科幻+文学""科幻+影视""科幻+游戏""科幻+旅游""科幻+智造"五大领域布局基本形成。

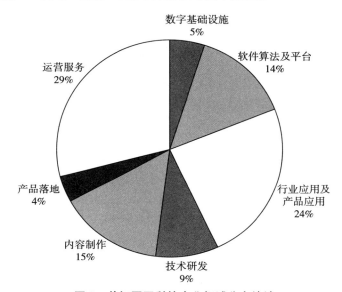

图3　首钢园区科技产业领域分布统计

资料来源：石景山区人民政府。

文化产业方面，首钢园区现有相关入驻企业主要集中在文化融合衍生和文化产品营销服务方面，分别占比46%和36%。企业细分领域，如内容制作和放送渠道等方面占比均为9%（见图4）。目前形成了以互动娱乐、数字传媒为代表的文化创意产业。形成了包括三高炉工业文化体验中心、全民畅读艺术书店、瞭仓沉浸式数字艺术馆等一批文化创意产业消费场景，汇聚了一批潮流体验项目。

在上述三类产业快速发展的基础上，与之配套相关的服务产业也在逐步发展。由图5可知，首钢园内的服务产业以运营管理为主导，占比75%，其余的传播推广、贸易营销和资源主导三类细分领域占比较低，分别是8%、8%和9%。其中，在现有的36家入驻企业当中，生活性服务业共27家，占比75%。截至目前，香格里拉酒店、首钢秀池酒店、首钢工舍酒店已投入运营；以六工汇为代表的新零售、新娱乐、新办公融合的商业综合体已建

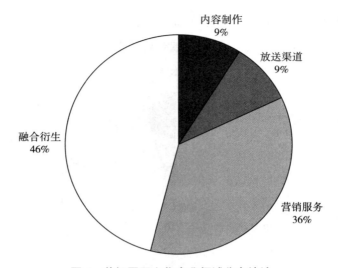

图 4　首钢园区文化产业领域分布统计

资料来源：石景山区人民政府。

成。同时，星巴克、麦当劳、香啤坊、瑞幸咖啡、和木私厨、李宁、蔚来、Adidas、Timberland、NorthFace、Skechers、Vans 等多家商户入驻。

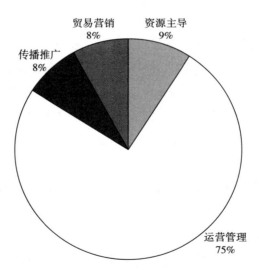

图 5　首钢园区服务产业领域分布统计

资料来源：石景山区人民政府。

近年来，北京重型电机厂响应政策的号召，积极推动厂区的转型升级，目前已经实现了约5.85万平方米的厂房改造升级，现正建设以"人工智能"产业为主导方向，以"高端装备智能制造"产业为核心，同步推动虚拟现实、数字创意、工业互联网产业集聚发展的专业型科技文化产业园。与此同时，园区结合人工智能、大数据等现代高新技术，提供算力中心、5G网络、共同共性实验平台等多种新型基础设施，打造"创研一体的全链智造工园"，为产业集聚、企业联动提供助力（见表2）。

表2　北京重型电机厂现有空间情况统计

单位：平方米

建筑	建筑面积	提供空间
A3、A5-A7	15429.5	2层办公空间
A8	6438.9	梁下高度22.8米
D1	13870.1	梁下高度27米
E1	13485.9	梁下高度约13.6米
F9	2193.8	梁下高度7米
F10	783.84	配套办公室293.32m^2，配套平房169.78m^2
F12	2484.4	梁下高度8~10米
F13	3823.6	梁下高度6~9米

资料来源：https://mp.weixin.qq.com/s/XOI1LPPBcd35sdaYwlnHBg。

三　京西工业遗产保护与再利用存在的问题

（一）推进转换动力不足

工业遗产的转型升级最重要的就是旧工业厂房的改造提升，而旧工业厂房的改造提升涉及相关政策支持、资金回报、建筑利用率等多方面的内容，

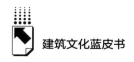

这恰恰是推进京西工业遗产保护与再利用的关键一环。根据调研和数据统计，目前制约京西工业遗产保护与再利用的主要问题有以下几个方面。

一是改造成本过高，资金回报率较低，不利于吸纳社会资本进行改建投资。目前，京西八大厂的老旧厂房大多为20世纪八九十年代所修建，往往采用单片墙的结构，即俗称的"24墙"，这种外墙结构对于跨度较大、高度较高的厂房建筑来说，很难形成良好的保温结构，致使老旧厂房建筑本身难以维持除厂房以外的建筑内部所需的温度，尤其是在冬季寒冷的北方地区。再加上对老旧厂房建筑面积15%的增加限制，即使外墙加装保温层，也会使其建筑能耗居高不下，运营成本增加。对于企业来说，资金回报率相对较低，不利于吸引社会资本的开发与利用。

二是由"经营者"向"房东"身份转变时存在问题。根据孟璠磊等学者的相关研究[①]不难看出，目前京西地区乃至整个北京的工业遗产中，绝大部分为国有企业。国有企业下辖的厂房均为国有资产，资产性质一定程度上影响了这些已经"废弃"的老旧厂房，在转型时只能采用出租给第三方经营的形式。这些厂房经营者——国有企业由原来的"经营者"转变为"房东"甚至"二房东"，不利于对厂房改造以及后期经营的监管。

（二）开放共享不足，协调联动不足

在中央层面，党的十九届五中全会提出，实行高水平对外开放，开创合作共赢新局面。"十四五"时期，我国将更大力度推动高水平对外开放。对北京市来说，"两区"建设两大开放政策红利叠加，在全国绝无仅有。

通过调研发现，京西八大厂与外界均保持相对独立的状态，相对比较封闭，暂时还没有与外部交通相连接，开放融合的程度不足。例如，首钢主厂区与园外保持独立空间，首钢目前的出入口只有南北两个，对于如此大规模的园区来讲，仅有两个出入口是不够的，这不利于园区的开放发展。此外，

---

① 孟璠磊、齐超杰：《北京工业遗产保护和再利用的回顾、思考与启示》，《工业建筑》2020年第3期。

虽然现如今北京重型电机厂已经实现了部分的转型与对外开放，但进入园区还相对不够自由。2022年3月原北京市委书记蔡奇同志调研新首钢时强调："要进一步探索老工业区更新的'首钢模式'。坚持开放合作，完善城市功能，实现'厂区''园区'向'社区''街区'转变。强化内外连通，畅通区域微循环，提升设施衔接和城市治理水平。"因此，京西工业遗产要达到"社区化""街区化"，就必须实现扩大开放。例如，新首钢园区外部的人民渠、高井沟等水系已经修缮完毕，而内部水系的修缮还存在滞后性的情况；并且新首钢西临永定河，但是与永定河的连通性也不够，形成比较割裂、各自发展的局面。同样，北京重型电机厂等京西八大厂其他园区也面临相似的问题。

（三）政策支撑不足

2022年北京市经济和信息化局出台的《关于促进本市老旧厂房更新利用的若干措施》中提及："老旧厂房改造中，根据产业升级以及完善区域配套需求，可配建不超过地上总建筑规模15%的配套服务设施"。① 15%的限制使老旧厂房可增加的地上建筑面积有限，这就意味着即使厂房庞大，但其内容可利用的空间依然有限。而京西八大厂均为重工业企业厂房，其建筑高度、建筑面积等都远远高于普通的民用建筑，这在一定程度上降低了这类大型厂房建筑吸纳社会资本的能力。

四 京西工业遗产保护与再利用思路对策

（一）开发方式与政策支撑应及时到位

工业遗产的保护与利用和一般文物的保护利用并不相同，作为城市空间

---

① 《关于促进本市老旧厂房更新利用的若干措施》，https：//www.beijing.gov.cn/zhengce/zhengcefagui/202208/t20220829_2802011.html。

中不可分割的一部分，其保护与利用的方式与城市的发展密不可分，也意味着其"方法"与"政策"的研究应当紧密结合城市发展的实际情况。[1] 从全国整体的工业遗产保护进程来看，尤其是北京、上海、广州、深圳等这类极具人才吸引力的超一线城市和一线城市，城市对人口的"虹吸效应"会造成人口的持续净流入，这就导致城市内的土地变得极度稀缺。与此同时，工业的外迁导致很多闲置的工业用地转变成商业用地或者住宅用地，工业遗产面临的拆除风险并未降低。但从另一个角度来看，人口的持续流入会促进不同地域文化的交流以及高新技术产业的发展，从而促进文化、科技等相关产业的蓬勃发展，也为工业遗产新的开发和利用方式提供了基础条件。但是，工业遗产如何合理、科学地开发利用，目前仍然缺少针对性政策，这容易造成开发模式千篇一律，彼此效仿。因此，结合上述调研京西八大厂地区的基本情况和实际现状，应制定切实合理的发展规划、补贴政策、产业扶持等相关工业遗产保护与利用的政策，为京西八大厂工业遗产的保护与再利用提供切实可行的支持。通过自上而下的政策支持，推动自下而上的创新利用，共同创造出存量时代城市空间新风貌。

（二）全面实施开放共享和服务配套设施的升级，打造国际化社区型园区

第一，从国家和北京的政策层面来讲，京西八大厂应该要与周围区县（如京西八大厂所在的丰台区和石景山区）开放融合，全面实现区域一体化的发展，进一步推动京西八大厂与周边行政区同向发力，形成协调联动、互利共赢的发展新格局。

第二，加快推进实现"社区化""街区化"的转变。在京西八大厂的各个园区内增加出入口，将园区内部的道路与外部相衔接。同时，还可以实现道路、园林绿地等方面的连通，打造绿色交通体系，全面实现京西八大厂园

---

[1] 孟璠磊、齐超杰：《北京工业遗产保护和再利用的回顾、思考与启示》，《工业建筑》2020年第 3 期。

区与城市市政道路交通系统的连通，进一步引领京西地区的发展，协同推进京西地区转型发展。

第三，紧抓石景山区国际人才社区、城市织补广场等重大项目建设契机，对标国际化生活方式，瞄准高端化、特色化、国际化，加快完善高品质的公共服务设施配套，基于区域国际高端人才居住布局，在京西八大厂园区内及周边区域积极布局全球知名国际学校、医疗健康、商务休闲、文化娱乐等高端服务设施，推动城市功能向更加现代、多元、国际化的复合型服务功能跃迁；围绕产业定位，打造产、学、研、住、娱一体的国际化社区型园区，提升园区对国际化人才的吸引力，打造北京市独具特色的国际人才新高地。

第四，在现状的基础上进一步完善停车、餐饮、购物、交通等商业商务配套设施，借助北京打造"国际消费中心城市"的有利契机，将京西八大厂周边地区打造成为国际消费中心城市重要节点。例如，具体来说，可以增加地面停车位，增设轨道交通的站点及公共交通的线路，加快交通枢纽等重大项目的推进，提高首钢的运力，将必要的次级道路改为主干道，以满足交通需求；在公共区域及园区周边的区域增加足够的餐饮等商业配套服务设施；考虑卫生间的增加，在铺设管线的区域，可以设置移动卫生间，以满足游客的需求。除此之外，还需要进一步推进相关人员的培训工作，提高京西八大厂园区的管理服务水平。最终园区要做到全面推进基础设施的建设，形成京西八大厂园区基础设施的基本体系。

（三）采用"以点带面"的招商模式

"以点带面"的招商模式，顾名思义就是针对京西八大厂每个园区周边商业、交通等基础设施的特点，打造适合本园区的 IP，进而吸引同类型的产业进一步落户园区，进一步强化园区特色 IP。例如，首钢园通过引进龙头企业落户，充分发挥好龙头企业的"链主"作用，瞄准核心产业新赛道，实现以商招商，加速领域内前沿核心技术攻关，加快产业结构优化转型。2020 年首钢园获得"北京市电子竞技产业品牌中心"和"北京市游戏创新体验区"授牌，园区将为电竞和游戏企业提供国内顶级产业平台资源和专

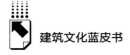

属产业空间。与腾讯、航美传媒等行业龙头企业深度合作，正逐渐推动一批电竞、赛事会展及创新体验项目集聚，奠定了首钢园发展电子竞技产业的坚实基础。首钢作为会员单位，与多家单位共同发起设立北京市电子竞技产业发展协会，与业内企业联合打造全国性电竞产业生态平台，吸引直播、转播、电竞电商等上下游资源集聚。首钢园还将继续筹划举办品牌电竞主题活动、电竞高峰论坛、主题展会、游戏嘉年华等，打造首钢园特色电竞IP。园区将吸引顶级电竞战队入驻，引入10家具有行业影响力的重点企业，孵化和培育30~50家具有创造力的高成长企业，形成25个特色精品游戏体验场景，成为在本市举办品牌电竞赛事、行业论坛和相关活动的首选空间。①实现能办展、能游玩、能购物、能住宿，真正实现集多元功能于一体。

---

① 北京市石景山区西部建设办公室、北京清华同衡规划设计研究院有限公司：《首钢冬奥遗产、工业遗存再利用模式研究》，2022。

B.5
北京祭坛建筑保护利用研究报告

侯晓萱　马全宝*

摘　要： 北京祭坛是明清两代营建而成的礼制建筑，是少有的保存完好的与都城格局并存的完整祭坛体系。祭坛建筑代表了皇家权威、承载了文化礼制，呈现独特的建筑特征。在北京老城保护与中轴线申遗成功的背景下，祭坛作为古代礼制的重要承载场所与北京城市格局重要组成部分，亟须更加全面系统的保护与利用。本文基于天坛、地坛、日坛、月坛、社稷坛、先农坛、先蚕坛等建筑群，追溯祭坛发展脉络，廓清北京祭坛演变过程，探析北京祭坛营造特征，并以此为基础探索更加有效的保护利用方式。

关键词： 北京祭坛　营造特征　遗产保护

　　在全球化的浪潮中，文化软实力已成为衡量国家竞争力的重要指标之一。中国正积极迈向文化强国之路，力求在全球文化交流中展现独特的魅力与价值。作为传统文化的重要载体，北京的祭坛建筑不仅是中国古代礼制文化的物质体现，更是祭祀文化的精神象征。其独特的建筑风格、深厚的文化底蕴以及丰富的历史信息，对于提升国家文化软实力、增强民族文化自信具有不可替代的作用。

　　近年来，北京老城保护开展与近期中轴线申遗的成功，标志着中国在文化遗产保护方面迈出了坚实的一步。北京老城作为中国古代都城建设的典范，在现代城市发展的进程中，保护其历史文脉、焕发新的文化活力显得尤

---

* 侯晓萱，北京城市学院城市建设学部讲师，主要研究方向为建筑历史理论；马全宝，北京建筑大学建筑与城市规划学院副教授，主要研究方向为建筑历史理论、建筑遗产保护。

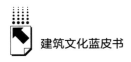

为重要。北京的祭坛建筑不仅是老城历史文化资源的重要组成部分，也为城市更新提供了可统筹整合的空间资源。

祭坛建筑是北京城市结构不可或缺的部分。它们构成了一个祭祀文化的网络，见证了历史的变迁与文化的传承。因此，将北京祭坛建筑作为一个完整的体系进行研究，探索其发展脉络与营造特征，对于有效地保护和利用这一宝贵的文化遗产具有重要的现实意义。

一　北京祭坛建筑发展溯源

（一）祭坛发展基础

1. 思想基础

古代中国祭祀源于先民对天地山川等自然现象的敬畏。早期人类因生产力低下，生存依赖于自然，便产生了朴素的自然崇拜，认为神灵亦需食物，所谓"神嗜饮食"①，"鬼犹求食"②，从而形成了以食物供奉神灵的习俗。《说文解字》解释"祭"字由"示"和"手持肉"组成，形象地展示了祭祀的基本形式。

进入周代，随着社会结构复杂化，礼乐制度得以建立，祭祀活动被组织化、规范化。周公制定的礼制不仅包括祭坛建筑，还通过严谨的礼仪程序表达对天地神明的尊敬，同时规范社会关系，体现社会秩序与道德伦理。

至汉代，"天人合一"的哲学思想兴起，祭祀超越了简单的自然崇拜和礼仪形式，成为追求人与自然、社会、宇宙秩序和谐统一的理念。这一思想强调顺应自然规律，追求内在和谐，并影响了祭坛建筑的规划与设计，使其蕴含深刻的哲学意义。

2. 制度基础

早期国家时期，君王们通过举行祭祀建构政治权威与权力秩序，祭祀因

---

① 孙小梅：《〈诗经·小雅·楚茨〉研究》，中国书籍出版社，2019。
② 左丘明：《左传》，二十一世纪出版社，2015。

此呈现高度政治化的特征，由早期的原始祭祀向国家祭祀演变。西周和春秋战国时期，在周公、孔子、孟子、荀子等先贤的智慧创新与持续探索下，"以礼治国"理念得以确立，关于礼的系统性论述亦日渐完备与成熟。

随着王权强化，国家设专职神职人员负责祭祀，君主仅参与重大仪式。中国文明基于农业，依赖天时、地利与祖先智慧，祭祀与人口增长成为早期国家治理核心，与政治紧密相连，演变为国家仪式。封建帝制确立后，权力集中，祭祀垄断强化皇权。祭坛建筑发展为规范化形式，象征礼制权威，随王朝更迭而演变，成为集权统治下的持久象征。

（二）明代北京祭坛发展

北京祭坛建筑根植于历朝历代的祭坛制度发展，肇始于南京的明初祭坛雏形。

吴元年（1367年）八月癸丑，圜丘与方丘分别建成于南京城南北郊，洪武元年定郊祀之制。圜丘与方丘，分别位于南京城正阳门外东南钟山之阳与太平门外钟山之北。朝日坛和夕月坛则是明太祖朱元璋正式即位后对祭坛的陆续补充完善。朝日坛和夕月坛始建于洪武三年（1370年）春正月，分别位于南京城城东和城西。然而，洪武十年（1377年）八月，朱元璋鉴于对"分祭天地"之习俗的反思，认为其"揆之人情，有所未安"，遂颁诏命于原圜丘旧址之上，营建大祀殿，以推行天地合祭之典仪。① 自此，天地祭祀由分转向合，原本祭祀于城郊不同方位的神祇均集中于城南的一座祭坛之内。如果说前期是遵循古礼的周正布局，那后期便是朱元璋在祭祀礼制上的创制之举，其影响一直延续至正德朝，直至嘉靖时期才又重新分祀。

先农坛的建置在明初时期与山川坛相互独立，是两座并无关联的祭坛。在近十年的改建变迁之后，于洪武九年（1376年）在正阳门外合为一坛。

社稷坛与太庙基本上同期建设，但改建之后位置有所变动。洪武八年（1375年）四月中都停建，朱元璋于七月即开始改南京坛庙制度。南京社稷

---

① 《明太祖实录》卷一百一十四，上海书店出版社，2018，1873页。

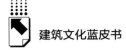

坛在初建之时位于宫城西北位置，虽然也可以看作遵循礼制"左祖右社"，但是位置偏远，朱元璋也认为"地势少偏"。改建之后改为"阙右"即宫门之西，依旧与太庙东西相对。

　　明早期南京城的祭坛选址格局形成时期，经历了前期初步营建和后期改制完善两个阶段（见图1）。对比前后两个阶段，可以看出这一时期的演变，其总体布局呈现数量从多到少、体系从繁到简、分布从分散到集中的特点。

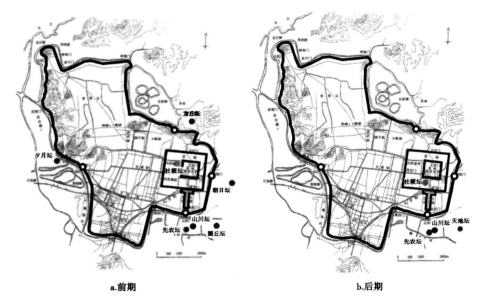

图1　南京城前后期祭坛分布对比

资料来源：《中国古代建筑史》第四卷，笔者改绘。

　　永乐年间初建北京城之际，其祭祀体系与建筑规范以洪武年间所确立的定制为基础，全新构建了包括天地坛、山川坛、社稷坛在内的诸多重要祭坛。至永乐十八年（1420年）十二月，北京城南郊的祭祀场所与"左祖右社"布局已然完备。

　　嘉靖时期由于非宗族入继大统等因素，开启了旷日持久的大礼议，由此所引发的祭坛体制改革也就拉开了序幕。嘉靖时期的祭坛改制是北京祭坛建筑最为重要的变革，直接奠定了北京城的基本祭坛格局，影响后世数百年。

先蚕坛与帝社稷坛的营建，是身为给事中的夏言针对嘉靖帝分祀天地之议而提出的一项对策。嘉靖帝先于北郊围坛举行亲蚕祭祀仪式，鉴于亲蚕礼与南北分祀之间的紧密联系，亲蚕礼成为推动南北分祀改制的过渡性措施。然而，在工程尚未告竣之际，由于皇后与女官出行至北郊距离较远、多有不便，故计划另行择址。后来将先蚕坛、帝社稷坛分别建于西苑旧宫南北两侧，形成一个看似整合实则混乱的祭祀体系。

在先蚕礼恢复的先行举措基础上，嘉靖九年（1530 年），嘉靖帝恢复洪武初年制定的分祀制度，即在南、北两郊分别举行天地祭祀。北郊方泽坛建于安定门外东侧，南郊天坛在大祀殿之南别建圜丘，《明史》中记录了嘉靖九年恢复分祀制度，并在正阳门外约五里处、大祀殿南侧建设圜丘坛，同时在安定门外东侧建造方泽坛。①

自此，明代对祭坛建筑的营建改建基本完成，形成了北京祭坛建筑的整体格局，为后世的发展变化奠定了基础（见图2）。

a.明永乐时期南京　　　b.明永乐时期北京　　　c.明嘉靖时期北京

图2　不同时期祭坛体系对比（一）

资料来源：《中国古代建筑史》第四卷，中间、右侧底图引自《中国古代都城制度史研究》。

（三）清代北京祭坛发展

清朝在入关之前，便已经在彼时的都城即盛京，开始学习明朝祭祀礼

---

① 张廷玉等：《明史》卷四十七，中华书局，1974，第 1505 页。

制，为承袭明北京的祭坛体系奠定了基础。在祭天方面，满人一直有自己的祭天之所即堂子。随着后金势力扩大、皇权巩固，天聪八年（1634年）有臣僚建议皇太极在盛京建坛庙行天子之仪，皇太极认为时机未成熟，未予采纳。天聪九年（1635年），皇太极参照明嘉靖后天地分祀之制，着手兴建天坛与地坛，至天聪十年（1636年）工程告竣。其中圜丘位于"德盛门外南五里"，方泽坛位于"内治门外东三里"。① 盛京在努尔哈赤迁都于此到顺治帝迁都北京之间的20年的发展中，逐渐建立了祭祀礼仪与祭坛建筑的体系，模仿了明朝的祭祀礼制如天坛、地坛，分别建于城南和城东，然而因其处于对中原礼制的初步探索和模仿阶段，并未分置于城南、城北。尽管堂子祭祀不属于中原体系，与汉族祭祀有所重叠，但作为清朝悠久的本土祭祀传统，蕴含深厚情感，不易废止。故而，在盛京对神祇形成了三处祭祀场所，也是清朝对于中原汉民族礼制文化的初步尝试。

顺治皇帝入关之后，清朝继承了众多明朝包括祭祀礼制在内的制度，顺治时期确立的天、地、日、月祭祀规范，与明嘉靖时相较，祭祀地点接近，坛内元素相同，且祭祀日期亦保持一致，新增了关外未有的日月祭祀。顺治朝未沿袭盛京时期圜丘的形态及地坛建于东郊的布局，转而承袭明代南郊圜丘、北郊方泽、东郊朝日坛、西郊夕月坛，分别作为祭祀天、地、日、月之所。至于祭祀社、稷神的仪式及其同坛同墙格局，顺治朝亦保持沿用，已成定式。

乾隆时期，清朝立国已近百年，国家各项统治秩序已臻完善。祭祀礼制作为国家秩序中的重要一环，诸多礼制仪典是否符合礼仪制度，被格外关注。而除了对天坛、先农坛等祭坛进行整修扩建外，最主要是于西苑重新营建了先蚕坛。初期将安定门外北郊既有的先蚕坛改修为先蚕祠，并由官员负责祭祀。乾隆七年，于西苑东北角新建先蚕坛，以隆重祭祀先蚕之神。又议准，每年季春之月，皇后亲飨先蚕。由此，乾隆帝于西苑建立先蚕坛，恢复亲蚕之仪，使皇帝亲耕与皇后亲蚕之礼形成对应，从而完善了祭祀体系结构（见图3）。

---

① 阿桂等：《钦定盛京通志》，辽海出版社，1997。

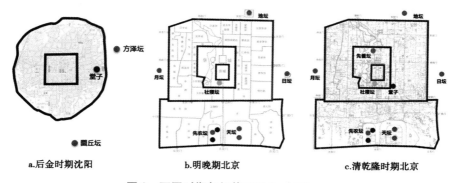

图3　不同时期祭坛体系对比（二）

资料来源：左侧底图为"奉天地图"，中间底图引自《中国古代都城制度史研究》，右侧底图引自《中国古代建筑史》第五卷。

乾隆时期的完善改建，使北京城的全部祭坛营建完毕，最终经数代更迭延续至今。北京祭坛建筑集历代祭坛之大成，形成了宏伟有序的建筑形式与丰厚深刻的文化内涵，与都城格局并存，也是如今不可多得的完整都城祭坛体系。

二　北京祭坛建筑选址分布分析

（一）中轴线布局关系

北京城的祭坛体系，以南京城的祭坛体系为模板，形成了简洁而庄严的祭坛布局。

明军攻克元大都后，大将徐达测量并修复了部分旧有的城墙。他放弃了城市的北部，在原北城墙以南约五里的地方修建了一道新的城墙。这就缩短了城墙北部对外暴露的部分，有助于加强防御。朱棣即位之后，在元大都的基础上，改建并定都北京，依托原本良好的城市规划，着手在原皇宫旧址上进行大规模修建，将皇宫东扩，重新规划设计出了北京城的中心与中轴线。新的北京城规划，以皇宫北侧万岁山（也称煤山）为整座城市的几何中心，以南起正阳门北至钟鼓楼的轴线作为城市的轴线，整体上东西均衡对称，使

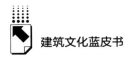

北京城更为秩序井然。北京城的整体布局体现出中心性和对称性，7500 米长的轴线贯穿城市南北，成为整个平面中最强有力的组织要素。

在这种秩序之下，各座祭坛在永乐时期的选址布局中，便得以集中分布于北京城中轴线的两侧。其中社稷坛位于宫门西侧，与太庙东西相对。天地坛、山川坛东西对称分布于由正阳门延伸至此的中轴线两侧。而北京城整体位于平原地区，水系主要是位于皇城西侧的太液池和北侧积水潭，在规划中亦早已避开，因而，祭坛在选址布局上并未受其影响。

嘉靖时期分祀之后，城市中轴的统摄作用未变，新增神祇坛、先蚕坛、帝社稷坛、地坛以及后拆除的北郊的先蚕坛，均紧密围绕在以中轴线为中心的中心带上。同时新增的日坛与月坛则是位于城东城西，形成了贯穿宫城中心的横向次要轴线（见图 4）。

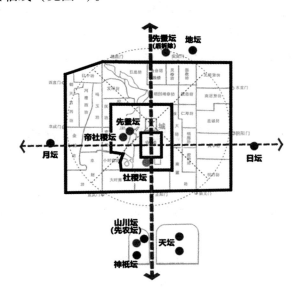

图 4　嘉靖时期祭坛分布与轴线关系

从永乐时期到嘉靖时期祭坛的轴线体系可以看出其更加完整，纵横两条轴线既统领了北京城也统领了祭坛分布，使祭坛的分布体系更加均衡完整。东西轴线横穿宫城的东华门与西华门连接了日坛月坛，南北中轴线上串联了天坛、先农坛、社稷坛、先蚕坛等，共同交织重叠形成了都城的骨骼脉络体系。

（二）拱卫环绕关系

永乐时期北京的祭坛分布，同南京相似，整体集中于城市南侧，未能形成环形网络与辐射态势。而嘉靖时期的祭坛分祀改制，通过大规模的祭坛新建改建，使祭坛建筑形成了以北京城中心的宫城为核心，多重环形结构包围的环抱态势。

位于宫城外的社稷坛、先蚕坛与帝社稷坛，构成了第一道环形结构。其位置位于皇城之内宫城之外。对外，有位于宫门西侧的社稷坛作为皇帝及百官祭拜之地，对内，有位于西苑的先蚕坛、帝社稷坛作为皇家内苑，供皇帝皇后祭祀先农神、蚕神。

位于内城外四郊的天坛、地坛、日坛、月坛、山川坛则共同形成了第二道环形结构。其位置位于内城之外，亦位于后来营建的外城之内[1]，形成了清晰完整的环状分布体系，使祭坛体系更加完备规整，覆盖整座都城。这也与南京时期祭坛体系相似，郊坛位于内城之外，同时也被外城包围。由此也可以推测，后来并未完全完工的外城，其理想的规划应是将郊坛全部包围在内（见图5）。

总体说来，在祭坛建筑的选址分布上可以清晰地看到与都城结构体系相匹配的祭坛结构体系，在北京城中宫城—皇城—内城—外城的结构层次，分别在宫城与皇城之间、内城与外城之间设置祭坛体系，使祭坛在北京城中的分布也形成了内外两重环形结构层次。

（三）神权隐喻关系

分布于北京都城不同方位的祭坛建筑承载了人们对于风调雨顺、昌盛太

---

[1] 嘉靖完成祭坛改制之时（1531年）尚未营建外城，于嘉靖三十二年（1553年）开始增筑，约五年建成。

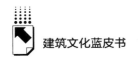

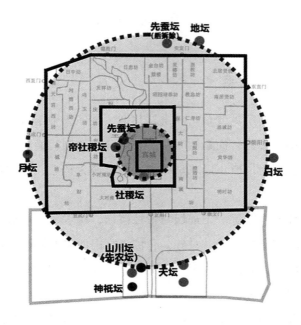

图5　嘉靖时期祭坛分布与环形结构关系

平的美好希冀，人们祭天诸神如天帝、日月星辰、风云雷雨之神，地上诸神如皇地祇、社稷、先农、岳、镇、海、渎、城隍、土地等，而祭坛成为承载这些祭祀活动的空间与彰显礼制教化的媒介。作为与神灵对话的媒介，祭坛建筑存在的本身已经在一定程度上象征了神灵的存在，在人们心中形成了守护和荫庇整个都城的网络。

社稷坛祭祀对象为太社和太稷，社是土地神，稷是五谷神。土地崇拜是古代中国社会的重要特征，上至王公贵族，下至平民百姓，皆普遍存在对土地神和谷神的祭祀行为。这一习俗深深植根于中国，历经数千年，成为塑造民众生活方式与思维方式的重要文化体系。天坛位于永定门之东南侧，每岁孟春之月上辛日皇帝在南郊祈谷于上帝。上辛日，乃是取阳新之义，为迓阳气而兆农祥之意向。地坛代表了古代人民对土地的信仰，"民以食为天"是一个至为朴素的真理，"土能生万物"，又是亘古不变的真理。先农坛祭祀先农，寄寓对丰饶与丰收的期盼，体现出古人朴素的哲学观念。皇帝亲祀先农、躬耕籍田是古代社会礼制的重要组成部分，承载着古人重农固本的思想。在明南京城的营建时便已确定都城南端的位置，并作为祖制延续至北京城的营建，定于永定门之西南侧。先蚕坛的先蚕礼将蚕神作为祖先进行祭祀，其设立亦是符合古代男耕女织、农桑文化的思想观念。日坛位于朝阳门外，月坛位于阜成门外，是祭祀夜明神的场所。日月被视为仅次于天地的自然神祇，与天神同列祭祀体系，可设独立祭坛供奉。它们显著的天文现象及对人类生活的影响，促使人们从困惑转为崇拜，最终形成国家祭祀。

解析各个祭坛祭祀对象的礼制内涵，仿佛可以看到人格化的祭坛空间，它们的存在代表了古代人民朴素的审美认知和美好愿望。而各个祭坛也都各司其职各在其位地发挥着它们的作用，形成的神灵空间守护着都城与都城内的百姓（见图6）。

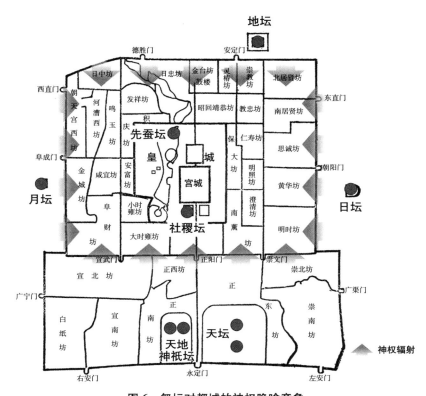

图6　祭坛对都城的神权隐喻意象

125

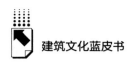

三 北京祭坛建筑院落布局分析

（一）尺度规划特征

从南京祭坛到北京祭坛，从永乐时期到嘉靖时期，祭坛建筑的平面尺度一直在不断扩大。当嘉靖时期完成对祭坛的改制之后，祭坛建筑的尺度规模达到了顶峰。其异于普通建筑组群的广袤平面空间，是祭坛建筑最大的空间特征。

祭坛建筑主要分布于郊外，其占地面积十分广阔，远远大于常规的北京建筑组群。一方面，郊外空旷的空间为祭坛广阔的占地提供了客观上的可能性，另一方面，祭坛通过巨大的祭祀空间也向我们传递了天地自然神祇的广袤与无上的地位。

以三组代表性建筑作为参考物，北京紫禁城宫城周长约 3420 米，面积约 72.5 万平方米，太庙周长 1623.3 米，面积 15.52 万平方米，传统北京三进四合院周长 142.1 米，面积 1150.91 平方米。通过测量北京各个祭坛周长与面积，并计算与三个参考建筑的倍数关系，可以得到表 1、表 2。

表 1 祭坛建筑与其他建筑周长倍数关系

项目		周长（m）	祭坛/参考项的倍数关系		
比较参考项	紫禁城	A = 3420			
	太庙	B = 1623.3			
	四合院	C = 142.1			
北京祭坛	天坛	6445.6	1.9A	4.0B	45.4C
	先农坛	4385.7	1.3A	2.7B	30.9C
	地坛	2558.9	0.7A	1.6B	18.0C
	社稷坛	1635.3	0.5A	1.0B	11.5C
	日坛	1441.4	0.4A	0.9B	10.1C
	月坛	997.6	0.3A	0.6B	7.0C

表 2 祭坛建筑与其他建筑总面积倍数关系

项目		总占地面积（m²）	祭坛/参考项的倍数关系		
比较参考项	紫禁城	a = 725000			
	太庙	b = 155180			
	四合院	c = 1150.91			
北京祭坛	天坛	2827400	3.9a	18.2b	2456.7c
	先农坛	1180144.1	1.6a	7.6b	1025.4c
	地坛	409244	0.6a	2.6b	355.6c
	社稷坛	155588.6	0.2a	1.0b	135.2c
	日坛	100457.1	0.1a	0.6b	87.3c
	月坛	62013.3	0.1a	0.4b	53.9c

可以看到，以天坛、先农坛为代表，祭坛建筑具有远大于常规宫殿建筑、祠庙建筑、居住建筑的平面空间。在周长比较中，天坛周长达到了紫禁城的 1.9 倍，太庙的 4.0 倍，普通四合院的 45.4 倍，在面积比较中，天坛面积是紫禁城的近 4 倍，是太庙的 18.2 倍，是普通四合院的 2000 多倍。从祭坛与其他类型建筑的平面对比示意图中，可以清晰地看到祭坛建筑极其广阔的面积（见图 7）。

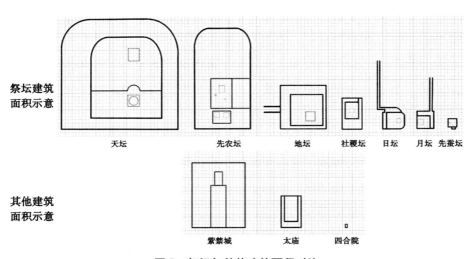

图 7 祭坛与其他建筑面积对比

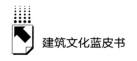

（二）坛墙组织关系

从不同祭坛的坛墙关系中我们可以看到，从边缘到中心的聚集过程中，祭坛作为祭祀天神地祇的神的领域，如何通过墙的层层深入，从而将地位与等级步步拔高，也体现出在这个体系下神与天子、天子与臣民的等级差异和尊卑有序。一方面，越接近中心的较小的围合体，越占据较高的礼制地位；另一方面，由于向心围合的等级地位的梯度增长，每一个内部的空间对下一级的外部空间，都有一个相对的高度和支配性。

在空间的层面，坛墙只是物质的和基本的要素，它界定着整个向心的、等级化的构成。进一步观察可以看到，在此有两个关键因素：坛墙本身，以及各个坛门。坛门本身看上去只是一种简单的设施，但在空间上界定了人穿行的位置和方向，每进入一道坛门，便是向秩序等级的更高层迈进了一步。于是，在坛墙与坛门的运作和维持之下，内外之间的不对称关系被建立了起来。

坛墙的产生，便是在空间上形成了内外等级的秩序差异与不对称关系。内部于是凌驾于外部，建立起相对的优越和统帅地位。另外，门和墙的体系又产生一种距离和疏远的效果。墙本身就构成了一种疏远，它区分内外，把外部推出、推开、推远。在祭祀仪式中，是由外而内的参拜，表现出皇帝带领臣民对神祇的崇拜与敬畏，而同时，整个祭坛空间则是由内向外，通过层层的坛墙的围合，向外辐射和表达礼制规范中的等级秩序。当内部对外部的优越具有了社会和政治的意义和规范时，这种距离的效果，可以强化和放大原有的礼的规范等级。

祭坛通过坛墙围合分隔的空间，我们可以用两种方式去观看。一方面，它是物质的和水平的构成，这是对城郊、城内划分出来的大尺度土地，在上面构造了形式化的平面的图示空间语言；另一方面，它又是抽象的和垂直的构造，这是礼制思想所带来的层级体系，以坛体为中心的等级威权的集中，向四周辐射降低。礼制思想下的祭坛空间，可以被想象为一座大山，甚至在整个都城中，形成了许多不同层级不同高度的礼制的高地（见图8）。

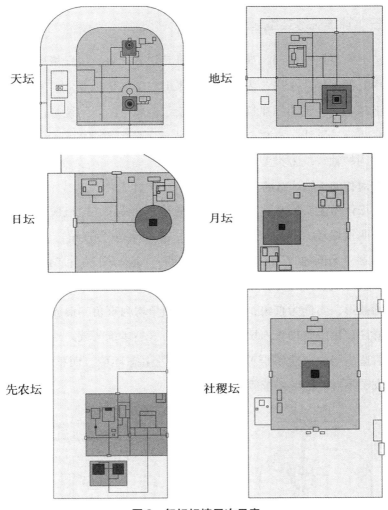

天坛

地坛

日坛

月坛

先农坛

社稷坛

图 8　祭坛坛墙层次示意

　　在作为象征性形式和仪式性空间的祭坛建筑构成中，所有的祭祀行为、主体建筑都包含在层层的边界中。这意味着即使在对它们内含的等级秩序等礼制思想进行陈述和象征时，这里的布局模式也无意将此向外部空间和一般社会展示。所以，祭坛这一特殊的院落组织形式，用层层深入的坛墙体系，建立了祭坛平面空间的秩序，在深入祭坛的过程中，不断疏远外部，推崇内部，在祭坛坛台的位置达到秩序等级的巅峰。

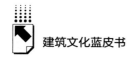

（三）轴线统筹类型

明清北京祭坛的格局，最为核心的是其坛台部分，祭坛格局多是以祭坛坛体为中心的主轴线布局，依托祭坛坛体形成了祭坛格局中的主要轴线，并在轴线上串联较为重要的建筑。这既是祭坛格局中的空间统筹，也是祭祀仪典中的主要行进路线，是整个祭坛级别最高、最为重要的空间部分。其中，又呈现不同的轴线统筹类型。

1. 非对称的主轴线布局

围绕坛体做主轴线且非对称的祭坛布局中，天坛、地坛最为突出。天坛采用内外两重坛墙，布局呈"回"字形，南侧转角为直角，北侧转角为圆弧形，寓意"天圆地方"，被称作"天地墙"。地坛则遵循"四方大地"的古制，将内外坛墙设计为方形（见图9）。先农坛外坛墙与天坛类似，北侧转角为圆弧形，南侧为直角，但内坛坛墙四角均为直角，形成矩形布局。主体建筑群往往集中布局于内坛，形成紧凑的核心建筑区域，外坛大面积种植松柏，营造出与内坛建筑群截然不同的绿色生态环境。而整体轴线偏于东侧，形成了不对称的轴线统筹类型。

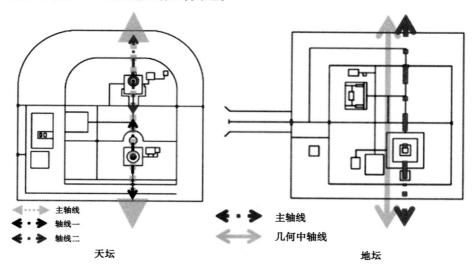

图 9　天坛、地坛轴线关系

　　日坛、月坛也是以坛体为祭坛主要轴线，但是其主轴线为东西向，并且因祭祀对象的礼制内涵不同——大明神与西相对，夜明神与东相对——而分别采取东西两个入口方向。而日坛、月坛的主轴线仅仅由坛门、神路、祭坛构成，从主轴线的布局中可以看出，整体格局更加趋于简洁，相关附属建筑仅保留了必要的神厨库、宰牲亭、具服殿，建筑的清晰简洁也体现出了对于对应祭祀对象等级的降低（见图10）。

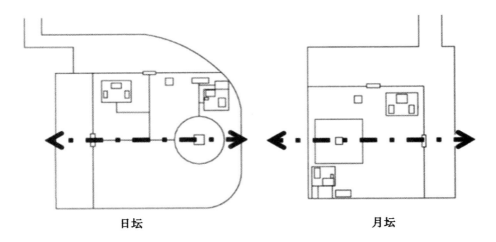

日坛　　　　　　　　　　　　　　月坛

图10　日坛、月坛轴线关系

2. 对称的主轴线布局

　　上述祭坛以坛体为核心进行主轴线布局，但是整体并未完全采用中轴对称等传统建筑中的常用手法，规矩但又相对自由的布局，更符合郊祀神祇的自由之意。而社稷坛位于宫城入口西侧，整体布局与紫禁城的中正威严的格局相匹配，并且因其"左祖右社"的重要地位，采用了更为规整的中轴线布局，主要建筑均位于祭坛正中的轴线。其轴线序列由北而始，祭祀路线从东北角的阙右门进入，穿过北坛门，需要先经过拜殿、戟门，才到达社稷坛。而祭祀社稷，皇帝是从北向进入面南而祭，与东侧的太庙的路线、祭祀方向都恰好相反（见图11）。

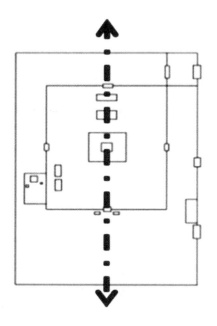

图 11　社稷坛轴线关系

3. 主次分明的多轴线布局

在天坛、地坛、日坛、月坛、社稷坛的建筑布局中，我们可以清晰看到以祭坛为核心的主轴线对于整个布局的统筹地位，而在先农坛的布局中，先农神坛却并未在主轴线上，而是具有多轴线的格局特点。

先农坛在祭祀改制后，基本确立了先农神、太岁神、天神地祇三个主要的祭祀对象和相应的祭祀空间。整个祭坛空间以太岁殿所在南北轴线作为主要统率，贯穿太岁殿、拜殿，而在内坛南门之外建造的天神坛、地祇坛，则以东西向轴线贯穿两个坛体，而两者之间连通的道路，又向北自南门向北贯穿，与太岁殿轴线汇合，是统率祭坛空间的主要轴线。西侧则是祭祀先农神的先农坛所在轴线，南北贯穿北侧神厨神库院落的神牌库和先农神坛（见图 12）。

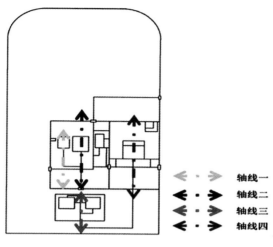

轴线一
轴线二
轴线三
轴线四

图12　先农坛轴线关系

四　北京祭坛建筑象征关系分析

（一）人神对话的坛体

祭坛坛体是指高于地面的没有房屋的台体部分，明清北京祭坛中有圜丘坛、方泽坛、先农神坛、日坛、月坛等，是祭坛空间中的核心组成部分。

《礼记·祭法》注："封土为坛"，就是用土石堆积出一块高于地面的祭坛。《周官》有"苍璧礼天，黄琮礼地"之说，意思就是面向着天祭天，面对着地祭地，限定了不能在室内进行。《周书》曰："设丘兆于南郊，以祀上帝，配以后稷，日月星辰，先王皆与食。"坛就是没有房屋的台基，本来就是中国建筑的一个组成部分。这样一种非传统的建筑群组合方式，且还有没有覆顶的坛的这样一种建筑空间，在中国传统建筑中确为一种独特的类型。人走到了高高的坛上，肯定觉得与上天更为接近，告祭天地的仪式在坛上举行就觉得天人之合一。因而坛体是通过层层拔高的台阶，象征了祭祀者与天更加接近，是人与天神地祇对话的空间（见图13）。

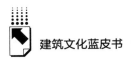
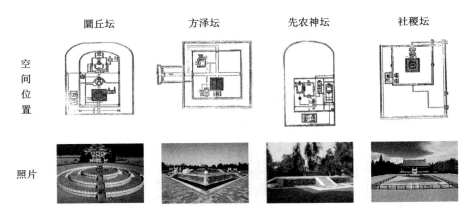

图13　坛体空间位置及照片示意

（二）引导入境的棂星门

棂星门，《后汉书》言：灵星天田星也。欲祭天者，先祭灵星；《宋史·礼志二》言：南郊坛制……仁宗天圣六年，始筑外壝，周以短垣，置灵星门。棂（灵）星门最早用于大型的祭祀建筑之前，后来在高规制的礼制建筑之前多加棂星门用以引导入口空间。在明清北京祭坛建筑中，圜丘坛、方泽坛、天神地祇坛等入口处均设有棂星门。

"棂星"原为"灵星"，灵星也叫天田星，在二十八宿之一的"龙宿"的左角主管农业和文运。古时祭天祈年，常造灵星门以表天门。灵星门因形似窗棂，故也称棂星门。其实，棂星门是从唐代的乌头门发展而来的。宋代《营造法式》记载的乌头门图，可以看出和现在的棂星门略同。其形式为：在两立柱之中横一枋，柱端安瓦，柱出头染成黑色，枋上书名。柱间装门扇，古代有以旌表的建筑。宋代以后，棂星门只是作为一种象征而不再具有防御等实用功能，于是，棂星门只剩下华表柱和额枋横梁构成冲天式牌坊。如天坛圜丘坛内外坛墙共设华表式石柱构成的棂星门八组24座，称"云门玉立"，营造一种天庭仙台的神秘境界，门顶部的石枋上雕刻有翻腾的云，象征着凡人踏进天界的入口（见图14）。

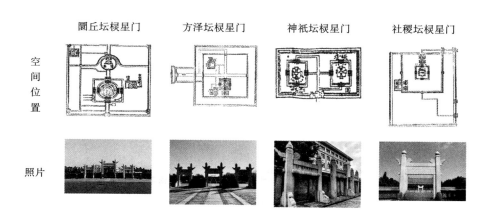

圜丘坛棂星门　　方泽坛棂星门　　神祇坛棂星门　　社稷坛棂星门

空间位置

照片

图14　棂星门空间位置及照片示意

（三）内外分界的坛门

《说文解字》中，门被解释为闻，意思是外可闻于内，内可闻于外，阐述了门对于内部和外部的"通"的作用。此外，门还代表了乾坤、阴阳，如天坛圜丘的四个坛门，东为泰元门、南为昭亨门、西为广利门、北为成贞门。各门名称第二字取自《周易》乾卦卦辞中的"元、亨、利、贞"。同时根据前文的论述曾对祭坛内向、疏离的特性进行初步分析，而恰好是坛门完成了这种内向且疏离的空间的第一步构建，坛门将外部普通的百姓生活与内部神圣的祭祀活动进行了分隔。尺度高大的坛门在祭坛进入之初，限定了祭坛庄严厚重崇高的氛围（见图15）。

（四）供飨食物的神厨库

神厨神库是祭祀空间中专为祭祀时制作、存放供品的地方，在天坛、地坛、先农坛、日坛、月坛、先蚕坛各个坛中均有神厨库的存在（见图16）。

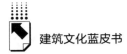

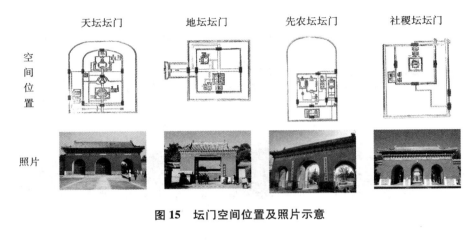

图15 坛门空间位置及照片示意

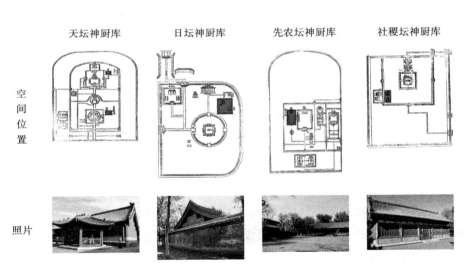

图16 神厨库空间位置及照片示意

五 北京祭坛建筑保护利用探析

作为一个体系完整、内涵丰富的建筑群，通过对明清时期北京祭坛建筑的历史演变及其思想基础、制度基础的探讨，并结合选址布局、院落格局、单体意向象征等方面的具体分析，可为祭坛建筑的保护利用积累充分的理论基础，并提供多样化的探索视角。

在祭坛建筑的利用方式方面，首要任务是加强不同祭坛之间的联动管理，将北京各处祭坛建筑视为一个完整的体系，创建互助互联的管理网络，均衡分配管理力量与关注度至日坛、月坛等各类祭坛建筑。基于北京祭坛的整体框架体系与城市空间关系，尝试构建祭坛建筑的轴线与网格体系，进一步搭建各祭坛之间的交通连接，建立以皇家祭坛与祭祀文化为核心的统一解说与标识系统，并设计不同祭坛建筑之间的联动活动，形成各祭坛建筑单体之间的体系关联。

通过科技赋能的数字化保护措施，实现对北京祭坛的现代化保护。运用三维激光扫描、无人机航拍、虚拟现实（VR）和增强现实（AR）等先进技术手段，建立祭坛建筑的高精度数字档案。在此基础上，将北京祭坛建筑的营造特征、礼制内涵等重要内容植入数字档案之中，为游客提供更多的可参观、可互动、可学习的内容。

此外，通过跨界融合与创新发展的路径，促进北京祭坛保护与利用的多元化发展。结合现代城市发展的需求，策划以祭坛为中心的文化旅游线路，开发与祭坛建筑相关的文化创意产品和服务，吸引游客深入了解其历史背景与文化内涵。加强与国际文化遗产保护组织的合作，引进国外先进的保护理念和技术，提升北京祭坛保护工作的国际化水平。通过举办国际学术研讨会、联合研究项目等形式，展示北京祭坛的独特魅力，促进国际文化交流与合作。

北京祭坛建筑不仅是北京城市结构的重要组成部分，也是北京城市文化的重要载体。对北京祭坛建筑进行历史文脉溯源、营造特征发掘、内涵信息探索，不仅为城市更新利用提供了坚实的技术支持，也为增强文化自信做出了积极贡献。未来，北京祭坛建筑的研究与保护利用工作仍然值得更多探索与发展。

B.6

北京“苏联式”建筑遗产保护利用研究报告*

李 扬**

摘 要： 新中国成立初期因中苏同盟关系的确立，苏联的城市建设经验被大量引入中国。在建筑设计方面，“苏联式”建筑在北京大量涌现，以苏联展览馆与军事博物馆等地标性公共建筑、大批工业建筑群及西郊文教区建筑群为代表，构筑了极具特色的城市文化景观。作为20世纪遗产的重要组成部分，应当加强对“苏联式”建筑遗产的调查研究，建立名录清单，纳入文物保护体系同时加强整体保护，使之成为城市文脉的重要组成部分。

关键词： “苏联式”建筑 遗产保护 活化利用

建筑遗产是考察时代变迁的重要参照系。中华人民共和国成立初期的十年，是新政权逐渐建立政治与社会秩序并探索自身发展道路的十年。在当时的历史背景下，尤其是1950年《中苏友好同盟互助条约》的签订，政治外交上“一边倒”决策的推行等，使新中国的城市规划与建筑设计深受苏联模式的影响。据建筑学者童寯的总结，1970年代以前，苏联建筑大致可以分为：十月革命以前的基督教与欧化建筑阶段；从1917年十月革命直到1930年代初期的“构成主义”建筑阶段；1930年代开始的“社会主义现实主义”建筑阶段；苏联卫国战争后的复兴阶段；1950年代末以来的新建

---

* 本文为2021年度国家社科基金后期资助项目“1950年代北京的城市再造与文化变迁”（项目编号：21FZSB020）的阶段性成果。

** 李扬，历史学博士，北京语言大学文学院副教授，主要研究方向为城市史、文化遗产研究。

筑阶段。[①] 其中,"构成主义"建筑风格与"社会主义现实主义"建筑风格对中国"苏联式"建筑的形成有较大影响。

本文所谓的"苏联式"建筑即在新中国成立后包括完全由苏联专家负责设计、施工的"新中国建筑"以及受苏联建筑原则、风格影响下兴建的相关建筑。北京作为首都,在大型公共建筑及工业建筑与文化类建筑方面都兴建了一批"苏联式"建筑,成为新中国成立初期"新北京"形象的标志性符号。中国的"苏联式"建筑在建筑学领域一般被归入"20世纪遗产"与"新中国建筑遗产"的范畴。近年来,"20世纪遗产保护"受到学界关注[②],《建筑创作》杂志在2009年推出了《建筑中国六十年》系列丛书,表明"新中国建筑"遗产保护也进入了建筑学界的视野。其实,从1980年代开始,建筑学界已有不少学者对苏联建筑模式的引入进行了反思。[③] 从建筑思潮来看,苏联"社会主义内容,民族形式"的建筑创作原则对1950年代中国的建筑设计与研究影响深远。[④] 本文尝试简略梳理在新中国成立之初的十年里,北京在苏联建筑原则指引或直接援建下的"苏联式"建筑遗产类型,同时揭示其遗产保护价值并提出相关建议。

一 地标性"苏联式"建筑

新中国成立之初,规划建设"新北京"、打造社会主义城市空间是中央与北京考虑的重要问题之一。由于新政权缺乏城市规划与建设的经验,除启用原有的技术人员之外,邀请苏联专家进行指导、学习苏联城市规划与建设

---

① 童寯:《童寯文集》第2卷,中国建筑工业出版社,2000,第241~283页。

② 单霁翔:《20世纪遗产保护》,天津大学出版社,2015;张松:《20世纪遗产与晚近建筑的保护》,《建筑学报》2008年第12期;北京市建筑设计研究院有限公司主编《中国20世纪建筑遗产大典(北京卷)》,天津大学出版社,2018。

③ 张镈:《我的建筑创作道路》,中国建筑工业出版社,1994;马国馨:《建筑求索论稿》,天津大学出版社,2009。

④ 吉国华:《20世纪50年代苏联社会主义现实主义建筑理论的输入和对中国建筑的影响》,《时代建筑》2007年第5期。

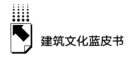

的经验成为当时的现实性选择。从早期形成的 1953 年北京城市规划草案到 1958 年北京城市总体规划方案，苏联城市尤其是莫斯科的规划建设经验及大批苏联专家的具体建议是北京城市规划建设重要的参照系。① 从建筑设计来看，苏联的建筑风格与建筑技术等也迅速被借鉴模仿。因此，北京很快诞生了一批地标式的典型的"苏联式"建筑，其中以 1954 年建成的苏联展览馆（1957 年更名为北京展览馆）② 及 1959 年为迎接国庆十周年的"十大建筑"之一的中国人民革命军事博物馆最具代表性。

苏联展览馆是在中苏友好同盟的大背景下，首先由苏联方面提议的。1952 年，时任政务院财政经济委员会副主任的李富春在访问苏联期间，苏联方面提出希望在中国展示其社会主义的建设成就，具体内容包括苏联的经济、文化、科学技术、建筑技术与建筑艺术等。为此，中共中央决定在北京、上海、广州等地建设展览馆。中方专门成立了由北京市委书记兼市长彭真任组长、中国国际贸易促进会副主席冀朝鼎与建筑工程部常务副部长宋裕和组成的领导小组。另外，北京市财经委员会副主任赵鹏飞受彭真委托，具体指导并参与苏联展览馆的建设工作。③ 档案显示，苏联展览馆于 1953 年 10 月 15 日开工。苏联派出了建筑设计专家安德烈耶夫、吉斯洛娃与郭赫曼等人。依据档案记载，展览馆工程中方具体负责人为宋裕和、冀朝鼎、王光伟、汪季琦与赵鹏飞。④ 可见，苏联展览馆是在中苏友好合作政治背景下的产物，因此苏联的建筑艺术与风格、技术标准等都成为最主要的参照系。彭真在与苏联专家的谈话中就声称："一切要用莫斯科的标准，如果工区主任不称职，我们可以把他撤换。我们过去在山沟，没有建筑力量，进城后才有。技术人员中很多对苏联先进经验还是抗拒的，有的还持保留态度，也有

① 李扬：《20 世纪 50 年代北京城市规划中的苏联因素》，《当代中国史研究》2018 年第 3 期。
② 李扬：《"苏联式"建筑与"新北京"的城市形塑——以 1950 年代的苏联展览馆为例》，《首都师范大学学报》（社会科学版）2017 年第 2 期。
③ 中共北京市委党史研究室编《社会主义时期中共北京党史纪事》（第二辑），人民出版社，1995，第 50~51 页。
④ 《苏联展览馆工程问题座谈会纪要》，1954 年 3 月 10 日，北京档案馆藏，档案号：001-006-00784。

不少是虚心学习的……我代表市委市政府向你表示，可以像在莫斯科一样地管理这个企业，完全不要有顾虑。"① 这一表态可以视作中方的指导原则。

在新中国成立初期建设作为大型公共建筑的展览馆，中方并无经验，加之当时的财政状况，因此这一工程有一定难度。而且在苏联专家的高标准要求下，建筑的设计做到了精益求精，展览馆的外部造型与内部装饰都有大量的设计图纸。1957 年出版的《苏联展览馆》宣传手册称："它的设计图纸有一万五千张，加上晒的蓝图总共有五万张。如果把这些图纸一张接一张地摆开，按一公尺宽来计算，足可以摆一百里长"。② 苏联展览馆建设的主要困难还表现在耗资巨大。据《苏联展览馆》宣传手册记载："苏联展览馆占地面积约十三万五千平方公尺，建筑体积是三十二万八千立方公尺。"③ 如此大的面积自然耗资巨大，有学者评论该展览馆是"当时国内造价最为昂贵的俄罗斯式建筑"。④ 1954 年 2 月，宋裕和与冀朝鼎上报彭真、国家计委副主任张玺及总理的报告揭示，展览馆工程总预算为 2600 亿元。⑤尽管如此，当时的中央政府对展览馆的建设仍然给予了全方位的支持，军队与地方政府也全力以赴，所以展览馆仍如期完工，在 1954 年 10 月 2 日举行了开馆仪式。苏联展览馆建筑平面呈"山"字形，轴线明确而严整。整个建筑群以中央大厅为中心，中央轴线上由北到南分别是中央大厅、工业馆、露天剧场，西路是农业馆、莫斯科餐厅与电影院，东路则是展览厅（见图 1）。⑥

苏联展览馆建成之后，很快成为北京西直门外的标志性建筑。据当时建

---

① 《彭真同志与展览馆施工专家多洛普切夫同志的谈话纪要》，1954 年 2 月 11 日，北京档案馆藏，档案号：001-006-00784。

② 《苏联展览馆是怎样建设起来的》，载接待苏联来华展览办公室宣传处编《苏联展览馆——苏联经济及文化建设成就展览会宣传资料之一》，1957，第 15 页。

③ 《苏联展览馆介绍》，载接待苏联来华展览办公室宣传处编《苏联展览馆——苏联经济及文化建设成就展览会宣传资料之一》，1957，第 1 页。

④ 《建筑创作》杂志社编《建筑中国六十年·作品卷（1949~2009）》，天津大学出版社，2009，第 274 页。

⑤ 《宋裕和等给彭真、张玺并报周总理的报告》，1954 年 2 月 22 日，北京档案馆藏，档案号：001-006-00783。

⑥ 魏琰、杨豪中：《解读北京展览馆》，《华中建筑》2015 年第 4 期。

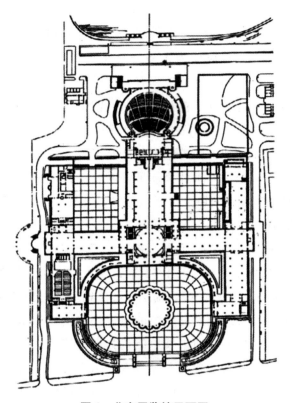

图1　北京展览馆平面图

筑工程部组织编写的资料介绍："苏维埃人民建筑师在这一展览馆的创作中，通过所创造出的建筑形象把自己对社会主义祖国的热烈情感，把苏维埃国家的光荣和伟大传达给中国人民。这一形式美丽、体积巨大的建筑物，显示了苏联建筑艺术和建筑科学的辉煌成就。"从建筑效果来看，"当人们走出西直门，便看到那高耸入云、闪闪发光的87公尺高的鎏金尖塔，一颗巨大的红星，在塔的顶端闪耀着。在典型的俄罗斯建筑形式的尖塔下面，是一排苏维埃社会主义共和国联盟的缩写字母CCCP；塔座正中有苏联国徽，塔基座下面的中央前厅正立面拱券门廊上都是毛主席亲笔题写的'苏联展览馆'。整个建筑物坐北朝南，以中央尖塔作为中心，它的东西中央轴线穿过西直门城楼，南北中央轴线通过垂直在广场前边的林荫大道直对辽代建筑——天宁寺塔"。①

苏联展览馆建成之后，著名建筑学家梁思成先生对其建筑艺术也给予高度评价，认为该建筑的整体布局考虑到了北京的整体规划尤其是西直门外至阜成门外一带的规划；该建筑也实现了内容与形式的统一；该建筑很好地体现了苏联建筑的民族形式与民族传统，同时结合中国传统建筑的一些做法，创造出高度的艺术效果。② 自此，该展览馆构成了西直门外独特的"苏联式"景观。此外，从展馆功能来看，苏联展览馆见证了中国会展业的起步与成长。1954年10月落成典礼之后，苏联展览馆举办了"苏联经济及文化建设成就展览会"。随后在1955年4月和1956年10月，苏联展览馆相继举办了"捷克斯洛伐克十年社会主义建设成就展览会"和"日本商品展览会"。其附属建筑电影院、展览馆剧场、莫斯科餐厅等也极大丰富了北京民众的精神文化生活。

除苏联展览馆外，1950年代典型的"苏联式"建筑还有军事博物馆，这是为了迎接1959年国庆十周年的重点工程之一。1958年8月，中共中央政治局会议决定，要建设一批国庆重点工程为中华人民共和国成立十周年献礼，"十大建筑"就是其中的代表。"十大建筑"包括人民大会堂、中国人民革命军事博物馆、革命历史博物馆、民族文化宫、工人体育场、北京火车站、农业展览馆、迎宾馆、民族饭店与华侨大厦。"十大建筑"代表了新中国成立初期中国建筑学界探索社会主义建筑形式的成果，值得肯定。当时针对其建筑风格与建筑原则亦有不少争论。对此问题，周恩来总理批示，在建筑风格与艺术形式上要做到"中外古今，一切精华，含包并蓄，皆为我用"。③ 自1958年9月开始集中准备，到1959年国庆之前十大建筑基本完工，可以说创造了中国建筑史上的奇迹（见表1）。

---

① 建筑工程部设计总局北京工业及城市建筑设计院苏联展览馆设计组编著《北京苏联展览馆建筑部分》，建筑工程出版社，1955，第1~2页。

② 梁思成：《对于苏联展览馆的建筑艺术的一点体会》，载接待苏联来华展览办公室宣传处编《苏联展览馆——苏联经济及文化建设成就展览会宣传资料之一》，1957，第8~13页。

③ 张镈：《我的建筑创作道路》，中国建筑工业出版社，1994，第156~157页。

表 1　北京"十大建筑"概况

序号	工程名称	建筑面积（平方米）	开工日期	竣工日期	施工天数（天）	总造价（万元）	单方造价（元/m²）	单方用工（工/m²）
1	人民大会堂	171800	1958 年 10 月 28 日	1959 年 9 月 10 日	314	10113	588.6	28.56
2	革命历史博物馆	69510	1958 年 10 月 28 日	1959 年 8 月 27 日	279	3921	564	20.81
3	民族文化宫	31010	1958 年 10 月 3 日	1959 年 9 月 7 日	395	953	307	14.8
4	民族饭店	34649	1958 年 10 月 16 日	1959 年 8 月 30 日	193	1027	348	15.0
5	迎宾馆	67383	1958 年 10 月 23 日	1959 年 8 月 30 日	—	2286	339	16.5
6	农业展览馆	29473	1958 年 12 月 3 日	1959 年 9 月 15 日	272	1373	466	20.15
7	工人体育场	80515	1958 年 9 月 17 日	1959 年 8 月 27 日	265	1635	203	10.63
8	华侨大厦	13343	1958 年 5 月	1959 年 8 月 22 日	180	253	188	9.2
9	中国人民革命军事博物馆	60557	1958 年 10 月 2 日	1959 年 7 月 20 日	264	2504	413	18.5
10	北京火车站	56793	1959 年 1 月 20 日	1959 年 9 月 10 日	—	3058	538	27.6

　　资料来源：北京建设史书编辑委员会编辑部，《建国以来的北京城市建设资料》第六卷（内部资料），1993，第 18 页。

　　"十大建筑"中"苏联式"建筑风格的代表是中国人民革命军事博物馆（简称"军事博物馆"）。[①] 为展示中国人民解放军的军队建设成就，中央军委领导并主持了军事博物馆的建设。档案显示，中央军委在 1958 年 9 月 10 日召开会议，专门讨论了军事博物馆的建设方案。出席会议的军委领导

---

　　① 李扬：《博物馆建筑所见新中国建筑文化——以中国人民革命军事博物馆为中心》，《中国博物馆》2017 年第 2 期。

包括聂荣臻、黄克诚、粟裕、肖劲光等。此次会议决定,由中央军委牵头成立一个专门的筹备委员会,负责军事博物馆的建筑设计施工、展品收集。筹备委员会主任由肖华担任,刘志坚、强令彬、肖向荣为副主任,周希汉等13 人为筹备委员。① 其中肖华为当时的总政治部主任,刘志坚为解放军总政治部副主任,肖向荣为中央军委办公厅主任。另据 1959 年 4 月 3 日的一份中国人民解放军总政治部文件,经当年的第 167 次中央军委会讨论决定,正式将该博物馆命名为"中国人民革命军事博物馆",报请中央备案。② 由此可见军事博物馆的政治地位及中央与军方的高度重视。

经过前期的讨论与调研,最终决定军事博物馆在复兴门外木樨地以西动工兴建。博物馆主体建筑由陈列厅、兵器馆、电影厅、露天陈列场等建筑组成。博物馆占地约 8 公顷,建筑面积达 6 万多平方米。除两侧的陈列厅之外,其中部主体建筑高 7 层,在设有高塔的顶部安装有巨大的中国人民解放军军徽,成为整个建筑最具标识性的特色,给人留下深刻印象。博物馆正面设计有前广场,成为博物馆的"礼仪性空间",用作欢迎国外军政领导人检阅三军仪仗队的场地。军事博物馆工程建设历时十个月,在 1959 年 7 月底全部竣工。③ 从兴建过程来看,军事博物馆是仅次于天安门广场与人民大会堂的重点工程,投入巨大。中央军委专门成立了军事博物馆建筑工程指挥部,同时相关单位共同合作编制了《军事博物馆基础施工方案》。该方案又具体包括基础施工、冬季施工与混凝土操作、装修、抹灰、兵器馆拱模工程、琉璃檐口、水磨石、军徽与军徽座安装、花岗石、结构施工、大理石施工等 11 个具体施工方案。④ 从这些具体方案中提出的技术指标与施工的技术细节来看,整个工程的施工难度是比较大的。例如,据档案记载,以冬季施工技术为例,在当时的中国并没有冬季施工的成熟经验可借鉴,但由于施

---

① 参见军事博物馆网站,http：//www. jb. mil. cn/jbgk/hhlc_ 2190/。
② 参见军事博物馆网站,http：//www. jb. mil. cn/jbgk/hhlc_ 2190/。
③ 北京建设史书编辑委员会编辑部：《建国以来的北京城市建设资料》第五卷(内部资料),1992,第 285~286 页。
④ 中国人民革命军事博物馆建筑工程指挥部、总后方勤务部直属工程公司编《军事博物馆基础施工方案》,1959。

工时间较为紧张，必须在冬季施工。中国的施工人员后来是在苏联专家的指导与帮助下才逐步掌握这一技术的。此前为筹建苏联展览馆，1953 年就有苏联大批建筑与工程技术专家援华。其中苏联专家在技术上对中方加以指导，其重要内容之一就是冬季施工问题。1953 年曾担任苏联展览馆建筑设计专家的郭赫曼曾在北京建筑专科学校作报告，题目是"苏联展览馆的冬季施工问题"。郭赫曼在报告中指出，"砖石结构在冬季施工可以如夏季一般进行，但灰浆必须有适当的温度。莫斯科比北京冷，苏联在零下 25 度照常进行砌砖的冬季施工，因此北京应当没问题。冬季进行水泥施工——暖棚法、自热法，苏联展览馆以使用暖棚法最为经济。"[①] 有了此前的成功范例，为保证工程进度，军事博物馆在建设过程中也采取了冬季施工法，同时在施工之前对施工人员进行了集中培训，保证了施工效果。

此外，在建筑材料的选择上，军事博物馆从建筑美观及艺术效果出发，其选材中大理石的用量较多，施工组也曾专门研究讨论如何铺设大理石，为此还成立了专门的备料组与施工队。在施工方案中我们看到，大理石地板的安装及如何灌浆、楼梯踏步板大理石的安装、中央大厅的大理石栏板安装等都有专门的方案。再如军事博物馆标志性的尖塔红星式风格，设计组专门为其设计了三套方案。设计过程中建筑造型曾几次修改，外形轮廓逐渐加粗加高，而最后的结构方案也由钢结构演进到钢筋混凝土结构。军徽的设计更是别具匠心，在施工技术方面也有更高的要求。据此后的技术报告，军事博物馆"八一"军徽的钢骨架构造，可分为圆环、五星、基座、斜撑、垫板、钢板铜箍、基座螺栓以及构造上的辅助杆件等 8 个部分。军徽直径为 6 米，全重约 9 吨（包括建筑装修），安装在接近百米的高空，其基座为钢筋混凝土筒壁的顶端，故在设计及构造上对基座的处理尤其高，对材料的刚度要求亦高。[②]

正如 1959 年出版的《军事博物馆基础施工方案》所指出的："军事博

---

① 《彭真等同志与苏联专家和有关负责同志座谈苏联展览馆工程问题的记录》，1954 年 6 月，北京档案馆藏，档案号：1-6-784。

② 吴国桢：《中国人民革命军事博物馆工程结构设计介绍》，《土木工程学报》1959 年第 9 期。

物馆是一个具有国际观瞻而有重大政治意义的建筑物,它显示出我国10年来在建筑上的高度艺术水平,既要有巍峨壮丽的轮廓,又要有优雅精致的内容,军徽的顶端,拨地94.7米,是北京市目前较高的建筑物,它比景山要高32米,比北京饭店要高60多米,可以充分表现出解放军斗志昂扬,百战百胜的英雄气概。全馆形状,与北京展览馆大同小异,但建筑面积要超过一倍。博物馆正面外部是10000平方米的广场,正门前有直径27米12个花瓣形的喷水池,两侧各有雕塑群像一座,东为军工参加社会主义建设的形象,西为军民团结相敬相爱的素描,正门两侧有石膏塑像二,东面是海陆空捍卫祖国的英姿,西面是工农妇女全国皆兵的写照。"[1]

二 工业遗产与"苏联式"建筑群

从1953年到1962年的两个"五年计划"期间,北京工业规模迅速扩大。十年期间累计投资34.9亿元,建成工业厂房约510万平方米。尤其是1958年至1960年的3年"大跃进"时期,工业建设规模更为突出,新建工厂多达800余个,建成厂房建筑面积多达299万平方米之多,平均每年建成厂房近100万平方米。[2] 从工业厂房的分布情况来看,主要集中在城郊。远郊区的工业企业占全市所有工业企业的52.6%,近郊区占31.7%。其中近郊区又分为东郊、南郊、西郊与东北郊四个主要工业区。如西郊石景山工业区重点建设了以首都钢铁公司为主的冶金、电力、机械、建材等重工业基地;东北郊酒仙桥工业区则是以电子工业为主的新工业区。该区工业用地约5平方公里,建有电子管厂等工厂约40个。[3] 其中,北京"一五""二五"期间最重要的工业建设包括苏联援建的5项重点工程:北京热电厂、北京有

---

① 中国人民革命军事博物馆建筑工程指挥部、总后方勤务部直属工程公司编《军事博物馆基础施工方案》,1959,第2页。

② 北京建设史书编辑委员会编辑部:《建国以来的北京城市建设资料》第五卷(内部资料),1992,第6页。

③ 北京建设史书编辑委员会编辑部:《建国以来的北京城市建设资料》第五卷(内部资料),1992,第10~11页。

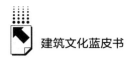
线电厂（738厂）、北京电子管厂（774厂）、北京大华无线电仪器厂（768厂）、首都机械厂（211厂）。这些厂房因苏联援建的背景，很多建筑设计体现出苏联式建筑的特色。

　　1956年10月15日正式开工投入生产的北京电子管厂是我国新建的第一座现代化电子管厂。北京电子管厂的中西结合式的"苏联式"建筑群及其景观构成其工业遗产的一大亮点（见图2）。北京电子管厂的建筑大部分均保留完整，以二到四层的青灰色厂房车间构成其厂房建筑的主体。厂房建筑大多首层较高，大部分呈一字形行列式布局，也有周边用连廊连接的建筑群，工厂园区新建的建筑风格也与之前建筑十分相似。①

图2　1980年代的北京电子管厂全景

　　再如北京有线电厂，也称738厂，据统计，在初建时期其建筑面积28165平方米。经过此后的升级改造，目前依托该厂建设的兆维工业园总建筑面积为18.3万平方米。该园区对原有的工业遗址进行了大规模改造，新

---

　　① 左秀明：《北京酒仙桥地区电子工业遗产研究》，北京建筑大学硕士学位论文，2022。

建了欧式古典风格的办公楼。这一园区内产业资源丰富,既有以兆维大厦为主体的中高档办公用房,也有以"五角大楼"为主体的文化办公楼,还有以西门子、松下大楼为代表的研发及中高级标准工业厂房(见图3)。其中,北京有线电厂的"五角大楼"是其厂区的标志性建筑,其建筑风格为"苏联式",是一座体量巨大的青灰色建筑。该建筑平面呈周边式布局,五座连楼相连形成五边,建筑结构坚固,只有东面留有通道,楼体多为三四层相间,局部由通廊连接。

图3 北京有线电厂"五角大楼"

作为见证新中国成立初期北京工业发展成就的大批"苏联式"工业遗产建筑,一方面具有遗产保护价值,另一方面,以"156工程"为代表的工业项目本身也是中苏友谊的见证,其历史文化内涵可以进一步发掘。

三 教育科研与文化类"苏联式"建筑

1949年定都北京之后,北京市政府很快成立了都市计划委员会负责北京的城市规划。行政中心、工业区与文教区是城市规划的核心内容。1951年12月28日,北京市都市计划委员会副主任梁思成在北京市第三届第三次各界人民代表会议上做了《关于首都建设计划的初步报告》。关于文教区的规划设

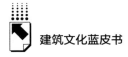
计，报告称"文教区是以原有的清华大学、燕京大学、马列学院、中国人民革命大学及在这一带供应日用商品的最主要的海甸镇为基础而设计的。它西面紧紧毗邻西山一带的休养风景区，西南边是由颐和园到西直门的长河，北边是清河，环境优美，面积八十六平方公里，比北京现有城区还大三分之一（如有必要，将来还可向东发展）。文教区内，计划容纳四十万人，将来有三十余所专科以上学校和文教机构。"① 自 1952 年开始，北京高等院校进行了院系调整。周恩来总理参与指导，教育部等中央部委与北京市合作，在北京西北郊集中规划建设了一批新的高等学校，后来称为"八大学院"，即北京林业学院、北京农业机械化学院、北京矿业学院、北京石油工业学院、北京地质学院、北京钢铁工业学院、北京航空工业学院和北京医学院（见图 4）。②

为实现文教区的统一规划建设，都市计划委员会编制了《文教区建筑的一般规定》，由梁思成先生订正后，以都市计划委员会的名义发给各有关建设设计单位，作为统一各单位建设指导思想的纲领性文件。都市计划委员会还召集各设计单位进行了多次"联合设计"，尽可能在没有具体详细规划控制的情况下，减少各自为政的混乱和相互矛盾。据当时参与文教区规划设计的建筑师张镈的说法，当时文教区联合设计的主要参照对象就是苏联："苏联莫斯科大学的样板，对我们设计人有一定的影响。几乎每座院校都以临学院路作为教学行政区。采取居中为主楼，两侧的四面作为辅楼的形式。"③ 由此可见苏联建筑风格对文教类建筑的影响。

清华大学主楼即一个典型个案。清华大学主楼指的是清华大学校园东区的中央主楼及其东西配楼，建成时总建筑面积逾 78000 平方米，建成后成为清华大学校园内最高大的建筑物，也是清华大学的标志性建筑。清华大学主楼设计自 1954 年开始，1956 年基本确定方案。据刘亦师的考证，清华主楼设计

① 北京市人大常委会办公厅、北京市档案馆编《北京市人民代表大会文献资料汇编（1949~1993）》，北京出版社，1996，第 162~164 页。
② 廖叔俊、庞文弟主编《北京高等教育的沿革和重大历史事件》，中国广播电视出版社，2006，第 45~46 页。
③ 张镈：《我的建筑创作道路》，中国建筑工业出版社，1994，第 85 页。

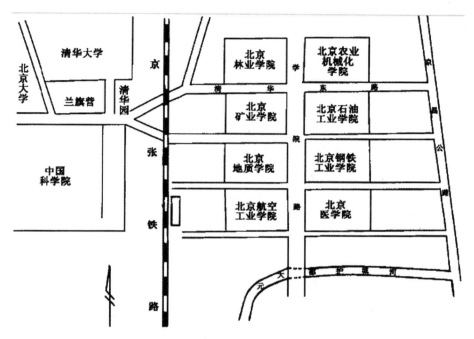

图4 1950年代学院路校区"八大学院"示意

方案经过多次反复。如汪国瑜先生就曾绘制过设计图（见图5），与莫斯科大学主楼中央塔楼的顶部处理几乎一致。到1961年最终选定了14层楼的主楼设计方案（见图6）。清华校长蒋南翔指示一二三层为全校公用，同时借鉴苏联莫斯科大学的做法将校史馆和档案馆与专业展览放在上层。[①] 1963~1966年主楼设计方案又曾三次修改，直至20世纪90年代关肇邺先生对其加以改建，一直维持到现在。

从设立理念来看，清华大学主楼的参照对象就是1953年建成的莫斯科大学新校区主楼。因莫斯科大学旧址位于克里姆林宫对面，用地较为狭促。"二战"结束后苏联政府为展示国力，计划修建一批代表国家形象的标志性高层建筑，莫斯科大学新主楼即其中之一。清华大学主楼在蒋南翔校长的坚

① 刘亦师：《清华大学主楼营建史考述（1954~1966）》，《建筑史》2021年第1期。

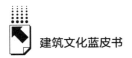

图 5 1954 年汪国瑜先生绘制的清华主楼透视图

图 6 1961 年清华主楼最终选定的 14 层方案效果

持下，其高度与规模虽然不能与莫斯科大学新主楼媲美，但仍是当时国内规模最大的校园建筑。在设计手法上，严格的对称布局、凸显中心的构成原则以及重视平面与立面的主从关系等方面与莫斯科大学主楼完全一致。[①] 值得一提的是，"主楼"这一概念也来自苏联，莫斯科大学主楼的介绍正是其主要源头。由此可见苏联建筑风格对当时中国建筑设计的巨大影响力。

另外，学院路"八大学院"基本上建于1950年代，其主体建筑风格也明显受到苏联模式的影响。如1952年成立的北京钢铁工业学院，刚开始规划时校址还是一片庄稼地，到1958年已建成六层教学大楼和其他建筑共计12万平方米。[②] 据学者研究，北京钢铁工业学院早期的冶金学科发展与苏联专家的支持密不可分。1952~1957年共计有11位苏联专家参与北京钢铁工业学院的冶金学科教学与学科建设，包括课程设置、教学计划与教学大纲的修订、学生实习安排、师资培养与科学研究等，奠定了此后学校发展的基础。[③] 在此背景下，学校的规划建设参考苏联模式似乎顺理成章。北京钢铁工业学院在1953年建设了理化楼、教学楼、学生宿舍及学生实习工厂等建筑，主楼于1955年竣工。在该校1956年的校园规划与建筑平面图上，"主楼"位居学校中心位置。学校整体规划设计也参照了莫斯科大学的模式，即大主楼、大广场、周边式的特点。主楼、教学楼与理化楼都呈现平面规矩、中轴对称、整齐庄严与方正简约的特点。主楼、教学楼、理化楼的外部装饰最初考虑使用中国古典形式的大屋顶，希望从屋面形式上强调中国民族风格，后被重工业部领导制止。后来仿照苏联莫斯科钢铁学院的建筑风格，全部建筑入口都做成拱形，做简单云纹柱头装饰。[④]

20世纪五六十年代规划建设的北京西郊文教区，以清华大学与北京大

---

① 刘亦师：《清华大学主楼营建史考述（1954~1966）》，《建筑史》2021年第1期。

② 建筑工程部建筑科学研究院编《建筑十年——中华人民共和国建国十周年纪念》，1959，第35页。

③ 王丽莉、潜伟：《1952~1957年苏联专家与北京钢铁工业学院的学科建设》，《北京科技大学学报》（社会科学版）2010年第2期。

④ 石新明：《新中国初期单科性工业学院物质文化研究——以北京钢铁学院（1952~1966年）为例》，《北京科技大学学报》（社会科学版）2013年第5期。

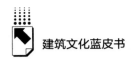
学、中国科学院及"八大学院"为核心，尤其是"八大学院"奠定了此后北京高等教育的基础。从建筑风格上，设置主楼以及主体建筑采取中轴对称、整齐方正的布局模式成为多数高校的主流模式。这也正是"苏联式"建筑影响深远的原因所在。

四　北京"苏联式"建筑遗产保护建议

近现代建筑遗产是城市遗产的重要组成部分，是中国近代史与当代史的重要见证。"苏联式"建筑更是新中国史与社会主义发展史的生动教科书，也是中俄历史友谊的历史见证。因此应当加强其整体保护，充分发掘其历史文化遗产价值并加以活化利用。为此，本报告提出如下建议。

第一，在前期充分调查的基础上，建立系统的北京"苏联式"建筑遗产名录，同时争取逐步进入文物保护的名录。《北京城市总体规划（2016年~2035年）》中明确提出："加强历史建筑及工业遗产保护。挖掘近现代北京城市发展脉络，最大限度保留各时期具有代表性的发展印记。建立评定优秀近现代建筑、历史建筑和工业遗产的长效机制，定期公布名录，划定和标识保护范围，制定相关管理办法。在保护的基础上，创新利用方法与手段。"该规划已经将优秀近现代建筑、历史建筑与工业遗产作为北京历史文化名城保护的重要内容，"苏联式"建筑毫无疑问也在保护的范畴之内。目前，一些标志性"苏联式"建筑已纳入中国 20 世纪建筑遗产项目名录，如北京展览馆、北京电报大楼、中国人民革命军事博物馆、中央广播大厦、北京科技大学近现代建筑群、北京林业大学近现代建筑群、中国石油大学（老校区）、中国地质大学（老校区），值得大力肯定。但这一名录似乎并未进入文物保护体系，缺乏法律保障。如 2016 年 6 月 21 日，中国科学院原子能楼被拆毁。1953 年建成的原子能楼是中关村的第一座现代化科研设施，也称共和国科学第一楼。有两位国家最高科学技术奖获得者、6 位"两弹一星功勋奖章"获得者，数十位泰斗级院士都曾在此工作，这里也衍生出了一大批重要的核科学和物理学研究机构。中国科学院院史研究室原主任樊洪业认为,该楼具有不可再生的历史文物价值。此前一天,《科技日报》以"京城之大,容得下小小的原子能楼吗?"为题进行了报道,但还是未能挽回该建筑被拆毁的命运。原子能楼是新中国历史的重要见证,也有一定程度的"苏联式"风格,未纳入文物保护体系应当是其被拆毁的因素之一。还有大批建于 1950 年代的"苏联式"工业遗产建筑及科研教学建筑也存在被拆毁改建的风险。

第二,加强学术研究,深入发掘其历史文化遗产内涵与价值。从北京城市史的研究来看,先秦直至明清时期的城市史研究均较为充分,近现代城市史研究明显不足。这在一定程度上制约了近现代遗产保护体系的建立及其遗产内涵的发掘。北京从传统帝都向近代城市的转变,直至新中国成立建设"新北京"的规划与建设思想及其实践,都需要深入发掘。"苏联式"建筑是我们加强新中国城市史与新中国建筑遗产研究的极佳切入点,是讲好中国故事的重要抓手,其意义不容忽视。

第三,北京与莫斯科作为长期友好城市,"苏联式"建筑可以作为中俄历史友谊的见证,深化两市的文化交流,同时助力两国的民间外交。1995年,北京市与莫斯科市正式缔结友好城市关系,2025 年即将迎来 30 年的纪念日。2024 年 6 月,北京市市长殷勇与莫斯科市市长谢尔盖·索比亚宁签署了北京市与莫斯科市合作计划(2024~2026),索比亚宁称双方将在经贸、文化、旅游、城市治理等领域深化合作,推动两市友好关系迈上新台阶。以此为契机,发掘北京城市史上的"苏联印记",可以助力两市及两国关系的发展。

发 展 篇 🔳

B.7
北京老城保护和城市更新模式研究报告

赵长海*

摘　要：　2017 年是在北京老城保护发展史上具有重要意义的一年，随着北京新版城市总体规划的发布实施，北京老城进入整体保护的新阶段。自 2010 年开始，北京老城在多片历史文化街区内，启动了区别于"危改带开发"的老城保护更新模式的探索，这些探索为北京老城保护和城市更新试点项目的启动积累了经验。2019 年至今，历时 5 年，以菜西试点项目为样本，启动了 27 个保护更新项目，完成了 7900 余户的人口疏解，确保了北京新版城市总体规划的稳步实施。腾退修建带运营的新模式是通过实施申请式退租、申请式改善、保护性修缮和恢复性修建、腾退空间利用，达到人居环境改善、传统风貌延续、资金投入平衡的既定目标的一种城市更新模式。通过对多个项目全过程实践、跟踪式研究、长期性总结，本文对腾退修建带运营模式的形成发展历程进行了详细梳理，对过往经验教训开展了深入总结，对未来发展方向提出了建议，以促进这一模式不断地自我调整和自我完善。

---

* 赵长海，北京金恒丰城市更新资产运营管理有限公司规划设计主管，高级工程师，一级注册建筑师，主要研究方向为北京四合院、北京老城保护和城市更新。

关键词： 老城保护　城市更新　腾退空间利用

一　绪论

（一）北京老城保护和城市更新模式研究背景

1. 北京文化中心建设走上新高度

文化中心是北京城市功能的重要定位之一，传统文化是北京文化中心建设重要的组成部分，传统胡同四合院是北京传统文化的核心载体，伴随着危改的持续推进，北京老城传统胡同四合院存量仅占北京老城的 22%，2017年新一版城市总体规划发布之后，老城现有传统胡同四合院得到了最大限度的保留，北京文化中心建设走上新高度。

2. 北京老城整体保护打开新局面

2017 年发布实施的《北京城市总体规划（2016 年～2035 年）》是北京老城保护和城市更新的重要纲领性文件，是北京老城保护和城市更新的顶层设计。顶层设计要求"老城不能再拆了"，明确历史文化街区将在原有的 33片历史文化保护区基础上逐渐扩容，通过推动老城整体保护与复兴，将北京老城建设成为承载中华优秀传统文化的代表地区，北京老城整体保护打开新局面。

3. 北京老城保护更新探索新模式

在北京老城保护的上一个周期，北京老城是以解危排险或棚户区改造为实施路径的拆旧建新的增量更新模式，《北京城市总体规划（2016 年～2035年）》的实施标志着这一模式的终结。在减量发展、存量更新背景下，以申请式退租、申请式改善、保护性修缮和恢复性修建、腾退空间利用为实施路径的腾退修建带运营模式正在逐渐成熟。新旧模式完成转换，北京老城保护更新探索出了新模式。

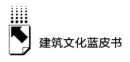

4. 北京老城风貌延续推出新措施

2017 年实施的《北京城市总体规划 (2016 年~2035 年)》明确，将核心区内具有历史价值的地区规划纳入历史文化街区保护名单，通过腾退、恢复性修建，做到应保尽保，最大限度留存有价值的历史信息。"恢复性修建"首次正式提出，成为最大限度留存有价值的历史信息、历史文化街区中普通四合院更新的有效措施。传统老城风貌的延续是北京老城保护更新的核心目的，在具体实践过程中，针对北京老城传统风貌延续推出了新措施。

5. 北京老城保护更新产生新问题

自 2017 年以来，"保护北京特有的胡同—四合院传统建筑形态，老城内不再拆除胡同四合院"的总体要求得到了贯彻执行，在北京老城保护和城市更新的具体实施层面，尚有诸多问题需要解决。申请式退租产生的共生院，恢复性修建带来的风貌破坏，腾退空间利用过程中的资金平衡难等一系列问题，是北京老城保护更新新模式实施过程中产生的新问题，这些问题纷繁复杂，有的还没有得到全面的认识，需要在持续推进过程中进行全面的认识和系统的解决。

（二）北京老城保护和城市更新模式研究的意义

1. 梳理提炼北京老城保护和城市更新模式实施的路径

2017 年新版北京城市总体规划正式实施以来，北京老城保护更新模式发生转换，本文通过对老城保护和城市更新项目，在对申请式退租、保护性修缮和恢复性修建、腾退空间利用等模块实施路径的分析和研究基础上，梳理提炼出规划可支持、居民可接受、资金可支撑、形式可推广的保护更新模式的目标要求。

2. 总结归纳北京老城保护和城市更新模式实践的经验

本文以项目实践和实地调研为抓手，在总结和梳理保护更新项目实践经验的基础上，对各个保护更新项目在申请式退租、申请式改善、保护性修缮和恢复性修建、腾退空间利用等模块实践经验，进行总结和归纳，为北京老城保护和城市更新从业者的相关工作提供参考和借鉴。

3. 分析研究北京老城保护和城市更新模式存在的问题

自 2019 年北京老城保护和城市更新试点项目批复实施以来，已进行了多个项目的实践探索，保护更新新模式逐渐形成并不断发展。通过对保护更新模式系统的分析和研究，可以及时发现保护更新模式存在的问题和不足，并结合实际情况及时调整，避免社会资源的浪费。

4. 初步提出北京老城保护和城市更新模式优化的建议

通过对北京老城保护更新模式的系统研究，本文在项目前期谋划、人居环境改善、传统风貌延续和腾退空间利用四个层面，针对新形势下探索出的保护更新模式存在的问题和不足，尝试性地提出了一些优化建议，供老城保护更新的相关人员参考和借鉴。

（三）北京老城保护和城市更新模式研究内容

腾退修建带运营的老城保护和城市更新模式是本文研究的主要内容。通过对 2017 年北京新版总体规划发布以来实施的北京老城保护和城市更新项目的系统研究，总结提炼出新的保护更新模式——腾退修建带运营模式，并对腾退修建带运营模式的发展演变历程、实施路径、决策模式进行了总结。

二 北京老城保护和城市更新模式发展脉络

北京建城已有 3000 余年，建都亦 850 年有余。金海陵王 1153 年建立金中都，元世祖忽必烈建大都，明成祖朱棣建设并迁都北京，经过明清时期的发展，北京成为当时世界城市规划建设和社会经济发展成就最高的都城之一。

自明成祖于 1406 年筹划迁都并开始北京城的建设，到 1553 年嘉靖皇帝加筑外城，到通过 1750 年《乾隆京城全图》可详见的清中期的北京，北京一直处在一个增量发展的时代。

这一状态一直延续到清朝末期，清末封建社会已是强弩之末，各种先进

的社会思潮萌芽并生长，各种势力此消彼长，到 1840 年鸦片战争之后，北京开始产生适应"现代生活"的主动或被动的城市改造。民国时期北平的建设是清崩之后北京的一次发展飞跃。1949 年以来，在北京旧城基础上建设新首都，拉开了老城区大规模改造的序幕，一直到现在历经 70 多年的探索实践，北京探索了危房改造、有机更新、微循环等多种模式的城市更新。总结起来，北京的城市更新主要经历了五个阶段。

（一）清朝末期的城市改造

19 世纪中叶鸦片战争开启了中国社会的动荡，对近代中国产生多方面而深刻的影响。它不仅改变了中国的政治、经济、文化、思想，也改变了中国知识分子和人民的视野，对中国现代化进程产生复杂而深远的影响。这些影响物化于城市，带来了城市形态的巨大改变。

自 1860 年第二次鸦片战争之后，在北京东交民巷设立使馆区，以北京城原设计未有之功能和建筑形式的植入，原设计未有之建筑规模和人口数量的增加，原设计未有之胡同肌理和老城底色的改变，原设计未有之文化内涵和文化价值的冲突为特征的城市改造，是北京"老城城市更新"的肇始，这一阶段以对城市的改造为主，老城保护尚不可能被顾及。

（二）民国时期的旧都改造

民国以来社会制度剧变，城市发展，人口激增，文化冲突，观念进步。开始对城市功能进行改造，胡同肌理有所调整，院落数量显著增加，院落格局渐趋完整，院落等第观念破除。

民国时期的旧都改造是北京城为适应新生活而进行的大规模、主动更新的开始。社会制度的改变，新思想的东渐是民国时期旧都改造的根本动因。旧都改造是为适应北京逐渐到来的"现代生活"所做的主动的改造，这是一次自上而下的，有组织有计划的，兼顾现代生活便利、传统文化继承和传统风貌延续的改造，保护和更新得到兼顾。

（三）中华人民共和国成立到改革开放的城市建设

1949 年 10 月，在战火下得以保全的北京城，延续其国家首都的功能，国之初创百废待兴，作为新中国的首都，北京迫切需要调整城市布局，改造城市面貌，以匹配新的意识形态下政治、经济、社会发展的需要。

中华人民共和国从成立到改革开放这段时间，北京老城的城市建设主要有两个方面：一是长安街沿线的规划和建设；二是在青年湖、金鱼池、安化北里、北营房、黑窑厂等片区采用滚雪球式随拆随改模式进行的危房改造和环境整治。

（四）改革开放至21世纪初期的城市更新

改革开放以后，随着社会的发展、经济的提升、文化的融合和思想的解放，城市居民对居住环境和物质享受有了更高的要求，现代意义的城市更新模式开始产生，为缓解人口急剧增加带来的住房紧张和不断积累的环境问题，北京以举办亚运会和奥运会为契机，对老城进行了全面的提升改造。

这一时期城市更新采取了开发带危改、文保带危改、市政带危改、房改带危改等多种模式。这些模式是通过成片区的拆除平房四合院，建设居住小区来完成居住环境改善。

2010 年在前门东片区、杨梅竹斜街、白塔寺、南锣鼓巷四条胡同四个片区进行的历史文化保护区保护更新试点，为北京老城保护和城市更新新模式的探索做了必要的准备。

（五）2017年以来的老城保护和城市更新

2017 年新版城市总体规划的发布标志着北京的城市更新进入了一个新的阶段，根据发展需要重新明确了北京城市的战略定位，并将老城的整体保护提升到一个新的高度，北京老城的保护与更新并重，不再推进单纯的城市更新项目，老城保护和城市更新成为这一阶段探索的新模式。

经过两年的总结和酝酿，2019 年在雨儿胡同和菜市口西片启动了老城

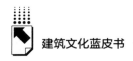

保护和城市更新试点项目，这是在"老城总体保护""老城不能再拆了"的总体要求下，进行的新模式的探索，对新模式的要求是"规划可支持、资金可保障、群众可接受"。

通过探索，在北京老城传统平房区内开展申请式退租、申请式改善、保护性修缮和恢复性修建、腾退空间利用工作，形成了老城保护和城市更新新模式——腾退修建带运营。

三 腾退修建带运营模式研究

2017年是在北京老城的保护发展史上具有重要意义的一年，随着北京新版城市总体规划的发布实施，北京老城进入整体保护的新阶段。自2012年开始，在白塔寺、前门西区、南锣鼓巷、前门东区4片历史文化街区内，就开始了区别于当时"危改带开发"等模式的老城保护和城市更新新模式的探索，这些探索为2019年北京老城保护和城市更新试点项目的启动积累了经验。

2019年启动菜市口西片和雨儿胡同试点项目以来，北京老城已经陆续启动了26个申请式退租项目和1个申请式换租项目。2019~2023年，通过城市更新项目的实施，北京老城已完成核心区平房（院落）申请式退租（换租）签约7900余户，完成平房修缮改建7190余户。① 经过5年的发展和沉淀，腾退修建带运营的北京老城保护和城市更新新模式已经成型。

（一）腾退修建带运营模式介绍

1. 基本概念

腾退修建带运营模式是指通过申请式退租完成人口疏解和异地改善，通过保护性修缮和恢复性修建完成风貌延续和在地改善，通过腾退空间利用实

---

① 《市政协委员建议扩大申请式腾退修缮政策支持范围 北京已在20个地区开展申请式退租》，http：//www.bjzx.gov.cn/zxgz/zxdt/202304/t20230418_44323.html。

现项目资金平衡的北京老城保护和城市更新模式。

申请式退租：公房承租人遵循"居民自愿、平等协商、公开公平、适度改善"的原则，与公房管理单位解除承租关系，将房屋交给政府授权的保护更新实施主体，从实施主体处取得退租补偿的过程。

保护性修缮和恢复性修建：2017年北京新版总体规划正式提出"恢复性修建"的概念，2021年北京市发布实施的《关于首都功能核心区平房（院落）保护性修缮和恢复性修建工作的意见》①，将恢复性修建细分为保护性修缮和恢复性修建，明确了各自的定义——保护性修缮是指对现存建筑格局完整、建筑质量较好、建筑结构安全的房屋院落进行修缮，对存在安全隐患的房屋进行维修，通过结构加固、设施设备维修和改造提升等方式，恢复传统风貌、优化居住及使用功能。保护性修缮项目原则上不增加原房屋产权面积、建筑高度，不改变原房屋位置、布局及性质。保护性修缮包括翻建、大修、中修、小修和综合维修。翻建需办理规划审批手续；大修、中修、小修、综合维修无须办理规划、土地审批手续。恢复性修建是指对传统格局和风貌已发生不可逆改变或无法通过修缮、改善等方式继续维持传统风貌的区域，依据史料研究与传统民居形态特征规律，对传统格局和风貌样式进行辨析，选取有价值的要素，适度采用新材料新技术新工艺，进行传统风貌恢复的建设行为。恢复性修建需办理相关审批手续。

腾退空间利用：实施主体将完成申请式退租后的房屋，进行保护性修缮或恢复性修建后，将实施片区胡同四合院的空间价值及其承载的文化价值进行价值转换的过程，空间价值转化通过房屋租赁和自营商业完成，文化价值的转化主要通过文创产品开发和销售完成。

2. 发展历程

在北京老城保护的上一个周期，针对胡同四合院实行的是以解危排险或棚户区改造为路径的"危改带开发"的增量更新模式。

---

① 《关于首都功能核心区平房（院落）保护性修缮和恢复性修建工作的意见》，https://www.beijing.gov.cn/zhengce/zhengcefagui/202106/t20210617_ 2414558.html。

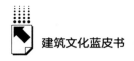

2017 年是北京四合院保护和利用具有里程碑意义的一年，这一年发布的新的总体规划明确北京老城内不再拆除平房四合院，已危改立项的正在实施拆迁腾退的项目全部停滞，经过 2019 年菜西试点项目的探索，此类危改遗留项目陆续转变为腾退修建带运营模式的老城保护和城市更新项目。

在存量更新、减量发展背景下，以申请式退租、保护性修缮和恢复性修建、腾退空间利用等为实施路径的腾退修建带运营的老城保护和城市更新模式，满足"规划可支持、居民可接受、资金可支撑、形式可推广"的目标要求，随着不断的调整和优化正在逐渐成熟，经过 5 年的发展，北京老城城市更新新旧模式已经完成转换。

腾退修建带运营模式在形成和发展的 5 年间，自身也在不断地调整和优化，在前期谋划阶段，财政资金经历了从按项目总投资 40% 进行支持到按退租面积 7 万元/m² 进行支持的调整；在申请式退租环节，经历了从"居民自愿、平等协商、公开公平、适度改善"到"居民自愿、平等协商、整院实施"的调整；在规划建设环节，经历了从恢复性修建到保护性修缮和恢复性修建的不断完善；在腾退空间利用环节，正在经历消费升级和业态准入要求的不断提升。

3. 配套政策

（1）2017 年 8 月 14 日《关于清理我市危改遗留项目的若干意见》发布。

（2）2017 年 9 月 27 日《北京城市总体规划（2016 年～2035 年）》发布。

（3）2019 年 1 月 15 日《关于做好核心区历史文化街区平房直管公房申请式退租、恢复性修建和经营管理有关工作的通知》发布。

（4）2020 年 4 月 21 日《北京老城保护房屋修缮技术导则（2019 版）》发布。

（5）2020 年 8 月 30 日《首都功能核心区控制性详细规划（街区层面）（2018 年～2035 年）》发布。

（6）2021年1月27日《北京历史文化名城保护条例》审议通过。

（7）2021年3月26日《关于首都功能核心区平房（院落）保护性修缮和恢复性修建工作的意见》发布。

（8）2021年6月10日《北京市人民政府关于实施城市更新行动的指导意见》发布。

（9）2021年9月1日《北京市城市更新行动计划（2021~2025年）》发布。

（10）2021年12月29日《关于核心区历史文化街区平房直管公房开展申请式换租有关工作的通知》印发。

（11）2022年5月18日《北京市城市更新专项规划（北京市"十四五"时期城市更新规划）》发布。

（12）2022年8月10日《东城区平房（院落）保护性修缮和恢复性修建试点项目工作细则（试行）》发布。

（13）2022年3月22日《北京市新增产业的禁止和限制目录（2022年版）》发布。

（14）2022年11月25日《北京市城市更新条例》公布，自2023年3月1日起施行。

（15）2024年2月7日北京市西城区人民政府印发《西城区平房（院落）保护性修缮和恢复性修建试点项目实施细则（试行）》。

（16）2024年4月10日《北京市城市更新实施单元统筹主体确定管理办法（试行）》《北京市城市更新项目库管理办法（试行）》《北京市城市更新专家委员会管理办法（试行）》印发。

（二）腾退修建带运营模式实施路径

腾退修建带运营模式通过前期谋划、申请式退租、申请式改善、保护性修缮和恢复性修建、腾退空间利用5个模块完成。各个模块有各自的目标和工作要点，具体腾退修建带运营模式实施框架见图1。

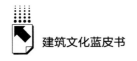
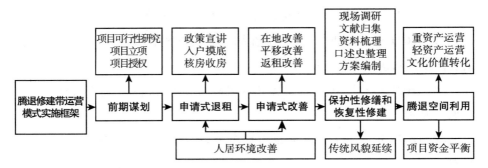

图1 腾退修建带运营模式实施框架

1. 申请式退租实施路径

申请式退租从入户摸排到正式张贴"致居民的一封信"再到签约退租直至搬家腾房，通过不断地总结和调整，形成了一整套非常成熟的流程，不同的实施主体在各个环节采取的组织措施的不同，取得的退租成果也有非常大的区别。申请式退租的基本操作流程，各个项目基本一致，根据各个项目张贴的申请式退租公告和申请式退租手册，本文对申请式退租实施路径及关键节点进行了梳理，详见图2。

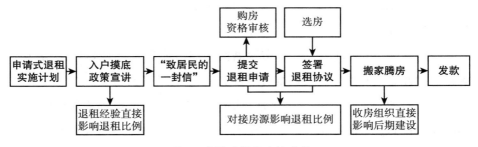

图2 申请式退租实施路径

2. 保护性修缮和恢复性修建实施路径

保护性修缮和恢复性修建从综合实施方案的编制到入院摸排周边居民情况制定民扰和扰民预案，再到施工单位进场直至竣工验收交付运营，流程在不断地优化和完善，通过对已启动的保护更新项目保护性修缮和恢复性修建模块的系统研究发现，实施主体对保护性修缮和恢复性修建的认识，设计管理人员和工程技术人员的结构配给和知识储备，施工过程中的组织和管理，对保护性修缮和恢复性修建的成果有非常大的影响，本文根据工程实践对保护性修缮和恢复性修建实施路径及关键节点进行了总结，详见图3。

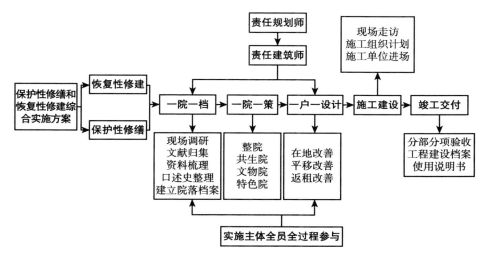

图3　保护性修缮和恢复性修建实施路径

3. 申请式改善实施路径

申请式改善①是保护更新实施主体为破解共生院难题，针对共生院留住居民改善居住环境的需求，提出的一项惠民措施。通过申请式改善，居住环境改善机制可以覆盖所有居民。共生院的保护性修缮和恢复性修建要结合申请式改善整体推进，申请式改善实施路径及关键节点详见图4。

4. 腾退空间利用实施路径

腾退空间利用从方案的编制到目标客户储备，再到确定客户直至入驻开业，流程在不断地优化和完善，腾退空间利用环节是保护更新项目成败的关键环节，具有周期长、运营资产零散的特点，通过对已启动的保护更新项目腾退空间利用模块的系统研究发现，实施主体的组织架构、运营机制，对运营效率有直接的影响。腾退空间利用实施路径及关键节点详见图5。

---

① 申请式改善模块仅在菜西试点项目中实施，其他项目没有推广，本文不做重点研究。

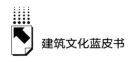

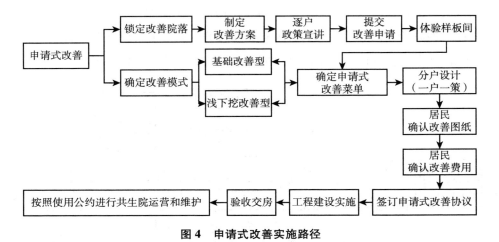

图4 申请式改善实施路径

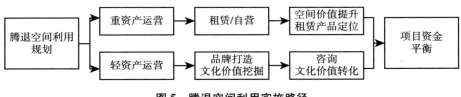

图5 腾退空间利用实施路径

（三）腾退修建带运营模式评估模型

1. 申请式退租评估模型

影响老城保护和城市更新项目申请式退租成果的因素非常多，根据事后对项目的调研和总结，公房承租居民退租的主要动机有：①申请式退租是公房变现的唯一机会；②通过申请式退租扩大居住面积，改善居住环境。选择留住的居民考虑的主要因素有：①孩子需要在东城、西城上学；②家庭内部矛盾不能达成一致意见。在申请式退租正式启动前，根据摸排情况，对项目进行事前评估，可以对项目整体计划的制订提供参考依据，具体评估方法详见表1。

表 1　申请式退租项目评估模型

指标体系	项目情况	得分	指标权重	建议评价标准		
一、核心指标（50%）						
房源位置			20%	四环至五环 80～100 分	五环至六环 60～80 分	六环外 60 分以下
户均面积			20%	户均面积 15 平方米以下 80～100 分	户均面积 15～20 平方米 60～80 分	户均面积 20 平方米以上 60 分以下
房屋质量			10%	房屋状况差 80～100 分	房屋状况一般 80～100 分	房屋状况良好 60 分以下
二、居民类指标（30%）						
退租意愿比例			10%	强烈 90 分	一般 60 分	冷淡 30 分
空挂户比例			10%	简单 90 分	一般 60 分	复杂 30 分
老龄化比例			10%	老龄化比例 50%以上 80～100 分	老龄化比例 40%～50% 60～80 分	老龄化比例 低于 40% 60 分以下
三、房屋类指标（20%）						
公私比例			3%	公房占比 50%以上 80～100 分	公房占比 45%～50% 60～80 分	公房占比 低于 45% 60 分以下
自建房比例			3%	自建房比例 50%以下 80～100 分	自建房比例 50%～100% 60～80 分	自建房比例 100%以上 60 分以下
空置比例			4%	空置比例 1%以下 80～100 分	空置比例 1%～10% 60～80 分	空置比例 10%以上 60 分以下
转租转借比例			3%	转租转借比例 10%以下 80～100 分	转租转借比例 10%～30% 60～80 分	转租转借比例高于 30% 60 分以下
对接房源户型			4%	户型多样且合理 80～100 分	户型单一、合理 60～80 分	户型单一 60 分以下
共有产权比例			3%	居民产权占 40%～60% 80～100 分	居民产权比例高于 60%或低于 40% 60 分以下	—
合计分数						

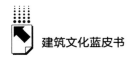

2. 保护性修缮和恢复性修建评估模型

保护性修缮和恢复性修建是北京老城传统风貌延续的措施，影响保护性修缮和恢复性修建的因素主要有胡同四合院理论体系是否完善，最主要的是胡同四合院保护性修缮和恢复性修建关系人的主观意识，通过对关系人影响因素的量化，可以系统了解腾退修建带运营模式在保护性修缮和恢复性修建模块的情况，具体评估方法详见表2。

表2　保护性修缮和恢复性修建评估模型

指标体系	项目情况	得分	指标权重	建议评价标准		
一、核心指标（50%）						
项目区位			20%	历史文化街区内有保护规划 80~100分	历史文化街区内无保护规划 60~80分	非历史文化街区 60分以下
整散比			20%	整院比例大于50% 80~100分	整院比例为30%~50% 60~80分	整院比例小于30% 60分以下
房屋质量			10%	房屋状况良好无三四类房屋 80~100分	房屋状况一般三四类房屋小于20% 60~80分	房屋状况差三四类房大于20% 60分以下
二、实施主体指标（30%）						
组织架构			10%	技术架构完整，专业人员齐备 80~100分	技术架构基本完整，专业人员基本齐备 60~80分	技术架构不完整，专业人员不齐备 60分以下
技术经验			10%	实施经验丰富、技术积淀深厚 80~100分	实施经验一般、技术积淀一般 60~80分	实施经验少、技术积淀差 60分以下
技术决策			10%	专业技术意见对决策有影响 80~100分	专业技术意见对决策的影响一般 60~80分	专业技术意见对决策无影响 60分以下
三、配合单位指标（20%）						
设计单位			10%	经验丰富，配合度高 80~100分	经验丰富，配合度一般 60~80分	经验一般，配合度不高 60分以下

续表

指标体系	项目情况	得分	指标权重	建议评价标准		
三、配合单位指标(20%)						
监理单位			5%	经验丰富, 配合度高 80~100分	经验丰富, 配合度一般 60~80分	经验一般, 配合度不高 60分以下
施工单位			5%	经验丰富, 配合度高 80~100分	经验丰富, 配合度一般 60~80分	经验一般, 配合度不高 60分以下
合计分数						

3. 腾退空间利用评估模型

腾退空间利用直接关系到项目资金的平衡状况,通过对目前老城保护和城市更新项目腾退空间利用状况的调研,梳理出影响腾退空间利用的主要因素,一是资产本身的价值,二是运营团队的认知和能力,为了更好地评估腾退修建带运营模式腾退空间利用模块的运营状况,为项目整体计划的制订提供参考依据,本文尝试搭建了评估模型对腾退空间利用进行评估,具体评估方法详见表3。

表3 腾退空间利用评估模型

指标体系	项目情况	得分	指标权重	建议评价标准		
一、核心指标(50%)						
资产规模			20%	预估收益可覆盖 成本,有盈余 80~100分	预估收益 可覆盖成本 60~80分	预估收益 不能覆盖成本 60分以下
整院占比			20%	整院比例 大于50% 80~100分	整院比例 为30%~50% 60~80分	整院比例 小于30% 60分以下
项目区位			10%	邻近商圈, 有学区概念 80~100分	邻近商圈, 无学区概念 60~80分	不邻靠商圈, 无学区概念 60分以下

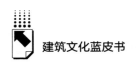

续表

指标体系	项目情况	得分	指标权重	建议评价标准		
二、组织类指标（30%）						
组织架构			10%	运营架构完整，专业人员齐备 80~100分	运营架构基本完整，专业人员基本齐备 60~80分	运营架构不完整，专业人员不齐备 60分以下
运营经验			10%	运营经验丰富、客户储备深厚 80~100分	运营经验一般、客户储备一般 60~80分	运营经验少、客户储备少 60分以下
经营决策			10%	运营专业意见对决策有影响 80~100分	运营专业意见对决策的影响一般 60~80分	运营专业意见对决策无影响 60分以下
三、运营类指标（20%）						
轻资产运营			10%	品牌价值凸显，运营模式成熟 80~100分	品牌价值一般，运营模式不成熟 60~80分	无轻资产运营 60分以下
租赁情况			5%	租赁比例高，租金水平高 80~100分	租赁比例一般，租金水平一般 60~80分	租赁比例低，租金水平差 60分以下
自营情况			5%	自营规模高，盈利情况好 80~100分	有自营，盈利情况一般 60~80分	无自营 60分以下
合计分数						

四 北京老城保护和城市更新项目调查分析及典型研究

（一）北京老城保护和城市更新项目调查分析

1. 项目调查研究目的

自 2017 年新版北京城市总体规划——《北京城市总体规划（2016 年~2035 年）》发布实施以来，为在"老城不能再拆了"的总体要求下，继续推进北京老城的保护和城市更新，盘活停止的拆迁遗留项目，改善历史文化街区内的人居环境，2019 年北京市在菜市口西片启动了老城保护和城市更新试点项目，试点通过申请式退租、申请式改善、保护性修缮和恢复性修建、腾退空间利用工作，形成了"规划可支持、资金可保障、群众可接受"的老城保护和城市更新模式。

根据北京市城市更新目标，到 2025 年，要完成首都功能核心区平房（院落）10000 户申请式退租和 6000 户修缮任务。[①] 这就意味着，将有大量的人力、物力和财力持续投入保护更新项目中。大量的可利用空间将通过保护更新腾挪出来，本研究通过对老城城市更新项目的全面研究，将推动保护更新资金统筹把控和腾退空间利用的合理布局。

自试点项目开展之后的 5 年时间里，已经有 26 个项目参照菜市口西片老城保护和城市更新试点项目的模式启动老城保护和城市更新。本文通过系统收集各种公开信息资料，整理归纳之后，与社会共享，以便于社会机构、科研院所和个人对北京老城保护和城市更新进行更加深入的研究总结。

2. 项目调查情况概述

自 2019 年菜市口西片老城保护和城市更新试点项目试点成功以来，截至 2024 年底，以试点项目为样本，北京老城已经陆续启动了 26 个申请式退租项目和 1 个申请式换租项目。

2019 年以来实施的老城保护和城市更新项目详见表 4。

表 4　北京老城保护和城市更新项目统计

序号	项目名称	启动时间	项目范围
1	菜市口西片老城保护和城市更新试点项目	2019 年 6 月 10 日	东至枫桦豪景、西至教子胡同、南至法源寺后街、北至广安门内大街，面积为 6.5 公顷，涉及居民 1130 户

---

① 《北京市城市更新行动计划（2021～2025 年）》，https：//www. beijing. gov. cn/zhengce/zhengcefagui/202108/t20210831_ 2480185. html。

序号	项目名称	启动时间	项目范围
2	砖塔胡同城市保护更新项目	2019 年 11 月 8 日	砖塔胡同南北两侧的临街院落，共涉及 239 户居民，包括直管公房 169 户
3	东直门外北二里庄申请式退租及街区更新试点项目	2019 年 11 月 23 日	东直门外春秀路与东直门外小街东口交叉路口西侧，东临春秀路、西至华海小区东路、南至东直门外小街、北临胡家园小区 11 号楼
4	北新桥雍和宫大街直管公房院落申请式退租和恢复性修建试点项目	2019 年 12 月 30 日	雍和宫大街 47 号、51 号、55 号、123 号 4 个直管公房院落
5	西板桥（一期）城市保护更新项目	2020 年 10 月 15 日	北起恭俭胡同南口，南至高卧胡同，西起北海公园东墙，东至景山西街，涉及项目范围共计 176 户，建筑面积约 5613 平方米
6	大栅栏观音寺片区老城保护更新项目	2020 年 10 月 26 日	北至琉璃厂东街，南至五道街单号、铁树斜街双号、大栅栏西街双号，东至桐梓胡同、煤市街，西至南新华街，该片区项目申请式退租工作涉及居民户数 2394 户，总人口 6293 人，是西城区目前涉及户数最多的申请式退租项目
7	钟鼓楼周边院落申请式退租及恢复性修建项目	2021 年 3 月 15 日	涉及东城、西城两区，共涉及 787 户居民。其中，东城涉及 602 户居民、119 处院落、建筑面积 1.8 万余平方米，西城涉及 185 户居民、38 处院落。其中，东城部分北至铃铛胡同部分双号门牌、草厂北巷部分单号门牌，南至鼓楼东大街、鼓楼西大街，东至草厂胡同部分双号门牌，西至东、西城区界及宏恩观东侧部分（豆腐池胡同 21 号、23 号、甲 23 号、赵府街 71 号四个院落）。
8	钟鼓楼西北侧申请式退租项目		西城部分位于钟鼓楼西北侧，铃铛胡同以南至鼓楼西大街以北，旧鼓楼大街以东至区界区域，实施范围涉及的门牌包括东轿杆胡同、西轿杆胡同、鼓楼西大街 5 号至 17 号的单号门牌、旧鼓楼大街 170 号至 196 号的双号门牌

序号	项目名称	启动时间	项目范围
9	景山三眼井申请式退租及恢复性修建项目	2021 年 3 月 22 日	景山三眼井退租片区位于景山公园东侧，东至大学夹道，南至人教社北墙，西至景山东街，北至三眼井胡同北侧沿街院落。共涉及 54 个院落、342 户居民、近 1.2 万平方米建筑面积
10	故宫周边院落申请式退租及恢复性修建项目	2021 年 3 月 29 日	北至五四大街，南至东华门大街，西至北池子大街单号，东至北池子大街双号及五四大街、景山前街部分门牌，涉及 41 个院落
11	西草红庙街区更新单元申请式退租和恢复性修建一期项目	2021 年 7 月 24 日	北至珠市口东大街，南至天坛路，西至前门南大街，东至西草市东街，共涉及 96 个院落，321 户居民
12	景东片区直管公房申请式退租和恢复性修建项目（即皇城景山街区二期项目）	2021 年 9 月 6 日	东至北河沿大街，南至五四大街、景山前街，西至景山东街，北至人教社北墙、三眼井胡同、嵩祝院北巷，范围内涉及直管公房 508 户
13	西总布街区直管公房申请式退租和恢复性修建项目	2021 年 9 月 26 日	东至朝阳门南小街、明阳国际中心西侧，南至北极阁路、明阳国际中心北侧，西至东单北大街，北至金宝街，覆盖面积约 2.2 万平方米，涉及直管公房约 880 户
14	力学胡同周边申请式退租项目	2022 年 1 月 2 日	北起灵境胡同北侧（部分），南至钟声胡同、南安里胡同（部分），西起太仆寺西口，东至府右街
15	白塔寺宫门口东西岔片区启动申请式换租试点项目	2022 年 8 月 22 日	试点片区位于宫门口东西岔片区，是北京市第一例申请式换租实施项目，总占地面积约 1.9 公顷。域内有 187 户居民，其中直管公房住户 98 户
16	国子监街区申请式退租及恢复性修建一期项目	2022 年 8 月 27 日	北至北二环路，南至国子监街（含国子监街门牌号院落），西至安定门内大街，东至雍和宫大街部分院落
17	大吉七号地块申请式退租项目	2022 年 11 月 12 日	东至高家寨胡同，南至陶然北岸北侧路，西至粉房琉璃街，北至福州馆街

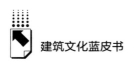

序号	项目名称	启动时间	项目范围
18	宣西北地块城市保护更新项目一期申请式退租（腾退）项目	2023 年 3 月 20 日	东至宣外大街；西至金井胡同；南至校场四条 12 号院南侧外墙，校场三条 15 号院、6 号院、8 号院、10 号院南侧外墙，校场头条 11 号院、6 号院南侧外墙；北至上斜街。区域内 63 处区属直管公房和私房院落，共涉及 516 户居民
19	法源寺历史文化街区城市保护更新项目（一期）	2023 年 4 月 26 日	南起南横西街，北至法源寺后街和莲花胡同，东起菜市口大街，西至烂缦胡同双号院落，共有 56 个平房院落
20	宣西北地块城市保护更新项目二期申请式退租（腾退）项目	2023 年 9 月 4 日	东至广安胡同以西，西至顺河三巷（下斜街）以东，南至储库营胡同以北，北至西河沿以南
21	西四北城市保护更新项目（一期）	2023 年 8 月 17 日	北起西四北五条，南至西四北三条，西起赵登禹路 140-174 号（双号），东至西四北大街 75-183 号（单号）
22	东斜街地块城市保护更新项目（一期）	2023 年 9 月 4 日	东至西黄城根南街，南至灵境胡同，西至西单北大街，北至大酱坊胡同
23	法源寺历史文化街区城市保护更新项目（二期）	2023 年 8 月 25 日	南至南横西街，北至法源寺后街、莲花胡同，东至烂缦胡同单号门牌院落，西至法源里、伊斯兰教协会
24	天桥北部平房区城市保护更新项目（一期）	2023 年 8 月 25 日	东至万明路，西至阡儿胡同，南至永安路，北至珠市口西大街，涉及平房直管公房及私房约 400 户
25	皇城景山三期片区综合性城市更新试点项目	2023 年 10 月 16 日	东至北河沿大街，南至三眼井胡同、嵩祝院北巷，西至地安门内大街，北至地安门东大街，涉及直管公房约 1960 户，项目总用地面积约 45.57 公顷
26	白塔寺历史风貌保护区城市保护更新项目	2024 年 5 月 31 日	西起宏大胡同—青塔胡同沿线，东至赵登禹路，南起阜成门内大街—安平巷—宫门口头条—宫门口二条沿线，北至规划受壁街

序号	项目名称	启动时间	项目范围
27	棉花片 A3 地块城市保护更新项目	2024 年 8 月 7 日	东起裘家街,西至铁门胡同,北起规划梁家园 + B2：E29 胡同,南至骡马市大街

资料来源：根据实地调研、各项目张贴的《致居民的一封信》、实施主体发布的新闻及人民政府网站公布的数据整理。

3. 项目调查情况分析

北京老城已经陆续启动了 26 个申请式退租项目和 1 个申请式换租项目。其中,东城 10 个项目,西城 17 个项目。涉及居民最多的是大栅栏观音寺片区老城保护更新项目,片区规模最大、腾退整院最多、腾退面积最大的是皇城景山三期片区综合性城市更新试点项目。各个项目保护更新模式相同,也各具特色,下面将在申请式退租、恢复性修建、腾退空间利用、实施主体四个方面对北京老城保护更新项目情况进行解读。

（1）申请式退租情况

项目申请式退租比例一般在 65% ～ 70%,皇城景山三期项目最高达到 95% 以上,其中整院退租比例在 30% ～ 35%；退租比例的高低与实施主体的工作组织、工作人员的工作方法有比较大的关系,打动居民的是变现的唯一机会,实施主体组织的申请式退租是公房变现和居住环境改善的唯一机会,留下的因素是孩子读书或家庭内部矛盾。

2014 年以前的申请式退租实行的是片区申请式退租,对居民友好,形成的共生院多,不利于后续的恢复性修建（民扰和扰民）和资产运营（投入基本相同,经营收入差距大）；2024 年启动的白塔寺项目和棉花片 A3 项目实行的是整院申请式退租,整院申请式退租对实施主体友好,有利于后续的恢复性修建和资产运营,但会积累一定的社会矛盾,对后续的运营带来一定的挑战。

2019 年申请式退租项目政府财政投入采取的是按照项目完成更新总投资的 40% 进行财政支持,实施主体需要对片区的各类房屋在授权周期内进

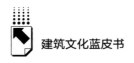
行保护更新，保护更新目标是片区整体；2020 年以后，申请式退租项目政府财政投入按照退租面积进行财政支持，补贴标准是 70000 元/m²，实施主体仅对退租之后的房屋进行保护更新和经营利用，保护更新目标是腾退院落。

（2）恢复性修建情况

《北京城市总体规划（2016 年～2035 年）》首次提出"恢复性修建"的概念，《关于首都功能核心区平房（院落）保护性修缮和恢复性修建工作的意见》的出台为首都功能核心区平房（院落）更新提供实施路径和政策支撑，同时根据 2019 年以来恢复性修建的实施情况，将总体规划中的恢复性修建细化为保护性修缮和恢复性修建。

与菜市口西片老城保护和城市更新试点项目类似的拆迁遗留项目，因为房屋在拆迁过程中已经拆除，院落的恢复采用的是恢复性修建的模式。根据东、西城进一步深化的实施细则，一些退租出来的院落格局不规整的整院，也可以通过恢复性修建进行院落格局调整，实施前需要根据细则申报规划建设手续，恢复性修建建设费用为 7500～12000 元/m²。

与大栅栏观音寺片区老城保护更新项目类似的位于历史文化街区的申请式退租项目，院落的恢复采用的是保护性修缮的模式。根据东、西城进一步深化的实施细则，保护性修缮的模式有小修、中修、大修、综合维修和翻建，其中翻建需要根据细则申报规划建设手续，保护性修缮费用为 5000～7500 元/m²（翻建费用等同于恢复性修建）。

（3）腾退空间利用情况

2019～2023 年，通过城市更新项目的实施，北京老城已完成核心区平房（院落）申请式退租（换租）签约 7900 余户，退租房屋面积约 19 万平方米，腾退整院约 400 个。

《北京市新增产业的禁止和限制目录（2022）》对北京老城腾退的空间利用方向进行了引导和限定。对腾退院落引入民宿进行了严格的限制，2017 年以来老城中未新增民宿，对商业的引入比例进行了严格的限制，对五道营、什刹海和南锣鼓巷的商业进行了疏解和升级改造，新培育的杨梅竹和白塔寺特色消费街区对业态进行了严格的限制，消费升级明显。

东、西城对腾退空间的利用有不同的侧重，西城区更侧重于市场化的运营，根据已经批复的白塔寺等片区的腾退空间利用规划，业态配比为：20%的公服配套，20%的商业（餐饮），60%的商务（公寓、办公）。东城区已利用的主要是实体书店、阅读空间、社区博物馆、非遗大师工作坊等，腾退规模比较大的皇城景山三期项目和西总布项目市场化运营的程度比较高。

（4）实施主体情况

目前西城区参与的实施主体主要是区属国企（7 家）和市属国企（2 家）；东城区参与主体比较多元，参与的区属国企有 1 家，市属国企有 2 家，参与主体的多元化是未来的发展趋势，从西城区 2024 年两会新闻发布会上发布的信息来看，西城也将探索建立多元主体参与平房院落保护更新的鼓励政策与保障机制，吸引更多社会资本参与平房院落保护更新，不再局限于西城区域内的国企。

（二）北京老城保护和城市更新项目典型案例研究

本文在 26 个申请式退租项目和 1 个申请式换租项目中，选取了对 2017年北京城市新总规的执行落实有价值的案例和在人居环境改善、传统风貌延续和腾退空间利用各个模块或某个模块有显著成效的案例，进行系统研究。

通过对典型案例进展情况的实时追踪，实现项目真实信息和真实数据的收集，再根据保护更新项目的发展情况不断地补充新的有价值案例。每个项目都在不同的模块有成功的经验，针对典型案例，在分析项目情况、项目意义的基础上，对项目进行思考并提出意见建议。

本文选定白塔寺项目的整院腾退试点、前门西区的申请式退租、前门东区的成片式腾退、菜西片区的申请式退租试点、南锣鼓巷的风貌提升和皇城景山项目的片区综合性城市更新 6 个项目，作为典型案例进行深入研究，这6 个项目具有典型的代表性和较高的研究价值，研究案例综合评定情况详见表 5。

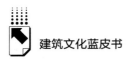

表5　老城保护和城市更新项目研究案例综合评定情况

序号	项目名称	价值评级	研究价值
1	前门西区保护更新项目	★★★☆	2010年杨梅竹斜街成为市发改委选取的探索创新旧城改造新模式的四个试点项目之一，是核心区第一个"平移腾退"试点项目。杨梅竹斜街获评2023年"北京市特色消费街区"。观音寺项目是北京市最大规模的申请式退租项目，姚江胡同共生街区荣获2023年中国城市更新优秀案例之十大价值创新奖
2	前门东区保护更新项目	★★★☆	北京老城第一个进行整体保护的历史文化街区，腾退居民最多，腾退整院数量最多、面积最大，公共空间环境改造最彻底，传统建筑风貌延续最真实，腾退空间利用探索最多样化的片区。前门历史文化街区拥有丰厚的传统文化和数量众多的文物建筑，利用这些风貌建筑，保护和传承老北京优秀的地域文化的相关经验是值得学习和借鉴的
3	白塔寺地区保护更新项目	★★★☆	白塔寺街区疏解腾退模式历经了多次调整。2013年试点"整院腾退"；2022年试点"申请式换租"；2024年开展整院申请式退租。《白塔寺街区腾退空间再利用方案》是核心区第一个通过且付诸实施的产业规划。东西岔胡同是北京新版总体规划之后第一个以商业为主的历史文化街区
4	菜市口西片保护更新项目	★★★★	2017年新版总体规划发布后，北京第一个老城保护和城市更新试点项目，2019年经西城区政府批准由危改开发项目转型为老城保护和城市更新项目，同时顺利完成了北京市首例申请式退租的试点任务，共退租居民275户，退租率38%。本项目试点内容主要包括：申请式退租、申请式改善、保护性修缮和恢复性修建、腾退空间利用，为因北京新总规的发布而停滞的危改开发项目转型推进探索了路径。菜西试点项目在申请式退租、申请式改善、保护性修缮和恢复性修建、腾退空间利用各个模块的探索对其他城市更新项目有非常积极的指导意义
5	南锣鼓巷地区保护更新项目	★★★☆	2015年，东城区以南锣鼓巷片区内的福祥、蓑衣、雨儿、帽儿4条胡同为试点，使用市、区两级资金补助，开展申请式腾退。雨儿胡同的保护性修缮和恢复性修建在设计组织、工程建设和施工管理等环节，对其他城市更新项目具有积极的指导意义
6	皇城景山地区保护更新项目	★★★★	皇城景山地区保护更新项目是北京市首个市属国企参与和东城区首个社会资本参与的首都核心功能区平房（院落）申请式退租项目。从粗放式改造到高质量复兴，以街区一体化（指政务保障、民生改善、名城保护的一体化规划，以及退租、改造、运营的一体化运作等）为代表的城市更新更需要探索一条在历史文化传承语境下理论与实践相结合的新路径

资料来源：根据实地调研、实施主体发布的新闻及人民政府网站公布的数据整理。

以下将根据现场调研情况，在人居环境改善、传统风貌延续和腾退空间利用三个模块对选定的 6 个典型项目进行分析。

1. 人居环境改善

人居环境改善从异地改善（申请式退租）情况、在地改善（申请式改善）情况、公共空间提升情况、市政基础设施提升情况四个方面去调研评估 6 个选定的典型项目，四个方面全部涉及且有一定的示范代表性和总结研究价值的，价值评估为四星。

经过调研分析，在人居环境改善模块具有代表性的项目有 2 个。

一个是通过偏于市场机制进行人居环境改善的菜西试点项目，项目通过申请式退租异地改善居民 275 户，通过申请式改善在地改善居民 20 户，在共生院的院落环境改善和市政基础设施改善方面也做了大量的工作，胡同的公共空间提升和市政基础设施提升也有非常大的变化。

另一个是通过偏于政策机制进行人居环境改善的雨儿胡同试点项目，项目通过将腾退空间按照政策机制，提供给留住居民改善居住环境，在共生院的院落环境改善和市政基础设施改善方面也做了大量的示范工作，胡同的公共空间和市政基础设施进行了彻底的改造提升。

菜西试点项目和雨儿胡同试点项目在推进片区的整体人居环境改善方面有非常好的示范作用。典型项目价值评估及研究价值详见表 6。

表 6 老城保护和城市更新项目研究案例人居环境改善评定

序号	项目名称	价值评估	研究价值
1	前门西区保护更新项目	★★★☆	杨梅竹斜街片区共有 529 户居民选择腾退，约占腾退数的 30%。其中有 418 户选择房源安置。观音寺片区项目签约居民 1103 户，签约率为 46%，其中签约货币安置 852 户，占比 77%，房源安置 251 户，占比 23%
2	前门东区保护更新项目	★★★☆	2017 年以前，前门东区居民人居环境改善方式主要是异地改善，原有居民 1.4 万户 4.2 万人，经过 10 多年疏解，减少到 3000 户 4000 多人
3	白塔寺地区保护更新项目	★★★☆	2013 年试点"整院腾退"；2022 年试点"申请式换租"，申请换租居民 20 余户；2024 年开展申请式退租

续表

序号	项目名称	价值评估	研究价值
4	菜市口西片保护更新项目	★★★★	2007年9月启动拆迁,2009年1月停滞,共拆迁376户居民、5家单位。2019年6月,菜西试点项目启动了全市首例直管公房申请式退租工作,共退租居民275户,剩余居民479户
5	南锣鼓巷地区保护更新项目	★★★★	从2015年8月启动到2019年项目调整为城市更新试点项目之前的5年中,四条胡同涉及的118个院落共腾退居民437户1332人,从居住面积户均不足25平方米的胡同平房,迁入户均面积110平方米的城锦苑小区
6	皇城景山地区保护更新项目	★★★☆	项目一期、二期的申请式退租工作,共签约居民669户,一期签约201户,二期签约468户,涉及房屋建筑面积15900平方米。签约涉及123个院落,其中,整院签约64个,共生院59个。项目三期累计完成退租签约1796户,其中直管公房居民1774户,房屋建筑面积4.1万平方米,占直管公房比例90.65%。完成整院签约共计133个院落,直管公房整院签约129个院落,房屋建筑面积1.43万平方米,占直管公房院落数量比例63.24%

资料来源:根据实地调研、实施主体发布的新闻及人民政府网站公布的数据整理。

2. 传统风貌延续

传统风貌延续从地域特征延续情况、文化价值传承情况、原真性呈现情况、保护修建比例四个方面来评价这6个典型项目,四个方面全部涉及且有一定的示范代表性和总结研究价值的,价值评估为四星。

经过调研分析,在传统风貌延续模块具有代表性的项目是:雨儿胡同试点项目和前门东草场片区项目。

雨儿胡同试点项目探索了四合院高标准恢复性修建的技术路径。雨儿胡同整治提升的总体思路是"整体规划、织补功能,还原规制、精细修缮,修旧如旧、保护风貌,分类施策、改善民生","一院一方案、一户一设计"的实施路径,以及工作营和顾问组的工作组织,保证了地域特征的不断延续、文化价值的接续传承、原真性的真实呈现和片区保护修缮与恢复性修建的整体实施。

前门东草场片区项目是东城区保护古都历史文化风貌、改善群众居住条件、有效疏解旧城人口的典型案例,项目的实施采取的是"小规模、渐进式、微循环式"的改造模式,保证了地域特征的不断延续、文化价值接续的传承、原真性的真实呈现和片区保护修缮与恢复性修建的整体实施。

前门东草场片区项目和雨儿胡同试点项目在推进片区的整体传统风貌延续方面具有非常好的示范作用。典型项目价值评估及研究价值详见表7。

表7　老城保护和城市更新项目研究案例传统风貌延续评定

序号	项目名称	价值评估	研究价值
1	前门西区保护更新项目	★★★☆	杨梅竹斜街保护修缮过程中,北京市西城区废除了"危改带开发"的拆迁模式,遵循"真实性保护"原则,将胡同住户连同建筑一起保留,让胡同原有的韵味得以传承
2	前门东区保护更新项目	★★★☆	在北京老城平房区(主要包括历史文化街区、风貌协调区和其他成片平房)引入现代国际知名建筑师进行集群设计,对老城风貌保护、城市资产品牌价值提升的影响值得认真审视。在新总规之后,以保护性修缮和恢复性修建为主的老城风貌保护过程中,设计工作的组织形式、从业者对现存传统建筑的态度,也值得认真审视
3	白塔寺地区保护更新项目	★★★☆	白塔寺街区将腾退院落功能和格局"重新调整,提高利用性"。2016年起,在"整院腾退"的基础上开展了一系列以院落为单位、探索北京老城保护与民生需求兼顾的实践。市政设施改造是白塔寺街区改造的亮点,实现了老城首个微型综合杆照明、安防、通信、交通等多杆体整合;采用小微箱体,梳理到最后一级电表,更大程度将空间还给胡同
4	菜市口西片保护更新项目	★★★☆	搭建恢复性修建工作营,整合规划、建筑、室内、施工、材料、绿色节能等方面的技术专家和工匠团队,全方位进行成本优化和技术人才储备;建立"一院一档、一院一策、一院一设计"的工作机制,系统梳理片区内的街巷和院落的历史,深入挖掘历史文化内涵;城市公共空间充分考虑在地设计,以在地文化和在地居民需求为出发点;增加从业人员的专业技术储备,推进"一岗多用,一专多能"的工作机制,强化内部业务培训
5	南锣鼓巷地区保护更新项目	★★★★	落实"全面建立老城历史建筑保护修缮长效机制,以原工艺高标准修缮四合院,使老城成为传统营造工艺的传承基地",探索四合院高标准恢复性修建的技术路径
6	皇城景山地区保护更新项目	——	2020年,首开集团成立,注册北京首开城市更新研究院,依托项目实践,充分挖掘街区空间、人文价值,回应街区客群诉求,编制《皇城景山街区街巷胡同院落志》,研究制定街区更新文化及空间环境特色综合提升策略。在修缮过程中,通过回收利用原有房屋的老砖老瓦、老构件,运用老工艺、老材料对房屋进行修缮,还原京韵京味。197个腾退整院为老城传统风貌的恢复和延续奠定了基础

资料来源:根据实地调研、实施主体发布的新闻及人民政府网站公布的数据整理。

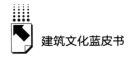

3. 腾退空间利用

腾退空间利用从项目投入资金平衡周期、腾退空间利用模式、品牌影响力、文化价值挖掘与转化四个方面来评价这6个典型项目，四个方面全部涉及且有一定的示范代表性和总结研究价值的，价值评估为四星。

经过调研分析，在腾退空间利用模块具有代表性的项目是：前门西区杨梅竹斜街项目和白塔寺项目。

前门西区杨梅竹斜街项目是2010年市发改委选取的探索创新旧城改造新模式的四个试点项目之一，项目对腾退空间利用模块具有一定的积极意义，项目在业态引入、运营管理等方面具有研究参考价值。

白塔寺项目是第一个在腾退空间利用方面制定专项规划指导的项目，随着品牌影响力的不断提升、街区热度持续增加、文化成果转化不断增加，腾退空间价值逐渐攀升，资金平衡周期持续优化。

前门西区杨梅竹斜街项目和白塔寺项目在推进片区的腾退空间利用方面具有非常好的示范作用和研究价值。典型项目价值评估及研究价值详见表8。

表8 老城保护和城市更新项目研究案例腾退空间利用评定

序号	项目名称	价值评估	研究价值
1	前门西区保护更新项目	★★★☆	杨梅竹斜街获评"北京市特色消费街区"，姚江胡同打造的"共生街区"具有一定的影响力
2	前门东区保护更新项目	★★★☆	"北京前门文华东方酒店"是北京市首家根植于本地居民、街巷文化的开放式胡同酒店，同时也是修缮和保护历史文化街区，使平房区特别是文保区重新焕发活力的有益探索
3	白塔寺地区保护更新项目	★★★★	2023年完成东西岔街区业态提升，街区51处脸实现满租，租金水平显著提升。"悠航鲜啤"、"polonio咖啡"和"姆们甜品"、"北平机器"、"铁手咖啡"陆续签约入驻，实现入驻北京首店1家、西城首店10家。客流量、商户日流水创新高，品牌知名度和区域影响力不断提升。2024年8月1日白塔寺宫门口东西岔街被评选为"北京市特色消费街区"

序号	项目名称	价值评级	研究价值
4	菜市口西片保护更新项目	★★★☆	项目经营性资产面积约为 16000 平方米,实现出租面积 11200 平方米。该项目是北京市第一个以申请式退租、申请式改善、保护性修缮和恢复性修建、腾退空间利用为实施路径进行试点的城市更新项目。首次成立专门的"城市更新资产运营管理"公司,从事老城保护更新项目,探索通过腾退空间利用实现老城保护更新项目资金平衡
5	南锣鼓巷地区保护更新项目	★★☆☆	腾退空间用于补足片区公共服务配套设施,市场化利用率不高
6	皇城景山地区保护更新项目	——	皇城景山三期作为东城区首个片区式综合性城市更新的试点,将统筹推进文物修缮、风貌保护、环境提升和产业导入

资料来源:根据实地调研、实施主体发布的新闻及人民政府网站公布的数据整理。

五 北京老城保护和城市更新模式现存问题及相关建议

(一)现存问题

1. 项目前期谋划

实施片区整体保护更新谋划不足。截至目前,实施主体在每个划定区域仅集中组织一次申请式退租,通过申请式退租人口疏解的目标基本达成,留住居民整体居住环境改善状况不明显;保护更新的最终目标是片区人居环境的整体改善,风貌的整体保护和延续尚未探索出有效的实施路径;项目资金平衡周期过长,整体盈利能力不足。

零散的修建不利于风貌整体保护。共生院是申请式退租的必然产物,约占腾退空间总规模的 70%,退租院落零散地分布于整个片区内,不利于保护性修缮和恢复性修建的集中组织,共生院的改善和维护成本非常高,还造成大量民扰和扰民的问题。

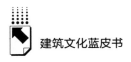

实施主体保护更新能力参差不齐。实施主体是北京老城保护和城市更新的关键核心因素，实施主体的认知程度、组织架构、工作组织、技术储备等对保护更新项目的顺利推进有非常大的影响，目前对实施主体的准入和退出机制尚不完善，保护更新能力的评估尚无标准。

2. 人居环境改善

居住空间面积不足，居住面积增加难。北京核心区平房区现有常住居民约 66 万人，平房四合院建筑面积约 550 万平方米，平房区人均居住面积不足 10 平方米，远低于北京市 33.41[①] 平方米人均居住面积。增加居住面积是平房区居住环境改善最迫切的需求，北京老城保护和城市更新的特点是存量更新，这与增加居住面积的需求相矛盾，也是人居环境改善最难解决的问题。

院落私搭乱建普遍，安全隐患解决难。为了解决居住空间面积不足的问题，居民自行利用院落空间搭建简易房屋，作为厨房甚至卧室使用。这些自建房的存在在解决基本的居住需求的同时，带来了非常严重的安全隐患和不稳定因素，对城市风貌也造成了严重的影响。在北京老城的保护更新过程中，院落格局的恢复必定涉及自建房的拆除，拆除的前提是对居民自建房内的功能需求进行妥善的解决。

胡同市政配套缺失，现代生活实现难。胡同配套市政基础设施是实现"老胡同，现代生活"的基础，胡同市政基础设施资金投入大，工程实施难度大，实施过程对居民生活影响大。胡同内的水、电、气、热和停车等问题的解决进展缓慢。胡同内居民交往空间、适老化改造、胡同文化的展现是胡同市政配套的一部分，是实现现代生活的具体体现，这些功能的实现还需要付出更大的努力。

3. 传统风貌延续

传统文化载体亟待保护。文化中心是北京城市功能的重要定位之一，传

---

① 《2020 年城市人均居住面积超 36 平米 平均初婚推后近 4 岁》，https：//www. chinanews. com. cn/cj/2022/06-27/9789330. shtml。

统文化是北京文化中心建设重要的组成部分，传统建筑是北京传统文化的重要载体，伴随着危改的持续推进，北京老城传统建筑存量仅占北京老城的22%，新总规发布之后，老城现有传统风貌建筑得到了最大限度的保留，但是如何延续这些传统建筑，依然存在巨大的挑战。

传统胡同四合院文化亟待挖掘。传统建筑文化正在伴随着人口疏解而日渐消失，北京老城胡同四合院虽然有深厚的文化层积，但是这些文化大多未被记录于笔端，它们通过居民的口传心授代代留存，伴随着人口疏解，有些文化将永远湮没于历史中。北京的老城保护更新不仅是要延续有形的传统建筑风貌，还要延续无形的胡同文化。

传统建筑理论研究亟待加强。北京四合院理论体系不能支撑保护更新带来的大规模保护性修缮和恢复性修建。保护性破坏是北京老城保护和城市更新过程中遇到的非常普遍的问题，这一问题的根源是传统胡同四合院建筑研究体系不系统，传统建筑从业人才培养体系不完善，传统建筑施工制度不健全。其中以传统建筑研究体系不系统最为棘手，需要尽快组织系统的胡同四合院理论再研究，以避免在大规模的恢复性修建和保护性修缮中，给北京老城的传统风貌带来更大的破坏。

4. 项目资金平衡

运营方式不清晰，缺乏相应政策及路径支撑。针对后期进行恢复性修建的院落和房屋具体如何开展商业运营问题，实施主体经过共同研究已有大致方向，但受限于核心区禁限目录要求和风貌保护影响，部分高回报率行业不可实施。同时，民宅开展商业活动受规划、国土、工商等现行规定制约，涉及土地及房屋性质转化、土地出让金补缴等一系列问题。申请式退租工作仅是保护更新工作内容的一部分，后期如何进行经营管理、如何真正实现片区整体可持续发展，目前还缺乏可借鉴可操作的现实路径，亟须相应的配套政策支持。

资金平衡周期长，企业背负长期的财务压力。老城保护更新的资金平衡模式是政府把腾退空间的50年的经营权授予城市更新实施主体，实施主体通过50年的经营来平衡城市更新项目的总体投入。城市更新项目前期申请

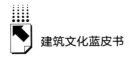

式改善和恢复性修建一次性投入大，企业背负的财务成本和运营成本非常高，长期不能实现盈利，对于企业的长远发展带来非常严峻的挑战。

（二）相关建议

1. 前期统筹谋划

高位全面统筹，加强保护更新顶层设计。保护更新的最终目的是完成整个片区所有居民的环境改善和房屋修缮，使腾退资产价值最大化。对于居民环境改善，要做一个统筹安排，建议同时启动申请式改善和申请式退租。建立长效机制，退租居民异地改善，留住居民通过政府、企业、个人三方共同出资，进行共生院的整体保护性修缮。修缮过程中结合自建房拆除、平移、浅下挖等方式，改善居民的居住环境。

完善组织架构，提升实施主体工作组织能力。实施主体在保护更新推进过程中，具有承上启下的关键作用。实施主体的认知水平和组织能力对保护更新的实施有重大影响。实施主体类型有由房管局授权委托经营的区属国企、房屋管理单位的下属单位、从事一级开发的区属国企、房屋管理单位与区属其他企业组成的合资公司四种类型。建议强化实施主体组织构架搭建，提升实施主体工作组织能力。

打破项目壁垒，搭建老城保护更新项目交流平台。北京的老城保护更新项目之间壁垒高筑，项目之间不能有效地共享信息、资源和技术。由于各个实施主体在申请式退租、保护性修缮和恢复性修建、腾退空间利用等老城保护更新等方面各有优势，项目之间的壁垒导致各个项目资源和技术不能被最大化利用，形成浪费。建议在制度设计上鼓励进行跨项目合作，通过一定的激励机制，把老城区的保护更新项目连接起来，鼓励各个项目之间相互配合，形成合力。

2. 人居环境改善

构建异地改善长效机制。申请式退租是为异地改善居民住房条件建立的通道，建议在完成以项目为单位的申请式退租之后，打破项目界限建立核心区统一的申请式退租长效机制，居民在每年规定的时间窗口提出退租申请，统一进行退租资格审核，统一安排退租资金和安置房源。通过建立申请式退租长效机制，在统一透明的申请式退租条件下，实现想退尽退，应退尽退。

探索在地改善实施模式。申请式改善是为改善留住居民住房条件建立的通道，申请式改善遵循"居民自愿、整院实施、一户一策、居民自费、适度改善"的原则，通过建立完善的工作组织、动态的工作机制，设立申请式改善办公室，配置具有专业技术知识的设计师随时解答居民的技术咨询，在统一透明的申请式改善条件下，实现想改尽改，应改尽改。建议不断地完善申请式改善工作，在直管公房申请式改善流程不断完善的基础上，打通私房、单位自管产等多种产别的房屋申请式改善路径，构建申请式改善长效机制。

完善公共空间配套设施。通过完善胡同基础设施，夯实"老胡同，现代生活"目标的基础。通过公共空间环境的提升，塑造传统街巷活力空间，建设居民交往公共会客厅，利用存量空间和增量空间资源，拓展公共活动和交往空间。

3. 传统风貌延续

推广"一院一档"的院落档案制度。构建四合院保护"一院一档"机制，在实施每个院落的保护性修缮和恢复性修建之前，给每个院落建立档案，将院落的历史脉络、现状照片和设计图纸进行系统留存，通过现场调研、文献查阅及资料的梳理，建立"一院一档"的数据管理平台。档案库细致到每一个院落的每一栋建筑，所有的建筑都要拍照存档，并进行系统的分类评估。院落及建筑的历史文化积淀，也要深入地挖掘和不断地补充完善。随着建筑的不断织补和更新，数据库里的内容也要根据实际情况记录，从而为规划和未来的设计提供翔实的基础数据和基础资料。

开展北京四合院理论体系再研究。北京四合院理论体系研究从20世纪50年代开始，已接续研究近70年，其中以20世纪50年代和90年代成果最为丰硕，2017年北京新的总体规划发布后，文化中心建设和老城整体保护要求，使北京四合院理论体系再研究迫在眉睫，建议组织北京四合院理论体系再研究，构建全面、系统、具有实践指导意义的四合院理论体系，为北京

四合院整体保护中的保护性修缮和恢复性修建提供理论支撑，在北京老城四合院系统研究的基础上进行四合院的整体保护。

制定老城保护更新人才培养储备机制。老城保护和城市更新相关人员主要包括：负责审批和管理的行政管理人员；负责项目具体实施的实施主体的相关人员；规划、建筑、室内、景观设计相关人员，施工建设相关人员；以学术研究为目的的院校师生。老城保护和城市更新最核心的工作是传统建筑风貌的保护和延续，这要求从业人员需要不同程度具备一定的专业知识。建议制定老城保护和城市更新人才培养及人才储备机制，为老城保护和城市更新培养和储备不同方向的人才。

鼓励与老城风貌适配的机电产品的研发。传统北京四合院的生活意趣是建立在天、地、人之间和谐的基础之上，现代北京四合院的生活意趣要建立在享受现代科技带来的生活便利之上。空调、暖气、上下水等非传统四合院原生的现代设备设施，是"老胡同，现代生活"这一上位要求实现的基础。建议制定政策，鼓励研发适应老城风貌的现代机电产品，尤其是空调、变配电箱、厨卫设备，并在北京老城内进行推广。

4. 腾退空间利用

完善北京老城腾退空间利用顶层设计。老城保护更新项目的腾退空间利用还处于探索成长阶段，还没有成熟的运营模式可供参考借鉴，腾退空间利用要在总结国内外现有项目经验的基础上，结合新版北京城市总体规划、核心区控制性规划，完善腾退空间利用的顶层设计，保证腾退空间利用沿着正确的道路向前发展。

制定腾退空间利用总体规划实施方案。伴随着老城保护更新的推进，北京核心区在近 5 年内腾退 10000 余户，腾退空间规模将达 25 万平方米左右。腾退面积的 70% 左右为共生院，这些腾退空间一般作为精装公寓推向租赁市场，大量的资源推向市场在产生同质竞争的同时，也不利于核心区的人口疏解，伴随着核心区保护更新的持续推进，建议构建统筹机制，对腾退空间的利用进行统一安排、高位谋划，制定腾退空间总体规划实施方案，科学进行资源配置。

提升实施主体对腾退空间的运用能力。老城保护更新项目的运行模式，采用的是轻资产运营与重资产运营的混合模式，从故宫博物院到杨梅竹斜街再到白塔寺东西岔都是一种混合的资产运营模式。重资产运营收入稳定、固定，收入规模可以预见。轻资产运营培育周期长，不确定因素多，需要持续的投入，人力配置要求高，需要长远布局。实施主体要通过提升对腾退空间的运用能力，提高腾退资产的利用效率，提升腾退资产的价值。

加大轻资产运营能力和投入力度。轻资产相对于重资产模式来说，是一种相对投入少、风险低、折旧率低且利润率高的发展模式。老城保护更新项目轻资产运营还没有形成成熟的模式，在这方面可借鉴商业市场上常见的"轻资产"发展模式，城市更新项目轻资产运营有如下两种建议发展模式：品牌、服务管理输出模式和文化附加值的挖掘和转化。

六 余论

腾退修建带运营的保护更新模式是一种通过适度财政投入实现区域自我循环的模式，这种模式成熟的标准是"规划可支持、居民可接受、资金可支撑、形式可推广"。目前腾退修建带运营模式正在通过项目的实践，进行不断的自我调整和完善。

腾退修建带运营模式的实施顺序是申请式退租、保护性修缮和恢复性修建、腾退空间利用，达到的目的是人居环境改善、传统风貌延续和腾退空间利用，从逻辑关系上来说，传统风貌延续是根本，人居环境的改善和腾退空间利用要以传统风貌的延续为前提，只有确保了传统风貌的延续，才能保证老城保护更新的顺利推进。

B.8
北京长城保护传承研究报告

刘昭祎　毕建宇*

摘　要： 本文简要回溯了自新中国成立以来北京长城保护利用的工作历程，重点总结了2020~2024年北京长城保护管理工作的四方面成效，一是以保护为重点、以示范为使命，率先开展长城抢险、研究性修缮、预防性保护、实践基地建设，探索全链条长城保护体系，对标世界遗产标准树立良好典范；二是以研究为基础、以规划为引领，加强多方合作、推进成果转化、探索高新技术应用；三是以利用为目标、以创新为动力，推进长城景区提质升级、"京畿长城"国家风景道建设、长城沿线博物馆集群构建，助力乡村文化振兴，塑造国家级长城文化品牌；四是以机制为保障、以管理为抓手，强化高位统筹、健全领导体制，推进京津冀协同保护发展，引导社会力量参与长城保护，壮大和提升长城保护员队伍。展望新时代北京长城保护传承，要坚持以保护为本，在活化利用、文化阐释、精神弘扬等方面持续发力，不断凝练可复制可借鉴的"北京经验"。

关键词： 长城保护传承　管理保障　公众参与　示范引领　北京

长城是中华民族的代表性符号和中华文明的重要象征，凝聚着中华民族自强不息的奋斗精神和众志成城、坚韧不屈的爱国情怀。① 北京段长城是中

---

* 刘昭祎，北京北建大建筑设计研究院有限公司高级规划师、文保责任设计师、北京建筑大学硕士生导师，主要研究方向为文化遗产保护与利用；毕建宇，北京市文物局遗产管理处处长。

① 《习近平给北京市八达岭长城脚下的乡亲们的回信》，https://www.gov.cn/yaowen/liebiao/202405/content_6951072.htm。

国长城文化史卷的重点篇章。北京市现存早期及明时期长城资源，是我国有长城分布的 15 个省级地区中明长城保存最完好、价值最突出、工程最复杂、文化最丰富的段落。北京段明长城因守护京师都城的历史成因，成为中国长城修筑高峰时代的杰出代表，八达岭长城更是作为世界文化遗产成为全人类共同的宝贵财富。

新中国成立以来，党中央高度重视长城保护工作，特别是党的十八大以来，习近平总书记高度重视长城文化价值发掘和文物遗产传承保护工作，多次作出重要指示，指导推动长城国家文化公园建设。2024 年 5 月 14 日，中共中央总书记、国家主席、中央军委主席习近平给北京市延庆区八达岭镇石峡村的乡亲们回信，向他们致以诚挚问候并提出殷切期望。总书记在回信中强调："保护好、传承好这一历史文化遗产，是我们共同的责任。希望大家接续努力、久久为功，像守护家园一样守护好长城，弘扬长城文化，讲好长城故事，带动更多人了解长城、保护长城，把祖先留下的这份珍贵财富世世代代传下去，为建设社会主义文化强国、推进中国式现代化贡献力量。"① 总书记的嘱托，激励我们努力将北京长城资源禀赋转化为发展优势，更好地做好长城保护传承利用。

一　北京长城保护利用历程回溯

在党中央的关心和支持下，自新中国成立以来我国的长城保护工作取得长足的发展，北京市在长城保护传承利用工作上也始终走在全国前列。1952年，我国组织的第一批长城保护修缮工程中，包括北京市的八达岭和居庸关长城点段以及河北省的山海关长城。1953 年，八达岭长城向公众开放，成为我国首家长城主题景区。1984 年，《北京晚报》《北京日报》联合八达岭特区办事处等单位共同发起"爱我中华·修我长城"活动，开启社会集资修长城的先例，邓小平和习仲勋同志欣然为活动题词，激发了海内外中华儿

---

① 《习近平回信勉励北京市八达岭长城脚下的乡亲们：带动更多人了解长城保护长城 把祖先留下的这份珍贵财富世世代代传下去》，https://www.gov.cn/yaowen/liebiao/202405/content_6951070.htm。

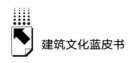

女保护长城的热情，全国长城沿线城市也陆续启动集资修缮长城计划，此举也成为我国长城保护历程中里程碑式节点。

2000年以来，北京市人民政府逐年加大对长城的保护力度，平均每年投资近千万元，对长城进行保护加固抢险，如鹿皮关、古北口、望京楼、岔道城、九眼楼、将军关、沿河城、黄花城、箭扣长城、吉家营、白马关长城等通过抢险加固，大大减轻了长城资源存在的安全隐患。2003年，北京市在全国最早公布《北京市长城保护管理办法》并划定长城临时保护区，为长城保护"立规矩"，也为2006年9月20日经国务院第150次常务会议通过的《长城保护条例》颁布埋下一颗种子，至今仍在北京长城的保护管理中发挥着重要作用。

2006年10月，国家文物局和国家测绘局签署合作协议，同时在中国文化遗产院设立长城资源调查工作项目组，负责全国长城资源调查项目的具体实施，全面启动全国长城"摸清家底"工作。2007年依据《北京市长城资源调查工作总体方案》，北京市长城资源调查工作全面展开。① 2009年，北京市明长城资源调查成果通过了长城资源调查工作项目组的专家验收。同年，在完成了北京长城资源调查基础上，北京市率先启动了长城保护规划编制工作。2011年，北京市人民政府率先公布北京长城保护范围及建设控制地带，为长城保护"设界线"。

2020年9月，在怀柔箭扣长城脚下，全国首个长城保护修复实践基地挂牌成立。依托该基地，北京开始把长城保护重心由一般性抢险加固向研究性修缮转变。2021年7月，在第44届世界遗产大会上，以八达岭长城为代表的中国长城保护被评为保护管理示范案例。以北京箭扣长城、大庄科长城保护工程和八达岭遗产影响评估为代表的长城保护管理实践，为各国开展线性文化遗产保护贡献了"中国经验"。② 2021年，在国家文物局关于北京市长城认定的批复基础上，北京市文物局将早期长城公布为北京市文物保护单

---

① 《长城资源调查与认定》，http：//www.greatwallheritage.cn/CCMCMS/html/1//54/646.html。
② 《绘就中华文明传承发展的"长城画卷"——北京长城文化带保护传承利用调研与思考》，http：//www.bjzx.gov.cn/zxgz/zxdt/202308/t20230811_45392.html。

位。2022年，北京市文物局启动了北京北部早期长城资源调查工作，并于2023年发布了早期长城资源调查成果，持续为长城资源"摸家底"。[1]

2016年《北京城市总体规划（2016年~2035年）》创新性提出长城文化带保护发展理念，这也标志着在首都北京历史文化名城保护体系背景下，对于长城沿线区域资源体系的认知逐步拓展和长城文化的理解持续深化。2019年4月，《北京市长城文化带保护发展规划》公布，同时制订了五年行动计划；按照国家文化公园建设保护总体部署，2021年，北京市印发了《长城国家文化公园（北京段）建设保护规划》，同时制定了《长城国家文化公园（北京段）建设保护实施方案（三年行动计划）》，明晰了北京长城国家文化公园建设保护实施的时间表和路线图。2022年国家文物局批复了北京市长城重要点段八达岭长城保护规划。目前，北京市仍在持续深化北京市长城保护规划及长城重要点段保护规划编制工作，多部北京长城资源相关专项规划为长城保护传承"绘蓝图·定计划"。

二 2020~2024年北京长城保护管理工作

2020~2024年，按照规划要求和一贯的工作部署，北京市持续开展了每年度的长城抢险保护工程、北京长城文化节系列活动、长城保护修复实践基地挂牌及建设、世界文化遗产监测和联动管理、长城文化带五个核心组团规划建设等一系列重要项目，这些项目的开拓创新和落地实施切实地推进了北京长城保护利用，提升了北京长城保护管理水平，也为北京长城文化带及长城国家文化公园建设保护提供了先行先试的坚实基础。

（一）保护为重点，示范为使命

1. 率先实施长城抢险工程，倾力保障长城全线平安

自2019年起，北京率先实施长城抢险加固系统工程，明确在全市范围

---

[1] 《北京市早期长城资源最新调查成果发布》，https：//baijiahao.baidu.com/s？id＝1777927780918970583&wfr＝spider&for＝pc。

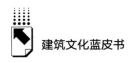

内每年至少开展长城抢险保护工程 10 项，并作为重点工作纳入年度计划，逐年安排逐年推进逐年显效，逐步建立长城抢险工作机制。截至 2024 年，经国家文物局批复的北京长城抢险加固项目共计 79 项，涵盖了墙体、敌台、关门、城堡等长城点段，并且每年由专家领衔，通过实地踏勘现场确定抢险点段，市文物局还设计了专家初评打分表，共十余个打分项，包括是否属于国家级长城重点段、最近险情发生的时间、是否有大面积坍塌的风险、是否存在渗水现象、是否有后续利用计划等，并且持续完善打分表内容，倾全力解决长城保护中最紧迫的"生存问题"，扎实推进 2035 年北京市域长城全线无重大险情的保护目标。北京市文物行政主管部门还特别重视北京长城抢险的后评估工作，逐年针对前一年的全部长城抢险加固工程编制《北京长城抢险加固项目工程报告》，旨在总结年度北京市长城抢险加固工程的特点和难点，以及抢险加固工程的理念原则、险情研判、病害病因、措施方法、设计与施工经验等，并在统计分析基础上总结和提炼长城抢险加固工程的经验，为今后北京市长城抢险加固项目提供参考实例和经验借鉴。目前《北京长城抢险加固项目工程报告（2019～2021 年）》（第一辑）也计划于 2025 年出版。

2023 年，北京市文物局、北京建筑大学共同主办了"北京长城抢险（排险）保护工作交流会"，会议围绕 2019 年以来北京长城抢险保护各方面工作进行了深入交流，这也是北京长城抢险保护项目开展以来第一次组织一线人员参与的交流研讨会。北京长城沿线六区文物保护管理部门的一线管理人员，历年参与北京长城抢险保护项目的设计人员、施工单位人员，以及项目指导专家参加了会议。本次交流会不仅总结回顾了以往北京长城抢险（排险）保护工作的相关经验，直面项目实施过程中的痛点问题，集思广益，寻找解决途径，更对后续北京长城抢险（排险）保护工作的理念与技术规范化、长城研究性维修保护、长城预防性保护、长城数字化保护工作提出设想，为北京今后几年更好地持续开展长城抢险（排险）保护工作指明了方向，同时也对相关管理方、设计方、施工方提出了更高的业务水平要求。①

2. 率先开展长城研究性修缮，多学科共研长城保护

长城修缮的理念持续演进，从最初的"残状修复"到"以抢险加固、现状保护为主的保护性修缮"，再到如今，北京市将长城保护工作的重心由一般性保护向研究性修缮转变。2021年箭扣段长城修缮工程提出先科研后施工、一米一米推进的"研究性修缮"创新模式②；2022年大庄科段长城研究性修缮项目启动。北京市以箭扣和大庄科长城为试点在全国率先开展长城研究性修缮项目，首次将考古手段引入长城保护，以考古科研为开端，多学科研究为手段，提升保护理念为引领，以数字化跟踪记录为保障，充分掌握长城历史信息，全面分析长城文化价值，突破以往长城保护的"唯经验论"。③"研究性修缮"模式旨在通过多学科融合参与、全过程精细化管理、经验交流宣传等工作，将"研究性"贯穿项目全过程，同时探索将长城保护工作"经验性"与"科学性"相结合，将数字化跟踪技术与实施效果评估同长城保护工作紧密衔接，进一步加强长城保护工作的考古科研融入，科学解决长城保护工程实施过程中的诸多难点问题，摸索"慢慢修长城，边修边研究"的经验模式，力争总结出一套长城保护修缮可复制、可推广的北京经验。④

3. 建立首个长城保护修复实践基地，发挥示范作用

2020年9月，为进一步推进北京市长城国家文化公园和长城文化带建设，经国家文物局同意，北京市在怀柔区箭扣长城脚下举办长城保护修复实践基地挂牌仪式。这是我国长城沿线首个挂牌的长城保护修复实践基地。长

① 《北京长城抢险（排险）保护工作交流与讨论会成功举办》，https：//baijiahao. baidu. com/s？id=1776884334048780486&wfr=spider&for=pc。
② 《先科研后施工，箭扣长城"研究性修缮"启动》，https：//baijiahao. baidu. com/s？id=1700260965430204737&wfr=spider&for=pc。
③ 《为长城保护提供"北京经验"》，https：//baijiahao. baidu. com/s？id=17998847268510 88907&wfr=spider&for=pc。
④ 《边修边研究 北京延庆区大庄科长城研究性修缮项目实践》，http：//www. ncha. gov. cn/art/2022/6/10/art_723_174875. html。

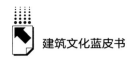

城保护修复实践基地建立以来，以基地为纽带的北京市长城研究性修缮、长城保护工程实践培训、长城保护学术研讨和研学交流等长城保护工作全面开展，在进一步提升北京长城保护理念和方法的同时，力争在全国长城保护修复研究工作中形成示范效应。①

未来计划围绕北京长城各类保护工程持续探索，将基地建成全国砖石长城修缮示范中心；以长城研究性修缮项目为契机，依托高校和研究机构科研资源，将基地建设成为全国长城保护研究中心；统筹长城保护监测、长城保护员日常巡查、游人管理疏导、非开放段落长城周边路径管理等，将基地建成长城保护综合管理示范中心。力争把长城保护修复实践基地打造成国家级长城修缮传统技艺培训中心和全国长城修缮示范基地。②

4. 推进预防性保护试点，探索全链条长城保护体系

北京市率先提出了长城"预防性保护"理念，旨在解决长城日常巡查中发现的轻微病害隐患，避免造成更严重的影响。同时发挥长城专职保护员队伍的日常巡查作用，通过有针对性的培训，使保护员能够更为及时准确地发现各类隐患问题，上报系统后及时采取保护措施。并且在长城保护员日常巡护中配置随身专业工具，具备开展一些小修小补工作的能力。③

2023 年，北京市首次启动北京全域长城航拍监测。利用无人机获取航拍照片，转换为正射影像及三维建模数据，并对图像上显示的病害类型和段落进行标注，分析北京长城的典型病害，做到早介入、早修复，为研判长城现状、针对性开展保护措施提供科学依据。人防加技防，北京已形成对长城重点点段全天巡查、一般点段定期巡查、出险点段快速处置、未开放长城科学管控的全覆盖的长城保护管理网络。

开展长城预防性保护工作需要将长城作为一个不断变化的生命体来看

---

① 《长城保护修复实践基地正式挂牌》，https://www.beijing.gov.cn/renwen/sy/whkb/202009/t20200921_2074705.html。

② 《北京怀柔加强长城考古 箭扣将打造国家级长城保护中心》，https://baijiahao.baidu.com/s?id=1787755207824649903&wfr=spider&for=pc。

③ 《长城预防性保护在箭扣启动》，https://www.beijing.gov.cn/renwen/sy/whkb/202303/t20230331_2948667.html。

待，要以管控变化和协同共进的态度去对待长城预防性保护问题，预防性保护的成功实施需要基于扎实的基础研究和广泛的民众参与基础。① 北京长城保护工作也正在从"抢救性保护"向"预防性保护"转变，持续探索建立"抢险加固—常规性修缮—研究性修缮—预防性保护—日常巡查维护"的全链条长城保护体系。

5. 对标世界遗产标准，树立缔约国履职良好典范

北京长城保护工作中，坚持将世界文化遗产保护理念贯穿始终，注重长城整体价值的挖掘和公众参与的保护。北京长城保护管理工作一直受到国际遗产组织的关注和认可。

"疫情环境下的北京昌平区遗产日常巡检保护工作的社区实践"项目荣获国际文物修护协会（IIC）2022 年凯克奖亚军。昌平区组织社区内部的文物巡检员与志愿者采用"文物 e 巡查"小程序开展长城等文化遗产的每日或定期巡检工作，实现了风险问题的及时发现、上报与处理，保障了文物安全。该项目是北京地区最早进行常态化、精细化文物日常健康管理与区域性预防性保护的案例，反映了北京市在文物工作改革与创新方面所做的努力和探索。②

"延庆世界地质公园文化遗产的公众监测"项目荣获国际古迹遗址理事会（ICOMOS）2022 年文化—自然奖特别奖。该项目针对北京市延庆区国家地质公园及长城世界文化遗产分布在同一地理空间的特质，通过建立数字化监测信息平台，使遗产地管理者，特别是长城沿线村庄中的上百名长城保护员能够使用数字技术实时反馈长城遗产、自然环境的保存状态及变化情况，切实参与到遗产地的保护当中。这种通过对文化—自然遗产地居住者进行培训，增强他们的遗产保护意识，指导他们参与巡查监测、预防性保护工作的

---

① 吴美萍、李哲：《关于开展长城预防性保护的几点想法》，《中国文化遗产》2024 年第 3 期。
② 《纪念〈世界遗产公约〉50 年：近期北京长城保护管理获两项国际奖》，https：//baijiahao. baidu. com/s？id＝1745946037014543183&wfr＝spider&for＝pc。

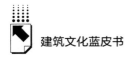

做法，受到国际世界遗产组织的特别重视和鼓励。①

中国长城博物馆改造提升工程作为北京长城文化带建设和长城国家文化公园建设的重点项目，在国家文物局指导下，北京市文物局组织开展了项目前期可行性研究与论证工作，向联合国教科文组织世界遗产中心报备《中国长城博物馆改造提升项目计划及遗产影响评估报告》，这是我国首次主动上报遗产区划范围内的重大建设项目计划，其报告方式和评估内容均获得了世界遗产组织的充分肯定，评价中国为缔约国履行《保护世界文化和自然遗产公约》树立了良好典范。②

（二）研究为基础，规划为引领

1. 深化政校战略合作，共建高端智库

依托北京高校科研机构集聚的资源优势，2020年4月，北京建筑大学与北京市文物局成立"北京长城文化研究院"，围绕北京市长城保护利用及相关任务开展战略合作，共建高端智库。四年来北京长城文化研究院开展了一系列课题研究和实践项目，深入开展长城文化及长城沿线文化资源研究，取得了具有示范意义的长城保护和价值挖掘创新成果。积极开展长城文化宣传教育活动，举办了多场长城保护及长城文化研究方面的国内外学术会议，承办了多次与长城保护利用相关的教育培训等，为北京长城文化保护传承提供有力支撑。在下一步的共建工作中，双方将更加深入地开展长城文化保护传承的各项研究与学术交流活动，广泛联合国内外研究团队和长城所在区域的各种力量，促进长城科学保护、合理利用，探索长城文化保护利用的创新之路。

2. 注重理论与实践研究，推进成果转化

以中国知网（CNKI）为数据来源，检索北京长城相关研究文献，

---

① 《纪念〈世界遗产公约〉50年：近期北京长城保护管理获两项国际奖》，https：//baijiahao. baidu. com/s？id=1745946037014543183&wfr=spider&for=pc。

② 《中国长城博物馆改造提升工程正式进入实施阶段》，https：//baijiahao. baidu. com/s？id=1786679498539090671&wfr=spider&for=pc。

1980~2024 年收录在中国知网的文献共计 1100 余篇。自 2004 年开始,聚焦北京长城的研究文献数量逐年增多,预测至 2024 年底,研究文献数量可能有百余篇。学者们聚焦北京明长城、长城文化带、八达岭长城、长城保护、军事部落等方面的研究颇多,研究层次以应用基础研究为主,工程技术和实践应用研究次之(见图 1)。另据不完全统计,自 2017 年以来,北京地区学者在国内核心期刊上发表了《长城数字化修复的基本问题与研究方向》等重要学术文章 30 余篇,出版了一批反映长城文化、历史价值研究、长城保护的高水平著作。

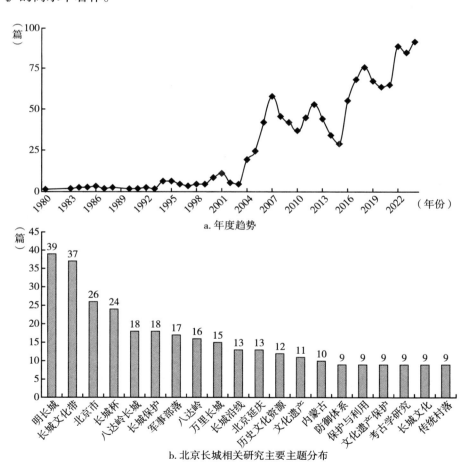

a. 年度趋势

b. 北京长城相关研究主要主题分布

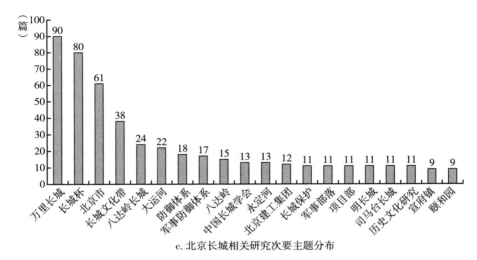

c.北京长城相关研究次要主题分布

图1　北京长城相关文献检索计量可视化分析

资料来源：中国知网。

2023年，按照推进长城国家文化公园建设保护提出的"深入研究阐发长城精神价值"的上位要求，北京市文物局以国家级长城重要点段为抓手，目前已开展古北口长城的历史文化和价值挖掘专题研究，深入研究古北口长城历史文化、长城抗战时代背景、历史重大事件、重头故事、重要人物等，挖掘古北口长城所蕴含的伟大爱国精神、伟大民族精神、伟大时代精神，构建以古北口长城历史文化为核心的价值阐释与展示体系，凝练以古北口长城为代表的长城精神价值内涵，彰显长城精神的时代价值，提出长城文化阐释和长城精神阐发等宣传教育工作建议。

3.探索高新技术应用，拓展应用场景

依据国务院办公厅印发的《"十四五"文物保护和科技创新规划》等上位指引，北京市持续探索利用无人机航摄巡护和运输修缮材料等高新技术，辅助解决长城保护管理的难点问题，不断拓展长城保护实践新路径。还计划将云计算、大数据、3D地理信息系统、VR/AR技术、人工智能等科技创新，赋能长城保护利用的前沿探索，高新技术应用探索还需要通过多学科、多专业、多领域的交流互动，不仅要在技术层面持续更新迭代，还需在理念方面持续创新，利用高新技术深化价值挖掘和提升保护能力。

一是保护手段创新。北京市正在探索建立长城监测数据基础平台。基于云计算、物联网、大数据等技术手段开展监测，并对长城振动变形信息进行分析，建立预警预报机制，为长城的保护提供风险预警；尝试利用无人机采集长城现状数据，通过持续获取更多的残损病害典型数据和 AI 智能辅助，训练 AI 技术实现快速自动识别病害变化和评估长城现状保存情况，持续推动高新技术在长城保护监测和提升长城保护效率等方面的应用。

二是保护理念创新。北京把长城保护重心从一般性抢险加固转向抢险与研究性修缮并重，通过考古发掘、地质勘探、数字化跟踪等手段，形成"边修边研究"的长城保护新思路。北京市还首次在国内开展数字化长城碑刻微痕提取项目，创新性地对长城碑刻实施微痕提取数字化识别，为还原长城重要文物史料提供更全面准确的参考依据。

2024 年，结合北京世界机器人大会在北京召开，为加强长城文物保护工作，北京市文物局联合延庆区长城管理处、中国电子学会等，邀请机器人科技核心企业，在八达岭长城选取不同场景，实地测试机器人智能场景应用情况。本次进行测试的机器人为形似"机器狗"的四足机器人，结合八达岭长城实际环境和服务需求，进行了基础能力、机动巡逻、牵引跟随、负重保障、预警喊话等场景展示，取得较好效果。本次测试将有助于后续对机器人进行迭代和软件更新，使机器人功能更贴近于长城的具体使用环境，更有针对性地服务于八达岭长城文物保护和游客服务工作。①

4. 发挥规划引领作用，构建保护体系

以《北京城市总体规划（2016 年~2035 年）》《北京市推进全国文化中心建设中长期规划（2019 年~2035 年）》作为北京长城保护管理的上位规划引领；历经十余年编制了《北京长城保护规划》《北京市长城文化带保

---

① 《"机器狗"登上八达岭长城》，https：//baijiahao. baidu. com/s？id = 1808535293014610 590&wfr=spider&for=pc。

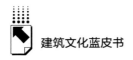

护发展规划（2018年至2035年）》《长城国家文化公园（北京段）建设保护规划》等作为工作指引；完成了马兰路、古北口路、黄花路、居庸路、沿河城共五个长城重点组团片区规划；正在加速推进全部完成将军关、古北口、五座楼、慕田峪、箭扣、八达岭、居庸关、沿河城共8个国家级长城重要点段保护规划编制及审批工作。目前北京市已形成国家层面的总体规划、省级层面的专项规划、区域层面的组团规划、点段层面的国家级长城重要点段规划的长城保护立体规划体系，实现长城保护的整体—区域—重要点段的多层次保护体系。

北京长城多部相关专项规划编制历经10余年，正是我国社会文化和各项建设事业高速发展时期，长城作为大型文化遗产，相关专项规划编制的理念与方法也在持续提升。规划编制充分考虑规划之间前后延续以及与其他相关规划的紧密衔接，同时为了保障规划措施落实和项目落地，每一部规划都配套制订了近期行动计划，提出了翔实的项目台账，形成"多本规划、一张蓝图，滚动式行动计划、台账式项目管理"的规划编制体系。

5. 保持项目布局更新，推动落地见效

北京市已经实施和正在推进的各项工作任务落实和各类规划项目都已取得了令人瞩目的成果。项目分型结构可分为探索型、标志型、基础型三级。

一是探索型项目旨在探索长城保护的先行案例，往往突破传统的文物保护与利用项目类型，在现有的保护管理制度下，采取申请试点工程和示范工程等方式探索创新型项目的实施路径。此类项目数量虽然极少，但其"先行先试"意义重大，能为其他省份的长城国家公园建设提供样板经验。例如，中国长城博物馆改造提升项目践行了缔约国承诺，在重大项目实施前预先申报世界遗产组织征询意见，申报的设计方案和评估报告均获得了高度肯定；《八达岭长城保护规划》获得了国家文物局批复，通过规划及实施持续探索八达岭长城文物保护和世界遗产双重协调管理模式；持续推进长城研究性修缮模式，加快推进长城保护修复实践基地建设，发挥基地辐射全国的示范作用；北京市级统筹，持续举办年度北京长城文化系列节庆活动，打造国家级乃至国际化长城文化品牌；打通并叫响了"京畿长城"国家风景道，探索实践多元化长城阐释展示及文旅模式。

二是标志型项目不仅聚焦于长城保护利用，同时也在探索长城如何带动长城沿线社区公众参与，如何发挥长城文化带动文旅融合和增进民生福祉效应等作用，切实推进长城文化传播和长城精神传承。例如，探索跨区跨乡镇的协同文旅模式，整合串联和协调联动长城沿线主题景区和特色景点，组织并发布多条以长城文化为主题的公众探访线路；通过八达岭长城大景区提升，推进长城世遗文旅融合区建设，打造长城国际文旅品牌；结合长城非物质文化遗产保护传承，推动长城沿线村落整治和精品民宿提升；通过拍摄纪录片等方式，阐发长城国家文化公园建设保护历程和意义。

三是基础型项目以延续北京长城资源保护利用相关项目为基础，推进实践和科研等各类项目常年滚动申报和实施，是长城保护的坚实基础和有效支撑。基础型项目在推进实施和效果评估过程中，持续总结大量的实践经验和剖析相关的问题成因，是孵化探索型和标志型项目的"土壤"，为项目更高质量和更高效率落地提供支撑。例如，北京长城抢险保护工程、长城沿线展陈场馆提升、长城文旅融合区提升、长城资源复核及价值研究、长城主题文创产品研发、"北京长城掌上游"网络产品推出等基础型项目。

以各项长城保护专项规划为统领，按照规划实施计划和期限阶段，及时制定新一轮的行动计划和项目台账。新阶段，北京就如何加快推进长城国家文化公园高能力和高效率建设保护进行先行先试，加速推动北京长城保护利用持续走在全国前列，为其他省份长城保护管理及国家文化公园建设保护贡献可复制、可推广、可借鉴的"北京经验"。

（三）利用为目标，创新为动力

1. 提升长城景区品质，拓展长城开放点段

以促进高质量文化供给为目标，注重探索长城保护成果对区域经济的提振作用。着力打造八达岭长城世界遗产核心展示区，慕田峪—箭扣、古北口—司马台、沿河城—黄草梁、将军关—黄松峪等长城文旅融合区，以高质量的文旅融合项目加强文化遗产保护，改善生态环境质量，整体提升沿线各

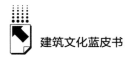

区长城保护管理水平，提振区域经济发展。

一是针对已开放长城景区聚焦提质增效，扩大开放展示区域，丰富游览内容，增加服务设施、提升观众游览体验。截至目前，根据初步统计，北京市共有长城开放景区 9 处，分别为延庆区八达岭长城（含水关长城）、古长城、九眼楼长城，昌平区居庸关长城，怀柔区慕田峪长城、黄花城水长城、响水湖长城，密云区司马台长城、蟠龙山长城。实现八达岭长城景区南七楼—南十六楼对外开放，扩大开放区域超过 1000 延长米，开放内容以开展徒步健走项目为主，满足公众多层次的游览体验需求，也拓展世界遗产价值阐释及展示空间。

二是对于未开放长城点段，以箭扣长城为试点组织文化探访线路，探索展示开放体验新模式，提供更多长城主题的公共文化产品，满足群众多元化需求。根据长城国家文化公园（北京段）建设保护规划，计划规划期内北京市全域长城开放段长度达到北京长城总长度的 10% 左右。基于长城重要点段的建设保护方案，统筹长城保护、文旅融合、展示方式、文化引导、环境提升等各类项目，以传承长城精神为目标，有序推动有条件的长城点段逐步向社会开放。逐步完善长城开放段准入制度，对新增开放段长城应建立开放预评估标准，科学论证长城展示方式、游客容量、功能合理性等。鼓励多样化形式（不只是单一登城）的长城开放展示方式，加强长城保护和开放利用的监控管理水平。还需制订长城开放展示计划，明确开放内容、配套服务设施、职责分工、展示宣教、活动组织、安全防范和保障措施等内容，并定期修编，及时调整优化开放时间、开放利用方式、保养维护要求、最大承载量等内容。加强对游客的宣传教育，制定全方位的应急预案，完善基础设施建设，提升应对各类风险和灾害的能力，确保游客安全和文物安全。

三是建立长城文化阐释与展示体系。研究和建构北京长城价值阐释与展示体系，鼓励综合运用传统和现代科技手段采集和整理长城历史信息，根据研究成果不断调整、优化开放利用的内容和形式；鼓励对长城考古工作及保护工程进行知识讲解；完善移动终端的中英文智慧语视导览系统；促进公众对保护工作的理解和参与；形成各具特色的重要点段展示利用效果。积极开展丰富多样的文化和体验活动，构建"能读""能听""能看""能游"的长城文旅体系。

2. 推进"京畿长城"国家风景道多层级建设

打造"京畿长城"国家风景道文旅品牌。"京畿长城"国家风景道作为长城国家文化公园（北京段）建设的十大标志性项目之一，西起门头沟区斋堂镇沿河城村，自西向东途经门头沟、昌平、延庆、怀柔、密云、平谷六区，主线全长 445km，串联长城国家文化公园（北京段）五大主题展示区，联动八达岭长城、居庸关长城、慕田峪长城、黄花城水长城、司马台长城等 30 余个优质旅游景区，以及 20 余个全国乡村旅游重点村镇。①

北京长城沿线已有多处长城景区、城堡、景观地、纪念地、展示馆，目前多数独立开放，各资源点无论是在事件线索、内容的丰富性，还是在相互的关联度方面均需进一步提升。按照"主题化、网络状、快旅与漫游结合"原则，构建"交通、文化、体验、游憩"于一体的"京畿长城"国家风景道，协同北京北部六区及京津冀一体联动，为长城沿线区域发展带来新机遇。

在"京畿长城"国家风景道主干线下建构包括长城抗战文化主题、长城城堡文化主题、长城自然风景主题等多样化文化探访道。通过主题内容、公共空间辨识度、标志标识视觉系统，融入数字方法连接引导。同时结合徒步体验、骑行体验等方式，布置休憩点，连接周边资源，加强关联性和整体性，形成长城文化景观复合廊道，突出长城精神的传达与深度体验。同步推出"夜长城"文化产品，司马台长城、慕田峪长城、八达岭长城、居庸关长城等长城景区实现夜游开放，推动长城沿线区域的夜经济繁荣发展。结合区域长城的民俗文化特色，组织春节精彩花会展演等主题活动，为广大游客提供独特的文化体验。

3. 引导长城镇村高质量发展，助推乡村振兴

以长城保护利用促进乡村振兴发展是北京市长城文化带及长城国家文化

---

① 《"京畿长城"国家风景道标识挂牌及智慧地图上线》，https：//www.beijing.gov.cn/ywdt/gzdt/202312/t20231208_ 3494204. html。

公园建设的重点目标之一，北京市级文物、文旅、农业农村等相关部门全面支持并指导长城属地基层政府开展长城保护传承，建设特色长城文化小镇。重点支持北京市唯一的中国历史文化名村名镇——古北口镇的保护传承发展，深化长城文化+旅游+研学模式，支持古北口镇推出"胜利之路""国歌长城"等系列长城文化主题探访线路。结合 2024 年中国传统村落集中连片保护利用示范工作（密云区），当地政府出台长城村落民居风貌引导、长城人家乡村民宿引导等 4 项文旅产业发展政策文件，促进 12 个文旅产业招商项目落地，涉及生态农业综合体、民宿集群、农旅融合示范等内容。古北口镇文旅融合发展的生动局面，为长城文化促乡村振兴提供了扎实的内容和示范案例。

2024 年 1 月，北京市文化和旅游局、北京市文物局联合公布 15 家北京市首批"长城人家"乡村民宿，包括：门头沟区创艺乡居民宿，昌平区葵花小院民宿，怀柔区道承肴兮民宿、水源观山民宿、村里故事民宿、城边栖居民宿，密云区矾根民宿、拱院民宿、隐谷私院民宿、拾光小院民宿，延庆区石光长城民宿、自游自在民宿、伴月山舍民宿、原乡里三司民宿、里家民宿。①"长城人家"授牌活动是围绕北京市长城文化带增进民生福祉，打造培育的"长城文化+"特色主题乡村民宿文旅品牌，在民宿中植入其周边长城点段的历史文化，不仅能在长城村落中体验长城文化，还能将乡村农产品作为"长城礼物"带回家，延伸长城沿线乡村文旅产业链条，丰富长城文旅产品供给，培育长城沿线乡村旅游发展新动能。

4. 构建长城沿线博物馆集群，深化价值阐释

作为北京长城国家文化公园建设一号工程，中国长城博物馆改造提升项目已经进入实施阶段。此次改造提升旨在把中国长城博物馆建设成为全面展示阐释北京乃至全国长城历史脉络和长城文化价值的传播窗口、长城精神的传承高地。预计中国长城博物馆还将作为八达岭高峰论坛永久会址，打造长

---

① 《北京发布首批"长城人家"乡村民宿》，https：//www.mct.gov.cn/whzx/qgwhxxlb/bj/202401/t20240115_ 950811.htm。

城世界文化遗产保护传承示范基地。北京市同步推进了长城沿线古北口长城抗战纪念馆、慕田峪长城博物馆、居庸关长城博物馆的展陈提升工程以及沿河城长城陈列馆建设，以中国长城博物馆为龙头的"1+N"的北京长城博物馆体系大格局将基本形成。

如何将长城厚重的历史文化内涵及文化精神更好地阐释与展示给公众，是市级部门和专家学者们一直不断思考并付诸实践的重大命题。北京长城专项阐释展示体系构建以古北口长城、箭扣长城、八达岭长城等国家级长城重要点段为试点，在实施修缮工程的基础上，深入研究挖掘长城点段价值特征以及周边自然和人文资源特色内涵，通过构建多元主题的"长城文化+"探访线路，设置重要展示节点，搭建长城自导式解说标识系统等方式，涵盖重大事件、重头故事、军事防御体系、营建方式解读、保护理念和保护工程解析等内容，打造北京长城文化遗产专项阐释展示体系，推进长城文化传播和长城精神弘扬。长城专项阐释展示体系是对长城价值进行多视角诠释的创新尝试，以期改变登长城看美景的单一游览模式，推出"可赏、可读、可听、可游、可学"的长城特色点段，增强长城历史底蕴和遗产知识的转译，未来还将持续总结"北京经验"，推动实现北京长城重要点段全覆盖。

北京市还将持续深化长城价值内涵挖掘和阐释展示，突出长城精神的价值弘扬，提升新时代首都民众文化获得感。将提升民众获得感作为文化遗产保护利用的出发点和落脚点，丰富保护研究、挖掘价值、传承展示等系列成果和传播形态，为不断促进首都人民文化高质量供给、满足美好生活需要做出新贡献。

5.塑造国家级长城文化品牌，推动文化传播

北京长城文化节已连续六年成功举办，每届文化节围绕宣传展示长城文化，推出学术论坛、展览展示、创意大赛、实景演出、体育活动、民宿旅游等一批系列活动，注重公众参与，形成传播热潮。通过将"北京长城文化节"系列活动打造成国家级长城文化品牌，塑造北京长城文化节的品牌效应，全面阐释长城文化价值，弘扬长城精神，发挥文物资源赋能社会发展功能，保护传承利用好长城历史文化金名片。

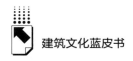
拓展北京长城文化传播途径，近年来出版了《长城踞北》《长城就在屋檐下》等长城文化带主题丛书，制作推出《长城抢险》《长城长》等系列专题纪录片，"长城考古""长城巡礼""长城保护员"等主题短视频，"长城集结令"系列 Vlog，播出《长城有话说》专题电视节目，北京非遗传承人的长城修缮技艺登陆央视《开讲啦》节目。2023 年文化和自然遗产日活动中，北京市文物局制作的《你不知道的长城考古故事》短视频系列荣获2023 年度中华文物新媒体传播精品推介入围项目。2023 年"北京文博"发布的《万里长城·我来守护》系列长城保护员优秀短视频作品，各平台观看量总计超过 370 万次。

2024 年，北京长城文化节采用"1+5+N"的模式，即一台以"群众性、文化性、时代性"为原则的精彩开幕式，五大市级重点活动，长城沿线各区系列活动。① 文化节期间还举行了"境外媒体记者长城行"活动。来自亚太、非洲、拉美、欧洲等 93 个国家和地区的 100 余名境外媒体记者，一同攀登八达岭长城南线，欣赏长城沿线风光，领略长城文化带建设成果。同步推出的长城主题摄影大赛，通过镜头捕捉长城的壮丽与独特魅力。以长城为背景的公路自行车拉力赛，串联"京畿长城"国家风景道沿线的标志性景点。第五届八达岭长城高峰论坛同期举办，从政策解读、学术交流、成果发布等多个方面，展示长城文化带及长城国家文化公园建设成果。综合运用传统媒体和新媒体手段，阐释长城文化遗产多元价值和独特魅力，展示长城保护工作成效与活化利用成果。

（四）机制为保障，管理为抓手

1. 强化高位统筹，健全领导体制，加强统筹协调

2016 年，北京在全国率先围绕长城沿线周边区域提出"长城文化带"的概念，首次将长城本体保护和区域发展融合在一起。2017 年 8 月，北京

---

① 《北京长城文化节来啦!》，https：//baijiahao. baidu. com/s? id＝1801458517035079681&wfr＝spider&for＝pc。

市成立由市委书记任组长的北京市推进全国文化中心建设领导小组，统筹全国文化中心建设各项工作，并成立包括长城文化带建设组在内的七个专项工作组。长城文化带建设组由市文物局牵头，共 21 家成员单位，负责统筹全市长城文化带保护利用。2019 年 12 月，北京市委市政府高位协调，增设国家文化公园建设专项工作组，统筹推进北京市国家文化公园建设各项工作，实现了在体制机制上将国家文化公园建设工作纳入全国文化中心建设范畴。2021 年 3 月，经报请市委主要领导同意，设立北京市国家文化公园建设工作领导小组，① 在体制机制上将长城文化带、长城国家文化公园建设工作纳入全国文化中心建设范畴统一部署。北京市形成了以长城遗产保护为核心，长城文化带保护发展为主题，长城国家文化公园建设为重点的北京长城保护传承新格局，开创了以文化建设促进区域协同发展新模式，助推首都北部生态涵养区高质量发展和乡村振兴全面推进。

2. 依托顶层设计，京津冀协同保护发展实现突破

2015 年 9 月，京津冀三地文物部门签订了《京津冀三地长城保护工作框架协议》，为京津冀三地合作保护长城建立合作机制搭建平台。国家文物局研究推进京津冀文物保护协同发展，要在《京津冀协同发展规划纲要》指导下，将京津冀文物保护协同发展纳入京津冀协同发展总体规划。2022 年 7 月，北京市、天津市、河北省三省市文物局共同签订《全面加强京津冀长城协同保护利用的联合协定》，联合协定提出京津冀携手建立行政区域边界处长城保护中的重大问题协商协作机制，共同制定实施相关长城点段保护计划，联合开展跨区域、跨部门执法巡查。全面深化协同发展，加快推进长城文物保护规划编制和跨区域衔接，整合三地高水平专业机构和高等院校优势资源，共同推动长城国家文化公园建设。加大传承弘扬力度，共同挖掘阐释、展示传承长城价值、长城文化和长城精神，建立健全京津冀长城保护传承利用信息共建共享工作机制，统一开展长城信息发布及宣传推广活动，

---

① 《北京：全力推进北京长城文化带及长城国家文化公园（北京段）建设》，http://changcheng.ctnews.com.cn/2021-08/06/content_ 109338.html。

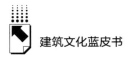

促进京津冀长城整体性保护。京津冀三地文物主管部门对机制制度的创新，是共同做好跨区域长城管控保护的坚实举措，京津冀协同保护实现突破，切实将习近平总书记关于京津冀协同发展重大决策部署落到实处。

3. 拓展资金渠道，引导社会力量参与长城保护

北京市始终贯彻落实"保护第一"的新时代文物工作方针，不断加大长城保护工作的资金投入和支持力度。自 2000 年至 2023 年底，北京市共计开展长城保护工程 120 余项，使用财政资金超过 6 亿元。公众参与也是推动文化遗产可持续保护和传承的重要力量。北京市积极引导社会力量以各种方式参与长城保护，近年来，引入中国文物保护基金会、香港黄廷方慈善基金会、腾讯基金会等社会资金 4000 万元，不仅拓宽长城保护资金渠道，还极大提升了共同保护长城的公众意识。

4. 完善制度保障，壮大和提升长城保护员队伍

北京市在长城沿线乡镇设立全覆盖的长城保护员体系，推行乡亲守护家乡长城。2018 年 11 月，北京市文物局印发了《关于进一步落实国家文物局〈长城保护员管理办法〉的通知》，要求北京市长城沿线各区制定实施细则，落实聘用职责、绩效考核等，为建设和管理长城保护员队伍，更好地完成长城日常巡查和维护提供政策依据。自 2019 年起，北京市已建立近 500 人的长城保护员队伍，实现了北京长城重点点段全天巡查、一般点段定期巡查、出险点段快速处置、未开放长城科学管控的全覆盖长城保护网络。长城保护员队伍的保护管理作用不断凸显，"北京长城保护员"已成为全国长城保护中最具代表性的品牌。

5. 公益诉讼机制，助力长城保护管理效能提升

近年来，各级检察机关和文物行政部门积极探索建立文物行政执法与检察公益诉讼协作机制，共同提升文物安全保障能力，合力推动长城保护检察公益诉讼取得较好效果。① 自 2024 年 1 月最高检部署开展"长城保护公益

---

① 《助力长城保护 守护民族脊梁——最高检第八检察厅、国家文物局督察司有关负责人就联合发布长城保护检察公益诉讼典型案例答记者问》，https://www.spp.gov.cn/zdgz/202304/t20230422_ 612076. shtml。

行动"以来，北京市检察机关充分发挥检察公益诉讼职能，协同做好长城保护"大文章"。① 2024 年 9 月，北京市检察院联合市文物局召开"检察公益护长城　京华文化续新篇"新闻发布会，通报北京市长城保护工作情况，发布北京市检察机关"长城保护公益行动"典型案例。② 北京市各级文物行政主管部门将进一步加强与检察机关的协作，在信息共享、调查取证、专业支持、案件督办等方面积极合作相互协助，推动解决一批历史遗留问题，聚焦文物保护重点难点问题，联合开展调研和意见会商，推进长城保护管理效能的提升。

三　北京长城保护传承未来展望

习近平总书记对于长城工作提出了新的指示要求，不仅要守护好长城，还要弘扬长城文化，讲好长城故事，带动更多人了解长城、保护长城。长城资源的守护、长城文化的传播、长城精神的传承都仍有很多问题需要研究，仍有很多难题需要探索。未来北京长城保护利用还将在长城保护高质量发展、价值为本的活化利用、突出长城文化阐释和长城精神弘扬等方面持续创新探索，继续发挥北京长城保护传承在全国的示范引领作用。以期为建设社会主义文化强国、推进中国式现代化贡献"北京经验"。

---

① 《北京检察机关扎实开展"长城保护公益行动"》，https：//sdxw.iqilu.com/share/YS0yMS0xNTg5MTAzNg==.html。

② 《北京市人民检察院、北京市文物局召开"检察公益护长城　京华文化续新篇"新闻发布会》，https：//www.bjjc.gov.cn/c/bjoweb/xwfbh/75133.jhtml？zh_choose=n。

B.9
北京市绿色建筑技术应用发展研究报告[*]

董 宏　姚 振　王璐璐　李佳乐**

摘　要： 　绿色建筑技术是支撑建筑绿色化最直接、有效的手段。在近20年的绿色建筑研究、实践中，绿色建筑技术的发展演变及其在建筑中的应用状况是指引绿色建筑未来发展的重要依据。研究通过比较北京市三个阶段绿色建筑评价标准中技术点变化情况，以及对按照不同评价标准设计建造并投入使用的案例建筑中绿色建筑技术应用状况的分析，对绿色建筑技术应用发展变化进行全方位展示。为从事绿色建筑政策、标准制定，绿色建筑设计、建造、运行的相关人员了解绿色建筑技术的发展和应用状况提供参考。

关键词： 　绿色建筑　建筑技术　北京

一　概述

（一）研究背景和方法

2006年，国家发布并实施了首部《绿色建筑评价标准》（GB/T 50378-2006）。该标准是在总结相关研究成果和工程实践经验的基础上，借鉴国际绿色建筑发展制定的一项多目标、多层次的绿色建筑综合评价标准。标准以

---

　* 感谢北京市住房和城乡建设委员会科技促进中心宛春、郭宁、郭银苹、朱涛，北京建工数智技术有限公司鲁东静等为本研究提供了调研支持和绿色建筑项目案例。

** 董宏，北京建筑大学建筑与城市规划学院教授，绿色建筑与节能技术北京市重点实验室主任，主要研究方向为绿色建筑、建筑热工、建筑节能；姚振、王璐璐、李佳乐，北京建筑大学建筑与城市规划学院建筑技术方向硕士研究生。

"四节一环保"为核心，建立了完整的评价指标、方法和体系。其后，该标准分别在 2014 年、2019 年发布实施了更新版本。2024 年 6 月 19 日住房和城乡建设部又发布了《绿色建筑评价标准（2024 年版）》（GB/T 50378-2019），已于 2024 年 10 月 1 日起实施。北京市在上述国家标准的框架下，基于本地区绿色建筑发展特点分别于 2011 年、2015 年、2021 年发布实施了北京市地方标准《绿色建筑评价标准》（DB11/T 825）。3 个版本的北京市地方标准与国家标准一一对应，按照标准设计评价的建筑形成了 3 个不同的绿色建筑发展阶段（见图 1）。

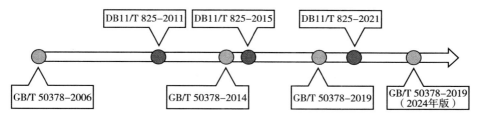

图 1　绿色建筑评价标准发布时间线

评价标准为绿色建筑的设计、建造和运行提出了明确的要求。在评价标准的牵引下，绿色建筑评价标识工作已持续开展了近 20 年，北京市的绿色建筑从点到面、从示范到普及，得到了快速发展。绿色建筑评价标准中的绿色性能也从"四节一环保"拓展到"安全耐久、健康舒适、生活便利、资源节约、环境宜居"等五个方面，但绿色建筑评价一直采用对技术点的应用情况（使用与否和应用效果）进行评分的方式来确定评价建筑的星级。其中，将绿色建筑必须采用的技术作为"控制项"，将可根据项目情况自由选择的技术作为"评分项"。所有"控制项"内容必须满足要求，否则不能进行星级评价，其可视作绿色建筑中绿色技术应用的门槛；而"评分项"的内容多根据拟达到的星级由项目按照适宜性、成本、效果等权衡选择，技术的选择和应用的程度则反映出成熟度、应用难易度等技术应用状况。

本研究将绿色建筑评价标准中，"评分项"涉及的绿色建筑技术分为场地空间利用、设计优化、物理环境控制、节能减碳、水资源利用、材料利

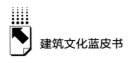

用、可再生能源利用、污染控制、固废减量与利用、组织管理等 10 类，对 3 个版本中各类技术的内容进行梳理，比较不同阶段绿色技术内容的变化情况。通过对按照 3 个版本进行评价的绿建项目中各类技术的得分情况进行统计，对不同阶段绿色建筑技术的应用情况进行分析。

（二）评价标准中的绿色建筑技术

绿色建筑作为一种推荐建设的高性能、高品质建筑，其建造和运行标准高于一般建筑。评价标准具有明显的指向和引导性，所列入的技术点通常是被证明能够有效提升建筑绿色性能的新技术，或工程实践中应用不足、易被忽视的重要技术。在 3 个不同版本的《绿色建筑评价标准》（DB11/T 825）中，用作评价定级的绿色建筑技术点总量波动变化，整体呈现先上升再下降的趋势，技术点数量从 2011 版的 65 个/69 个（居建/公建）增加到 2015 版的 118 个，2021 版则降至 77 个（见表 1）。其中，"设计优化""材料利用""组织管理"类技术点数量持续增加，特别是"设计优化""组织管理"的技术点数量大幅增加；而"场地空间利用""可再生能源利用"类技术点数量持续减少。此外，评价标准中"提高与创新"部分涉及的技术点数量显著增加，从 2011 版标准的 4 个/3 个（居建/公建），增加到 2015 版的 14、2021 版 17 个；涉及的技术类别数量也从 3 个/2 个（居建/公建），增加到 7 个。其中"节能减碳"和"组织管理"中鼓励提高与创新的技术点数量大幅增加。

表 1　评价标准中各类技术点的数量

单位：个

序号	技术类别	2011 版		2015 版	2021 版
		居住建筑	公共建筑		
1	场地空间利用	6(1)	5(1)	4(1)	4(1)
2	设计优化	4	3	10(2)	13(1)
3	物理环境控制	15	15	24(2)	14(1)
4	节能减碳	8(2)	12(2)	20(6)	8(3)

序号	技术类别	2011 版		2015 版	2021 版
		居住建筑	公共建筑		
5	水资源利用	9	9	16（1）	7
6	材料利用	4	4	7（1）	7（1）
7	可再生能源利用	3	2	1	1
8	污染控制	3	1	7	0
9	固废减量与利用	8（1）	8	12	6（3）
10	组织管理	5	10	17（1）	17（7）
合计		65	69	118	77

注：括号中为标准"提高与创新"部分的技术点数量。

二 绿色建筑评价标准技术内容的变化

为了进一步分析绿色建筑评价标准在发展过程中不同类别技术内容的变化情况，按照前述技术分类方法，分别对 10 种技术类别在 3 个不同版本评价标准中的技术内容进行比较，具体见表 2 至表 11。

从技术内容总体的发展变化看，在所有标准涉及的技术内容中，只有 23% 的技术内容（43 项）在 3 个版本中均有涉及，超过 76% 的技术内容在标准修订中发生了变化。其中，2011 版标准中 25% 的技术内容（47 项）被取消，其后两版标准中新增了 32% 的技术内容（58 项），另有 19% 的技术内容仅出现在 2015 版标准中。

从各技术类别的变化看，物理环境控制中持续保留的技术内容数量（12 项）最多，体现出物理环境控制是绿色建筑技术中持续关注的重点方向。但同时物理环境控制中被取消的技术内容（12 项）也最多，表明实践中物理环境控制技术的发展变化非常显著。新增的技术内容较多的是设计优化（15 项）、组织管理（15 项）和材料利用（10 项），表明了绿色建筑关注技术方向的变化和相关绿色技术的快速发展与进步。

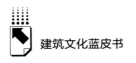

表2　场地空间利用

技术方向	主要技术内容		
	2011 版	2015 版	2021 版
场地空间	废弃场地利用	创新—选用废弃场地	创新—选用废弃场地
	旧建筑利用	创新—旧建筑利用	创新—旧建筑利用
	地下空间利用	地下空间面积占比	地下空间面积占比
	场地再利用、减少未开发场地占用	—	—
用地规模	—	人均居住用地指标、容积率	人均居住用地指标、容积率
设施共享	公共设施共享	—	—
环境友好	创新—低影响开发	场地生态的保护、恢复和补偿	场地生态的保护、恢复和补偿

表3　设计优化

技术方向	主要技术内容		
	2011 版	2015 版	2021 版
交通设施	距离 2 个以上公交站点<500m	500m 以内公共交通点 ≥3 个	800m 以内公共交通点 ≥2 个
	减少地面停车	减少地面停车	地面车位、数量面积比例
	设置自行车停车设施	便于使用的自行车停车设施	人车分流、非机动车道路照明充足
	清洁能源交通系统	设置充电设施	公共建筑充电车位占比 ≥10%
	—	到达公交、轨交、公共自行车站点的距离分别<500m、800m、500m	到达公交站的距离 ≤500/300m、轨 交 站 ≤800/500m
	—	向社会开放	公共建筑中的公共通道向社会开放
	—	—	到达开敞空间≤300m,到达运动场所≤500m
	—	—	公共建筑 500m 范围内有公共停车场

技术方向	主要技术内容		
	2011 版	2015 版	2021 版
服务设施	—	居住建筑到达幼儿园≤300m，小学、托老所、医疗、商业、文体≤500m	居住建筑到达幼儿园≤300m，小学、老年照料设施≤500m，文化设施≤800m，中学、医院≤1000m
	—	公共设施集中布置、建设	居住建筑500m范围内有3种以上商业设施，公共建筑内兼容2种服务功能
	—	公共设施、设备、空间、场地开放共享	公共空间开放
	—	—	吸烟区布置在下风向，与绿植结合，设置标志醒目，距离建筑开口和活动场地≥8m
	—	—	室内外健身场地面积，专用健身慢行道宽度和长度
建筑布局	利于日照、采光、通风	利于日照、采光、通风	楼梯间天然采光、视野良好，距离主入口≤15m
	—	建筑形体规则，利于抗震	—
	—	创新—建筑方案提高能源、资源利用率和建筑性能	—
	—	—	创新—因地制宜的建筑风貌
结构体系	资源消耗和环境影响小的结构体系	创新—资源消耗和环境影响小的结构体系	—
	—	优化地基基础、结构体系、结构构件的节材性能	—
	—	—	性能化抗震设计，提高抗震性能

技术方向	主要技术内容		
	2011 版	2015 版	2021 版
安全保障	—	场地无障碍设计	公共区域无障碍设计,墙柱转角为圆角且有扶手,容纳担架的无障碍电梯
	—	—	提高临空部位的安全防护水平,出入口与遮阳、遮风挡雨措施相结合的安全防护措施
	—	—	采用安全防护玻璃、防夹门窗
	—	—	室内外地面或路面设置防滑措施
性能保证	—	控制设计变更不降低建筑绿色性能	—

表 4　物理环境控制

技术方向	主要技术内容		
	2011 版	2015 版	2021 版
声环境	住区环境噪声符合标准要求	场地噪声符合标准要求,有隔声、降噪措施	场地环境噪声优于标准要求
	建筑平面、功能布局减少噪声干扰	建筑平面、空间布局减少噪声干扰,设备隔声、减震,降低排水噪声	—
	卧室、起居室的噪声级达到高性能要求	主要功能房间室内噪声级达到标准不同级别要求	主要功能房间室内噪声级达到标准不同级别要求
	居住建筑楼板和分户墙的隔声减噪,宾馆的隔声性能满足标准一级要求	主要功能房间空气声隔声、撞击声隔声性能满足标准不同级别要求	主要功能房间空气声隔声、撞击声隔声性能满足标准不同级别要求
	—	重要房间专项声学设计	

续表

技术方向	主要技术内容		
	2011 版	2015 版	2021 版
光环境	住区光污染控制	建筑和照明设计避免光污染	玻璃幕墙可见光反射比、反射光,夜景照明符合标准
	视野良好,无视线干扰,卫生间有外窗	主要功能房间视野良好、无视线干扰,居住建筑间距>18m	—
	地下空间自然采光,5%面积采光系数≥0.5%	地下空间平均采光系数>0.5%的面积比例	地下空间平均采光系数>0.5%的面积比例
	办公、宾馆75%以上功能空间采光系数满足现行标准要求	公共建筑内区采光系数满足要求的面积比例>60%	—
	—	主要功能房间的采光系数或窗地面积比满足不同要求	住宅主要功能空间或公共建筑内区采光系数满足要求的面积比例>60%
	—	眩光控制	眩光控制
风环境	人行区风速<5m/s,风速放大系数≤2	冬季人行区风速<5m/s,风速放大系数≤2;夏季无涡旋和无风区	冬季人行区风速<5m/s,休息、娱乐区风速<2m/s,风速放大系数≤2;夏季无涡旋和无风区
	建筑前后压差冬季≤5Pa,夏季保持在1.5Pa左右	建筑前后压差冬季≤5Pa,外窗内外风压差>0.5Pa	建筑迎背风面压差≤5Pa,外窗内外风压差>0.5Pa
	居住建筑通风开口面积≥8%地板面积	居住建筑外窗实际可开启面积,明卫;公共建筑外窗、幕墙的有效通风面积、可开启面积	住宅的通风开口面积
	公共建筑自然通风的换气次数≥2 次/h	公共建筑自然通风换气次数>2 次/h 的面积比例	公建自然通风换气次数>2 次/h 的面积比例
	通风装置、新风量符合标准要求	—	—
	—	气流组织满足供暖、通风和空调要求,避免污染物扩散到其他空间	

续表

技术方向	主要技术内容		
	2011 版	2015 版	2021 版
热环境	住区热岛强度 ≤1.5℃	—	—
	场地下垫面遮阴与浅色饰面	场地遮阴面积、太阳辐射反射率降低热岛强度	场地遮阴面积、太阳辐射反射率降低热岛强度
	可调节外遮阴	可调节遮阴设施的面积比例	可调节遮阴设施的面积比例
	公共建筑调节方便、提高舒适性的空调末端	系统末端可独立调节的房间数量比	—
	分户、分室温度调控	—	—
	—	—	主要功能房间达到热舒适的时间或面积比例
绿化	使用乡土植物, 多层次绿化	使用乡土植物, 复层绿化, 乔灌木数量, 屋面、墙面绿化率	—
	公共建筑屋顶绿化占屋顶面积 ≥30%, 鼓励垂直绿化	—	—
	—	绿地率、人均公共绿地面积, 向公众开放	绿化率、人均绿地面积, 绿地向公众开放
	—	—	创新—场地绿容率
空气品质	室内空气质量监测系统	人员密度高、变化大的区域设置空气质量监控系统, 与通风系统联动, 超标报警	—
	公共建筑人员变化区域 CO_2 浓度控制、全新风运行	—	—
	地下车库设置与排风联动的 CO 监测	地下车库设置与排风联动的 CO 监测	—
	卧室、起居室使用蓄能、调湿、改善空气质量的材料	选用改善室内环境的装饰装修材料用量比例	装饰装修材料的有害物质限量满足绿色产品要求
	—	降低新风中的 PM2.5	—
	—	创新—有效的空气处理措施, 降低室内 PM2.5	空气污染物浓度低于标准 10%, PM2.5、PM10 的浓度
	—	创新—预测污染物组成, 指导装修设计对污染物控制	—

表 5　节能减碳

技术方向	主要技术内容		
	2011 版	2015 版	2021 版
围护结构	创新—被动式集成技术	创新—被动式超低能耗绿建技术	创新—超低能耗、健康、智慧专项设计
	—	围护结构热工性能高于标准 3% 以上,计算能耗降低 3% 以上	围护结构热工性能高于标准 5% 以上,计算能耗降低 5% 以上
	—	创新—甲类公建、乙类公建、居建围护结构性能高于标准 20%、10%、10%,计算能耗降低 15%、10%、10%	—
设备系统	风机、水泵能效符合标准要求	水泵耗电输热(冷)比降低 10% 以上、单位风量耗功率符合标准	单位风量耗功率、水泵耗电输热(冷)比降低 20%
	空调系统能效	供暖空调设备能效符合标准	供暖空调设备能效优于标准要求
	—	创新—供暖空调系统机组能效优于标准	—
	能量回收	排风能量回收热效率	—
	新风预热预冷		
	新型或行为节能的空调技术	供暖、通风与空调系统优化系统能耗降低 3%、5%、10%	—
	—	空调分区控制,优化机组数量、容量、变频技术	—
电气产品	节能电气产品	选用节能型电气设备,变压器、水泵、风机能效	电气设备满足标准节能评价值要求
	电梯节能拖动和控制	电梯群控、扶梯自动启停	—
	照明功率密度低于标准目标值	主要功能房间或全部区域的照明功率密度达到标准目标值	主要功能房间照明功率密度达到标准目标值
	—	公共场所照明系统采取分区、定时、感应控制措施	照明随照度自动调节

续表

技术方向	主要技术内容		
	2011 版	2015 版	2021 版
能耗与碳排放	采暖空调能耗 ≤ 标准 90%/80%（居建/公建）	—	—
	采暖空调能耗 ≤ 标准 80%/75%（居建/公建）	—	—
	创新—采暖空调能耗≤标准 70%/90%（居建/公建）	创新—优化供暖、通风、空调系统,能耗降低 20%	创新—进一步降低供暖空调系统能耗
	—	—	建筑能耗降低 10%以上
	—	变新风运行,排风与新风相适应;过渡季改变新风送风温度	—
	—	优化冷却塔运行时间,调整供冷温度	—
	—	创新—计算建筑碳排放	创新—进行碳排放计算,降低碳排放强度
冷热源	余热、废热利用	余热、废热利用	—
	蓄冷蓄热技术	蓄热、蓄冷系统提供的冷量比例,保证高峰时段电加热用电,谷电蓄能达到全负荷运行的 80%	—
	—	创新—分布式冷热电联供,能源综合利用率≥70%	—
施工用能	—	施工用能、节能方案,监测施工区和生活区能耗、运输能耗	—

表6 水资源利用

技术方向	主要技术内容		
	2011 版	2015 版	2021 版
用水定额	—	日用水量达到不同定额标准	日用水量达到不同定额标准

续表

技术方向	主要技术内容		
	2011版	2015版	2021版
供水设计	—	无超压出流，供水压力≤0.2MPa	—
	—	使用密闭性、耐腐蚀、耐久性好的管材、管件	—
	—	分级设置计量水表，计量、损漏检测并整改	—
用水计量	按用途、水质进行用水计量与监测	按用途、付费或管理单元设置用水计量装置	—
用水效率	—	2级用水效率卫生器具的比例	1、2级用水效率卫生器具的比例
	—	创新—卫生器具用水效率达到1级	—
节水	高效节水灌溉	使用节水灌溉末端、湿度传感器、雨天关闭装置	使用节水灌溉末端、湿度传感器、雨天关闭装置
	—	种植无须永久灌溉的植物	种植无须永久灌溉的植物
	采用循环冷却水，减少补水量	冷却水系统采用防溢出技术，蒸发量占补水量的比例≥80%	冷却水系统采用防溢出技术，采用无蒸发耗水量的冷却技术
	—	公共浴室采用温度控制、显示、调节功能的淋浴器，付费设施	—
雨水利用	增加雨水渗透量，控制雨水径流	控制雨水径流、外排总量。场地年径流总量控制率新开发区85%以上，其他区域70%以上	控制雨水径流、外排总量。场地年径流总量控制率55%以上
	雨水利用	调蓄雨水的面积占绿地面积的比例，雨水径流控制和径流污染控制，场地外排雨水流量径流系数	调蓄雨水的面积占绿地面积的比例，80%的屋面道路雨水进入地面生态设施
	透水地面面积≥45%/40%（居建/公建）	透水铺装率	透水铺装率达到50%
	—	景观水体雨水补水量>60%蒸发量	景观水体雨水补水量>60%蒸发量
	—	控制雨水面源污染，利用水生物、植物净化水体	利用生态设施消减径流污染，利用水生物、植物保障水质

续表

技术方向	主要技术内容		
	2011 版	2015 版	2021 版
再生水利用	再生水使用	—	—
非传统水源	非饮用水使用非传统水源	冷却水补水使用非传统水源占补水总量的比例	—
	非传统水源利用率居住≥10%，办公、商场≥20%，旅馆≥15%	非传统水源用水量的比例	非传统水源用水量的比例
	非传统水源利用率居住≥30%，办公、商场≥40%，旅馆≥25%	—	—
施工用水	—	施工节水、用水方案，监测施工区和生活区水耗、基坑降水量和利用量	—
其他	—	其他节水技术或措施占用水量比例	—

表7　材料利用

技术方向	主要技术内容		
	2011 版	2015 版	2021 版
本地建材	500km 内建材重量≥70%/60%（居建/公建）	500km 内建材重量≥70%，80%，90%	—
高效材料	采用高耐久性混凝土、高强度钢	采用高强钢筋、钢材、混凝土的比例	采用高强钢筋、钢材、混凝土的比例
	—	—	非现场焊接构件比例
绿色建材	选用推广建材和制品	选择推广使用的建材、制品的种类数量和比例	—
	—	创新—绿色建材用量≥70%	绿色建材用量≥30%
功能性材料	墙体保温用无机材料	—	—
	—	采用免装饰、免抹灰面层	—
	—	—	采用免支撑楼屋面板

技术方向	主要技术内容		
	2011 版	2015 版	2021 版
高耐久性	—	耐久性好、易维护的装饰装修材料和技术措施	采用耐久性好的外饰面、防水和密封材料,耐久性好、易维护的室内装饰装修材料
	—	采用高耐久性混凝土的比例,采用耐候结构钢或耐候防腐涂料	采用高耐久性混凝土,采用耐候结构钢或耐候防腐涂料
	—	施工中对保证建筑耐久性的材料、构造,有节能环保要求的设备、材料进行检测、验收并记录	—
	—	—	提高钢筋保护层厚度,采用防腐木材、耐久木材和制品
	—	—	采用耐腐蚀、抗老化、耐久性好的管材、管线、管件
	—	—	长寿命活动配件,部件组合同寿命或便于拆换、更新、升级
	—	—	通用开放、灵活可变的使用空间设计
	—	—	结构与设备管线分离
	—	—	与功能和空间变化相适应的设备布置、控制方式
	—	—	创新—按照百年建筑设计实施

表8　可再生能源利用

技术方向	主要技术内容		
	2011 版	2015 版	2021 版
可再生能源利用	居住建筑中可再生能源使用量占比>5%、10%、15%;公共建筑中可再生能源使用量占比:热水≥25%、50%,供暖供冷≥25%、50%,发电≥1%、2%	在热水、供暖供冷、发电中应用的比例	在热水、供暖供冷、发电中应用的比例

表9 污染控制

技术方向	主要技术内容		
	2011 版	2015 版	2021 版
垃圾处理	垃圾站不污染周围环境	垃圾站定期冲洗、及时清运、无臭味	—
	厨余垃圾就近处理,无二次污染	—	—
减少污染	绿化不污染土壤、地下水	化学药品管理责任制,病虫害防治用品使用记录完整,采用无公害防治技术	—
	定期检查、清洗空调通风系统	空调通风系统定期检查、清洗计划,按时实施并记录完整	—
	—	车辆冲洗、场地硬化、垃圾存放运输封闭、垃圾采用容器或管道运输、外脚手架封闭、现场洒水喷雾降尘、散料密闭存放	—
	—	车辆清洗处设置沉淀池,废水沉淀后排放或再利用,油料、溶剂库房地面防渗漏,废弃物集中处理,化粪池抗渗处理,下水管线设过滤网	—
	—	控制噪声并检测记录,使用低噪声、低振动机具,采取噪声污染防治、降噪措施	—
	—	调整施工灯光照射方向,夜间电焊防光污染措施	—

表10 固废减量与利用

技术方向	主要技术内容		
	2011 版	2015 版	2021 版
建筑工业化	采用预拌砂浆	—	—
	创新—混凝土结构预制化率≥50%	工业化预制构件用量比例	创新—采用钢结构、木结构,装配式混凝土结构体积比超过35%
	—	采用整体厨房、卫浴的比例	工业化内装部品用量比例50%以上的种类数量

续表

技术方向	主要技术内容		
	2011 版	2015 版	2021 版
循环利用	再循环材料使用重量≥10%	可再循环、再利用材料的用量比例	可再循环、再利用材料的用量比例,利废建材种类和用量比例
	废弃物建材用量≥30%	使用废弃物原料建材用量种类和比例	—
	可再利用材料使用率>5%	—	—
	垃圾分类收集率≥90%	垃圾分类收集率、回收率,可降解、有害垃圾单独收集处置	—
	固废分类处理、回收再利用	实施废弃物减量化、资源化计划,施工废弃物回收率	创新—非实体材料利用,垃圾减量、回收、再利用
	—	单位面积施工固体废弃物排放量	—
	办公、商场采用灵活隔断	可重复使用隔断(墙)的比例	—
	土方平衡,施工设施在运营中继续使用	—	—
土建装修一体化	土建装修一体化设计施工	土建装修一体化设计、施工比例	所有区域土建与装修一体化设计施工
	—	—	创新—性能良好的保温结构一体化技术
减少损耗	—	预拌混凝土损耗率	—
	—	成型钢筋使用率>80%,钢筋损耗率	—
	—	使用定型模板面积比例,增加周转次数	—

表 11　组织管理

技术方向	主要技术内容		
	2011 版	2015 版	2021 版
计量收费	改扩建项目能耗分项计量	—	—
	冷热电计量收费	—	—

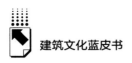

续表

技术方向	主要技术内容		
	2011 版	2015 版	2021 版
水、空气质量保障	雨水、再生水的水质检测	非传统水源水质、用量记录	各类水质满足现行标准要求
	工程资料和运行数据完备	—	水质在线监测,记录保存随时可查询
	—	—	定期水质检测公示
	—	—	符合标准的成品水箱,储水不变质措施
	—	—	设置空气质量检测系统
信息化、智能化	智能化、网络化系统符合标准要求	智能化系统满足标准要求、工作正常、定期校验	智能服务系统应≥3 种智能化服务功能,可远程监控,接入智慧城市
	采用节能管理系统	能源管理系统能耗监测数据完整,具有数据分析管理能力,耗电量符合要求	用能自动远传计量,能耗监测、数据分析和管理系统
	通风、空调和照明设备的自动监控系统合理、高效	供暖空调能耗监测管理系统可远程控制、在线监测、进行机组群控,自动控制新风比、设备运行	—
	—	物业管理信息化系统功能完备、记录数据完整	创新—智慧物业管理
运行维护	设备、管道便于维修、改造和更换	—	—
	—	施工阶段机电系统调试和联合试运转	制定运营效果评级方案和计划,定期检查、调试且记录完整
	—	综合性能调试,根据运行情况再调试	定期节能诊断评估并优化运行
	树木成活率>90%	树木成活率>95%,工作记录完整、现场观感良好	—
	物业管理通过 ISO 14001 认证	获得 ISO 14001、ISO 9001、GB/T 23331 环境、质量能源管理体系认证	—
	—	—	给排水管道、设备、设施的永久性标识
	—	—	用水远传计量系统能记录、统计分析各种用水情况,管网漏损自动检测、分析、整改,漏损率<5%

续表

技术方向	主要技术内容		
	2011 版	2015 版	2021 版
管理机制	—	进行绿色建筑重点内容交底,记录实施情况	—
	—	施工过程科技成果,创效显著	—
	—	绿建工程专项验收	创新—获得绿色施工优良或示范认定,预拌混凝土损耗降至 1%,钢筋损耗降至 1.5%,免粉刷模板体系
	—	创新—应用 BIM 技术的阶段数量	创新—应用 BIM 技术的阶段数量
	资源管理激励机制	能源资源管理激励机制、租用合同有节能条款、采用合同能源管理	操作规程、应急预案,节能节水绩效考核激励机制
	—	操作保养维护规程、应急预案完善,现场明示、严格遵守	创新—公共卫生突发事件应急预案,定期演练、日常消毒
	—	绿色教育宣传记录、提供使用手册、获得媒体报道	每年≥2 次教育宣传与实践活动,展示、体验或交流分享平台,提供使用手册,每年 1 次满意度调查并改进
	—	应用无成本、低成本节能管理措施	
	—	—	创新—土建、设备和安装工程质量保险
	—	—	创新—绿色金融产品
	—	—	创新—运行性能公开,数据持续更新

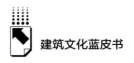

三 北京市绿色建筑技术工程应用状况

（一）绿色建筑技术应用案例概况

本研究选取了 21 个按照北京市绿色建筑评价标准进行设计、建造的工程项目进行绿色建筑技术应用研究。项目分布在北京市 8 个区县，标识时间在 2016~2023 年（设计建造时间提早 3~5 年）。所有案例项目都已竣工并投入使用，且在绿色建筑评价管理机构完成了绿色建筑星级评价，获得了绿色建筑星级标识证书。项目的建筑类型、建筑面积、执行标准，以及标识星级的情况如图 2 所示。

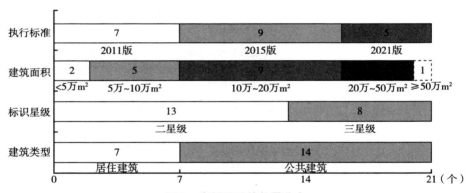

图 2 案例项目的数量分布

其中，执行 2011 版和 2015 版绿色建筑评价标准的标识项目均采用北京市地方标准 DB11/T 825 进行标识评价；执行 2021 版标准的标识项目按照国家绿色建筑评价标识的相关管理要求进行标识评价，二星级项目采用北京市地方标准 DB11/T 825 进行标识评价，三星级项目采用国家标准 GB/T 50378进行标识评价。

（二）阶段一：DB11/T 825-2011

按照 2011 版标准进行标识评价的绿色建筑的评价时间在 2016~2020

年。从案例项目累积得分率（即将所有项目在某个技术类别中的得分百分率累加）来看，所有项目的平均值为417%，换算成平均得分率（即所有项目在技术类别中得分率的平均值）为60%，10类技术有6类超过平均得分率水平。其中，"组织管理"和"水资源利用"技术的得分率最高，案例项目的累积得分率超过560%，平均得分率超过80%；而"提高与创新"的得分率最低，累积得分率100%，平均得分率不到15%。此外，"材料利用"技术的得分率相对较低，累积得分率300%，平均得分率不足50%（见图3）。

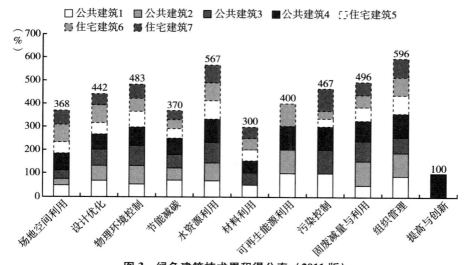

图3　绿色建筑技术累积得分率（2011版）

在10类技术中，公共建筑案例项目在除"场地空间利用""材料利用"之外的8类技术中的应用平均得分率超过居住建筑，其中"可再生能源利用""污染控制"的平均得分率较居住建筑提高40个百分点以上。公共建筑和居住建筑在所有技术中的整体平均得分率分别为72%和58%，公共建筑比居住建筑高出14个百分点，显示出公共建筑在绿色建筑技术应用中的显著优势。三星级建筑的平均得分率在所有的技术类应用中均高于二星级建筑，所有技术的平均得分率84%，显著高于二星级建筑的56%。"提高与创新"得分的案例为三星级建筑与公共建筑，二星级建筑和居住建筑均没有在"提高与创新"中获得分数（见图4）。

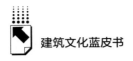

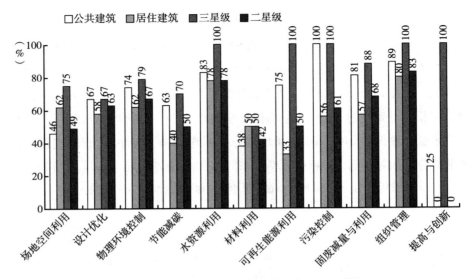

图4 各类建筑绿色建筑技术得分率（2011版）

（三）阶段二：DB11/T 825-2015

按照2015版标准进行标识评价的绿色建筑的评价时间在2016~2021年。案例项目累积得分率576%，平均得分率64%，依然有6类技术的得分率高于平均水平。"污染控制"技术的得分率显著高于其他技术类别，累积得分率达到800%，平均得分率接近90%。"提高与创新"得分率依然最低，累积得分率210%，平均得分率23%。"可再生能源利用"的平均得分率不足50%（见图5）。

在10类技术中，公共建筑和居住建筑的得分率较高的项目类别各5个，公共建筑在"场地空间利用""物理环境控制""污染控制""固废减量与利用""组织管理"中的应用平均得分率超过居住建筑，居住建筑在"设计优化""节能减碳""水资源利用""材料利用""可再生能源利用"技术中的得分率更高。但是，除了居住建筑在"可再生能源利用"上的得分率高出公共建筑76个百分点以外，其他技术得分率的差距都在20个百分点及以内，"设计优化""固废减量与利用"的平均得分率差异不足7个百分点（见图6）。

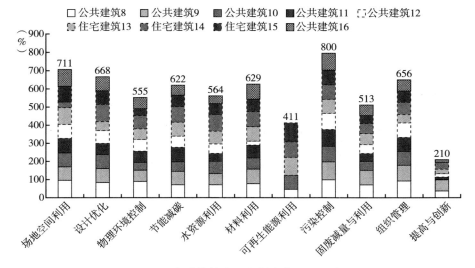

图 5　绿色建筑技术累积得分率（2015 版）

从包括"提高与创新"在内所有技术整体平均得分率来看，公共建筑和居住建筑得分率分别为 62%、68%，技术应用水平大致相当。三星级建筑所有技术整体平均得分率 71%，依然高于二星级建筑的 58%。但在"场地空间利用"上二星级建筑得分率 84% 高出三星级建筑 73% 多达 11 个百分点；在"污染控制""组织管理"上两者的差距亦小于 5 个百分点。"提高与创新"依然是拉开三星级建筑与二星级建筑得分率最大的来源，两者差距高达 30 个百分点，但公共建筑和居住建筑在"提高与创新"中得分率已经基本相当，仅相差 2 个百分点。

（四）阶段三：DB11/T 825-2021、GB/T 50378-2019

按照 2021/2019 版标准进行标识评价的绿色建筑的评价时间集中在 2022 年和 2023 年。案例项目累积得分率 294%，平均得分率 59%，有 5 类技术的得分率高于平均水平。得分率最高的"组织管理"技术累积得分率 385%，平均得分率 77%，与得分率紧随其后的"场地空间利用""设计优化"技术的累积得分率 357%、平均得分率 71% 差距并不明显。"提高与创

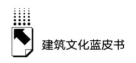
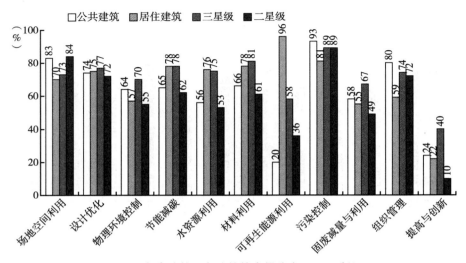

图6 各类建筑绿色建筑技术得分率（2015版）

新"得分率依然最低，累积得分率145%，平均得分率29%。"可再生能源利用"的累积得分率180%，平均得分率仅有36%（见图7）。

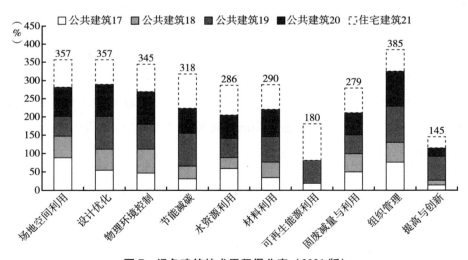

图7 绿色建筑技术累积得分率（2021版）

在10类技术中，居住建筑在除"设计优化""组织管理"之外的8个技术类别中的得分率高于公共建筑，特别是在"可再生能源利用"上得分率高于公共建筑 80 个百分点、"节能减碳"高出 40 个百分点，两类技术均以降低建筑常规能源应用和减少碳排放为目标，显示出居住建筑在节能减碳技术应用上存在较大优势。而公共建筑在"组织管理"上得分率 81%，超过居住建筑 22 个百分点，显示出居住建筑组织管理技术存在较大挖掘空间。此外，居住建筑在"水资源利用""材料利用""固废减量与利用"等技术应用上得分率高于公共建筑 32 个、16 个、15 个百分点，显示出在资源利用上的显著优势。包括"提高与创新"在内所有技术整体平均得分率公共建筑和居住建筑分别为 55%、72%，也显示出居住建筑在绿色建筑技术应用方面优于公共建筑（见图 8）。

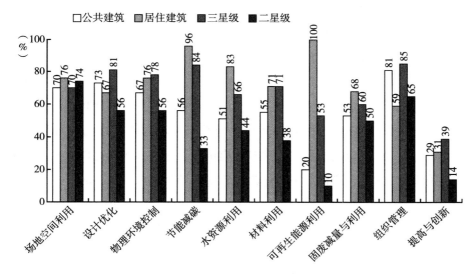

图 8　各类建筑绿色建筑技术得分率（2021 版）

三星级建筑在包括"提高与创新"在内所有技术整体上平均得分率 69%，高于二星级建筑的 44%，在除"场地空间利用"之外的其他技术类别上的得分率均高于二星级建筑。其中，"节能减碳""可再生能源利用"技术的得分率高出 51 个和 43 个百分点，技术应用优势明显。三星级建筑与二星级建筑"提高与创新"得分率的差值为 25 个百分点，尚排在"材料利用"之后，与"设计优化"相当，略高于"水资源利用"、"物理环境控

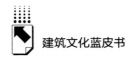

制"和"组织管理"。说明建筑为达到三星级水平在技术应用方面的选择呈现多样化的趋势。

四 北京市绿色建筑技术应用发展状况

（一）参与评价技术点的变化

如前所述，评价标准中参与星级评价的技术点数量不断变化。通过对具体技术内容的分析，技术点数量增长的原因主要是随着技术进步和发展，新的绿色建筑技术逐渐成熟，被纳入绿色建筑设计、建造和运行管理中，如运行管理的智能化、建筑可变空间隔墙的重复使用等。或者是为适应建筑发展趋势和国家方针政策而推荐采用的新技术，如采用工业化结构体系和构件，进行建筑碳排放计算等。技术点数量减少首先是由于技术已经在建筑工程中普遍应用，作为评价项无法体现技术应用的差异性，如预拌砂浆和预拌混凝土、热回收技术等在绝大多数项目中已经普及，不再将其作为评分项。其次，部分技术由于应用的限制条件多、应用场景有限，无法大规模推广，如蓄冷蓄热、冷热电三联供等不再作为评分项。最后，评价方法的变化、章节结构的调整也导致技术方向相似的技术点进行了合并，部分技术点从单独一个条文变为条文中的一款，或若干条合并为一条，如可再生能源应用、围护结构性能提升、计算能耗降低等，造成评价点数量的减少。

在不同技术类别技术点数量变化中，若以 2011 版标准为比较基准，技术点数量持续、显著增多的主要是"设计优化"和"组织管理"技术（见图 9）。其中，"设计优化"中的 6 个技术方向除了安全保障中涉及的技术内容需要靠增加初始投资实现以外，其他交通设施、服务设施、建筑布局、结构体系、性能保证等都是通过设计阶段的精细化工作来实现。"组织管理"则属于典型的通过软科学投入，提升和保证建筑绿色性能的技术。两类技术共同点都是依靠人力投入而非材料设备投入的方式来实现建筑的绿色化。此类技术点数量的增加有助于改变长期以来形成的绿色建筑靠增加投资才能实现的固有印象，有助于降低高星级绿色建筑增量成本，促进高星级绿色建筑的快速普及。

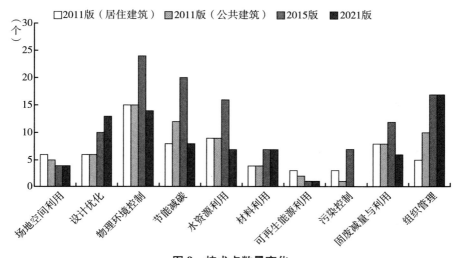

图9 技术点数量变化

技术点变化的另一个显著特点是评价指标趋于具体化、定量化。例如，对于降低管网漏损的要求，2011版标准中仅提出"采取措施"，但条文中并未规定采取何种措施以及达到的目标；2015版标准则提出了具体的技术措施，如选用密闭性好的阀门、设备等；2021版标准则提出了漏损率低于5%的定量化要求，标准的可操作性大幅提升。此外，定量化评价指标的分级更全面、更细致，且指标要求不断提升。最具代表性的是对建筑中可再生能源利用的评价，2011版标准中对公共建筑用2个条文规定了可再生能源在热水、供暖供冷和发电中的使用比例高于建筑总能耗的25%/50%、25%/50%、1%/2%；2015版标准则分别对热水、供暖供冷和发电的使用比例分为6档，各档起始值分别为20%~70%（热水、供暖供冷）和1%~3.5%（发电），通过降低门槛最大限度地鼓励可再生能源应用，也将不同应用程度的分值进行了区分，更好地体现出技术应用的差异性；2021版标准在此基础上减少了分值档次，但提升了获得满分的要求，体现出标准对技术要求的提升。

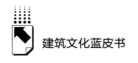
（二）绿色建筑技术应用的变化

三个不同阶段公共建筑所有技术整体平均得分率分别为 67%、62%、55%，呈逐渐下降趋势，说明公共建筑中绿色建筑技术应用的难度在增加。从各类技术得分率看，下降最为明显的是"可再生能源利用"技术，从 2011 版的 75% 降至 20%，下降了 55 个百分点。其原因主要是 2011 版标准中该技术得分要求较低，2015 版和 2021 版标准细分、提升了技术使用要求后，得分率显著降低，同时也反映出公共建筑中可再生能源利用存在小范围应用容易，但大幅度提升应用比例的难度较大的技术应用现状。

此外，"水资源利用"和"固废减量与利用"的得分率降幅较大，从 2011 版的 80% 以上，降至 50% 出头，下降幅度在 30 个百分点左右。两类技术的评分点数量都先大幅增长，后基本恢复到大致相当的水平，可见技术应用的比例与评分点数量的关系不大，主要还是受技术应用要求高低的影响。例如，所有区域土建与装修一体化设计施工、工业化内装部品用量比例 50% 以上的种类数量等，在现阶段还属于相对较高的要求，在公共建筑中实施尚有一定的难度。

"场地空间利用""设计优化""材料利用"的得分率均呈现先增长再略有回落的状态，反映出技术成熟与标准要求提升对技术应用的影响（见图 10）。

三个不同阶段居住建筑所有技术整体平均得分率分别为 52%、68%、73%，呈逐渐上升趋势，说明绿色建筑技术在居住建筑中的应用呈现逐步普及的态势（见图 11）。其中，提升最为显著的是"节能减碳"和"可再生能源利用"技术，分别从 40%、33% 提高到 96%、100%，展示出近年来建筑节能和可再生能源利用技术的快速发展和普及。这与北京市建筑节能标准持续高于国家标准要求、处于国内领先地位密不可分。同时也反映出建筑行业在响应国家节能减排、碳达峰碳中和政策上的积极举措和显著成效。

另一个显著变化是居住建筑在"提高与创新"方面得分率的显著增长，从 0 逐步提升到 22%、31%。说明在居住建筑单位面积造价远远低于公共建筑

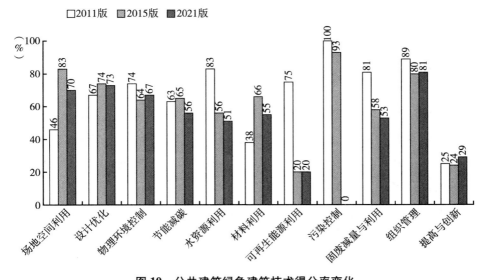

图 10　公共建筑绿色建筑技术得分率变化

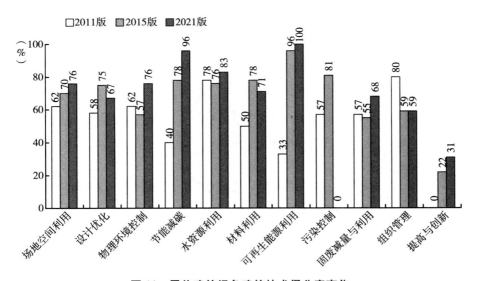

图 11　居住建筑绿色建筑技术得分率变化

的现实条件下，通过绿色建筑标准的指引，居住建筑在更高性能技术和更先
进绿色技术上的应用逐步扩大。由于居住建筑体量庞大，在全社会建筑总量
中占比高，居住建筑中新技术的应用将有力推动技术普及和更新迭代发展。

居住建筑中得分率唯一下降的是"组织管理"技术,从一定程度上反映出居住建筑运行管理中存在的困难和不足。在产权高度分散的现实条件下,如何提升物业管理和运行的技术水平和含量,是居住建筑实现绿色性能中需重点解决的问题。

三个不同阶段三星级建筑所有技术整体平均得分率分别为84%、71%、69%,呈逐渐下降趋势,反映出高星级绿色建筑对技术应用的程度在降低。其中技术得分率下降最大的是"提高与创新"项,说明通过提高其他技术类别的得分率,与三星级建筑要求的差距显著缩小,高星级绿色建筑采用更高性能技术和更先进绿色技术的动力显著降低。这可能会降低三星级建筑的实现难度,缩小三星级建筑与二星级之间的差距。此外,"可再生能源利用"的得分率也降低超过40个百分点,依然主要是受到评分标准变化的影响(见图12)。

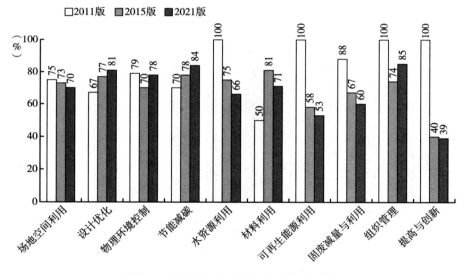

图12 三星级建筑绿色建筑技术得分率变化

得分率上升的主要是"设计优化"和"节能减碳"技术,反映出设计能力提升和节能技术发展应用对技术得分率的支持作用。

三个不同阶段二星级建筑所有技术整体平均得分率分别为56%、58%、

44%，前两阶段与第三阶段之间出现显著下降，反映出绿色建筑内涵扩充前后，绿色建筑技术在二星级建筑中的应用状况的变化。其中，得分率持续显著下降的主要是"水资源利用"、"可再生能源利用"和"组织管理"技术。"水资源利用"和"可再生能源利用"得分率下降与三星级建筑类似，主要是受到标准性能要求提升的影响，而"组织管理"技术得分率的下降反映出二星级建筑在运行维护技术应用中的不足，也显示出与三星级绿色建筑间的显著差异（见图13）。

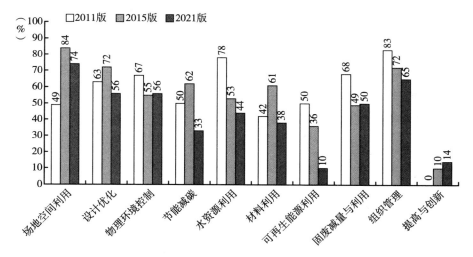

图13　二星级建筑绿色建筑技术得分率变化

五　结语

通过上述对北京市绿色建筑评价标准中绿色技术点内容发展变化，以及案例建筑中各类技术点得分情况的分析，可以看出：①标准中参评技术点的数量和内容变化显著；②不同阶段、类型和星级建筑的技术应用差异显著；③标准中参评技术点及其要求对技术应用的影响显著。

虽然受案例项目样本量的限制，数据统计分析中显示出的部分趋势是否

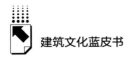

具有一般性仍有待进一步的讨论，但是分析中所展示出的现象，对北京市绿色建筑技术应用与发展仍具有一定的借鉴和参考意义。

参考文献

中国建筑科学研究院主编《中国绿色建筑标准规范回顾与展望》，中国建筑工业出版社，2017。

中华人民共和国住房和城乡建设部：《绿色建筑评价标准（2024 年版）》（GB/T 50378-2019），中国建筑工业出版社，2024。

北京市住房和城乡建设委员会：《绿色建筑评价标准》（DB11/T 825-2011），北京城建科技促进会，2011。

北京市住房和城乡建设委员会：《绿色建筑评价标准》（DB11/T 825-2015），北京城建科技促进会，2016。

北京市住房和城乡建设委员会：《绿色建筑评价标准》（DB11/T 825-2021），北京城建科技促进会，2021。

附　录
2024年北京建筑文化发展大事记

李　伟　秦红岭*

1月

1月9日　北京市规划和自然资源委员会印发《北京市历史建筑规划管理工作规程（试行）》。作为《北京历史文化名城保护条例》的配套政策，该规程将历史建筑的保护利用措施分为五种类型，明确保护要求和审批流程，避免因界限模糊而造成"建设性破坏"。

1月15日　石景山区推动实施68个城市更新项目。2024年石景山区的重点工作以城市更新和产业转型为重点，推动全区实现更高质量发展。石景山区将加快首钢北区和东南区建设，同时，围绕产业融合大力推动产业转型升级，加快构建支柱产业、特色产业和未来产业梯次发展的高精尖产业格局，打造产业发展高地，力争引入高精尖企业2000家。石景山区将推进实施68个城市更新项目，继续探索老旧厂房城市更新路径，促进"京西八大厂"整体复兴。

1月16日　有700余年历史、修缮完成的宏恩观变身"观中"中轴线文化博物馆，实行预约开放。利用大雄宝殿空间策展的宏恩观历史常设展，让市民看到宏恩观近百年的功能演变。1月18日利用观内东侧小空间开办的北京中轴线主题邮局试运营。

---

* 李伟，北京建筑大学人文与社会科学学院党政办公室主任、副研究员，主要研究方向为建筑文化、艺术设计、教育管理；秦红岭，北京建筑大学人文与社会科学学院教授，北京建筑文化研究中心主任，主要研究方向为建筑伦理、文化遗产保护与城市文化。

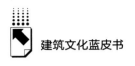

2月

2月27日　在京津冀协同发展战略实施十周年之际，《京津冀地区主要历史文化资源分布图》对外发布。该图展示了京津冀地区主要历史文化资源的空间分布情况，系京津冀三地首次基于统一空间框架对历史文化资源作系统梳理、客观展示和权威发布。该图是多年来京津冀文化遗产保护协同的标志性成果之一。

2月27日　北京市政府常务会议研究2024年城市更新工作要点。会议强调，要深入贯彻习近平总书记重要指示精神，进一步加大改革创新力度，持之以恒推动城市更新各项任务落地见效，为建设国际一流的和谐宜居之都提供支撑。要健全管理体系，完善常态化推进工作的管理体制，及时总结推广实践中的好做法好经验。将城市更新工作纳入疏整促专项行动，定期开展考核评估。要坚持项目牵引，深化项目审批改革，抓紧推进"一件事"集成办理。加强项目谋划储备，持续完善、动态管理项目库，确保谋划一批、储备一批、建设一批。要加快推进居住类项目实施，做好核心区更新改造和环境整治工作，抓紧组织谋划危楼改造试点，加快老旧小区改造进度，积极推进区域综合性项目试点工作，发挥示范带动作用，鼓励引导社会资本参与，持续开展产业类项目实施。推动设施类和公共空间类项目实施，持续开展老旧市政地下管线摸排，及时消除安全隐患。打造绿色高品质公共空间，促进城市生态恢复和环境品质提升。

3月

3月1日　《北京市建筑绿色发展条例》由北京市第十六届人民代表大会常务委员会第六次会议于2023年11月24日通过，自2024年3月1日起施行。该条例旨在贯彻绿色发展理念，节约资源能源，减少污染和碳排放，提升建筑品质，改善人居环境，推动建筑领域绿色低碳高质量发展。

3月6日　为推动北京城市更新工作全面深入开展，在北京城市更新专项小组指导下，北京城市更新联盟将联合北京城市规划学会、北京市城市规划设计研究院、北京市城建研究中心开展第三届"北京城市更新最佳实践"评选活动，总结宣传北京城市更新优秀实践经验，鼓励更多市场主体参与城市更新。此次评选采用专家评审与公众投票相结合的方式，评选出落实北京城市总体规划，有利于完善城市功能、形成活力空间、改善民生福祉，体现多元主体参与，在北京乃至全国具有示范领先效应的项目，打造北京城市更新最佳实践，推动形成可复制可推广的城市更新北京模式。

3月18日　经国务院批复，国家发展和改革委员会、北京市人民政府联合印发了《北京城市副中心建设国家绿色发展示范区实施方案》。该实施方案明确了北京城市副中心建设国家绿色发展示范区的四个战略定位，即：建设习近平生态文明思想重要践行地、绿色发展制度改革先行先试区、绿色技术示范应用创新区、人与自然和谐共生引领区。同时，实施方案分别提出了2025年和2035年北京城市副中心建设国家绿色发展示范区的主要目标，明确以实现碳达峰碳中和目标为引领，聚焦建筑、交通、产业三大关键领域，强化能源、生态、文化三大重点支撑。

3月18日　北京市住房和城乡建设委员会发布《北京市城市更新条例》三份配套文件的征求意见稿。其中，《北京市城市更新实施单元统筹主体确定管理办法（试行）（征求意见稿）》，明确各区政府负责统筹主体的确定和监督管理；《北京市城市更新项目库管理办法（试行）（征求意见稿）》，明确城市更新项目库的定位和管理流程；《北京市城市更新专家委员会管理办法（试行）（征求意见稿）》则明确建立城市更新专家委员会制度。

3月22日　北京经济技术开发区印发《北京经济技术开发区2024年实施城市更新行动任务清单》，计划实施城市更新行动任务52项，首次实现社会领域全覆盖，着力解决企业关注、居民关心的痛点、难点、堵点问题，通过重塑城市空间有效路径，持续优化营商环境，切实提升为群众办事便利度。

3月23日　京冀两地携手打造"进京赶考之路"革命文物主题游径。

"进京赶考之路"革命文物主题游径贯通活动，以 1949 年 3 月 23 日毛泽东等中央领导同志率领中共中央机关和中国人民解放军总部从西柏坡出发进京"赶考"，随后进驻北平这一重大历史事件为主线，整合京冀两地沿线革命旧址、纪念场馆等历史文化资源，系统打造革命文物主题游径，首次实现京冀两地"进京赶考之路"革命文物主题游径贯通。

3 月 27 日 北京市住房和城乡建设委员会印发《老旧低效楼宇更新技术导则（试行）》。该导则对老旧低效楼宇更新工作进行了规范。其中明确，老旧低效楼宇更新应做到"留改拆"并举，更新过程中应避免过度拆改与加固，更新完成后应实现功能、品质、效益三大提升，并从产业空间、活力空间、补充功能短板三个方向开展精细化的运营。

4月

4 月 10 日 北京市住房和城乡建设委员会发布《北京市城市更新条例》三份配套文件，即《北京市城市更新实施单元统筹主体确定管理办法（试行）》、《北京市城市更新项目库管理办法（试行）》和《北京市城市更新专家委员会管理办法（试行）》，分别涉及统筹主体确定、项目库管理及专家委员会管理三方面内容，于 2024 年 5 月 10 日起正式施行。

4 月 10 日 丰台长辛店老镇街区控规获批。《北京丰台区长辛店老镇有机更新 FT00-4011 街区控制性详细规划（街区层面）（2020 年~2035 年）》获市政府批复。长辛店老镇将成为以文化为核心驱动，兼具文化魅力与经济活力、融合历史与现代、传统与科技，留住乡愁、面向未来的文化复兴地区，实现"老镇常新"。

4 月 18 日 北京市规划和自然资源委员会丰台分局核发了丰台区长辛店老镇城市更新项目启动区一期工程二批次 6 个地块的建设工程规划许可证。这是北京市首例区域综合性城市更新项目。对于此次 6 个地块中 3 处历史建筑，将按照最小干预原则，在最大限度保留历史真实信息前提下，对历史建筑适度更新，以满足现代使用功能需求。

4 月 18 日　北京先农坛神仓建筑群开放。第 42 个国际古迹遗址日当天，北京先农坛神仓建筑群开放，神仓历史文化展同步开幕，这是神仓建筑群移建 200 多年来首次向公众开放。神仓建筑群于 2021 年 12 月完成腾退，先后完成了非文物建筑拆除工程、文物本体修缮工程、彩画保护工程、环境整治工程，神仓院落的历史风貌得到恢复。

4 月 22 日　《2023 北京城市更新白皮书》正式发布，总结北京市持续完善政策支持体系等城市更新工作的特点，分析在减量和高质量发展的背景下，城市更新在保民生、稳投资、促消费、调结构等方面的突出作用。该白皮书是在北京市委城市工作办、市规划自然资源委、市住房城乡建设委指导下，由北京市城市规划设计研究院联合北京城市更新联盟共同编写的。

5月

5 月 9 日　北京市出台首部历史建筑修缮技术导则。北京市住房和城乡建设委员会发布《北京市合院式历史建筑修缮技术导则（试行）》，对合院式历史建筑从勘察测绘检测鉴定、保护施工方案、保护修缮施工到验收予以全流程关注，对修缮过程中的材料工艺等进行重点控制，为保护合院式历史建筑价值提供技术支撑。

5 月 14 日　中共中央总书记、国家主席、中央军委主席习近平给北京市延庆区八达岭镇石峡村的乡亲们回信，向他们致以诚挚问候并提出殷切期望。习近平总书记在信中指出："长城是中华民族的代表性符号和中华文明的重要象征，凝聚着中华民族自强不息的奋斗精神和众志成城、坚韧不屈的爱国情怀。保护好、传承好这一历史文化遗产，是我们共同的责任。希望大家接续努力、久久为功，像守护家园一样守护好长城，弘扬长城文化，讲好长城故事，带动更多人了解长城、保护长城，把祖先留下的这份珍贵财富世世代代传下去，为建设社会主义文化强国、推进中国式现代化贡献力量。"

5 月 21 日　为落实《北京市城市更新条例》，加快推进北京市城市更新工作，北京市住房和城乡建设委员会印发《北京市城市更新实施方案编制

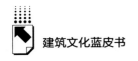

工作指南（试行）》。城市更新实施方案由统筹主体、实施主体依据相关国土空间规划、各类行业规划和项目更新需要编制，是推动实现存量空间资源高效利用和城市功能提升的综合性方案，用于指导城市更新项目有序实施，具体包括更新内容及方式、规划条件、实施计划、资金测算、运营管理等内容。

5月27日 延庆区出台《延庆区贯彻落实习近平总书记重要回信精神行动方案》，明确六个方面50项重点任务，进一步弘扬长城精神，推动长城保护传承和活化利用，为地区高质量绿色发展赋能。

5月28日 《北京城市更新研究报告（2023）》发布，这是我国城市更新领域首部蓝皮书。该报告由总报告、分报告篇、专题篇和案例篇四个部分共21篇报告组成，提出当前北京已进入减量发展背景下的综合更新阶段，"疏解整治促提升"专项行动作为先导，开启了新时代首都特色的城市更新之路，为实现减量发展目标下的城市更新提供有力支持。

5月28日 延庆区将围绕"一轴、三线、四区"的规划布局，以八达岭长城为核心，打造世界级长城大景区，预计于2026年底正式亮相。八达岭镇将与长城片区实现联动协同发展。

5月29日 北京市经济和信息化局公布了北京第一批工业遗产认定名单，共包含7项，涉及多个重要企业和遗产项目。这些项目包括市国资委系统企业首钢集团、北京电控所属国营738厂（北京有线电厂）、国营751厂（751园区），以及化工集团所属的北京化工研究院等4项。此外，还包括北京华电水电有限公司（原密云水电厂）、北京电报大楼和北京珐琅厂等3项。获得工业遗产认定后，这些历史建筑和工业遗物将得到更为妥善的保护。

6月

6月2日 北京延庆打造全域长城生态博物馆，八达岭长城最后1公里2025年打通。依据《延庆区贯彻落实习近平总书记重要回信精神行动方案》，延庆区文物局、延庆区长城管理处进一步出台33项细化方案，在

2024年初步完成3项长城抢险工程、古长城保护展示提升项目的基础上，八达岭长城最后1公里将于2025年打通，为长城大景区建设创造条件。

6月6日　首都规划建设委员会办公室及北京历史文化名城保护委员会办公室携手发布《2023年度北京历史文化名城保护大事记》。该大事记收录了2023年名城保护领域重点事件115条，包括清海军部旧址实现对社会预约开放、香山公园三处古建院落面向公众开放等。

6月6日　北京市文化和旅游局在延庆举办北京长城古迹资源开发推介会。活动通过主题游览线路发布、"邮"长城互动体验、"你不了解的北京长城古迹"文创市集和"长城味道"美食品鉴等多种方式，向文旅企业、旅行社、行业协会及市民宣传北京长城古迹资源，介绍新的长城体验玩法。推介会发布了6条"漫步北京——北京长城古迹主题游线路"，分别是："长城脚下，古韵京西——门头沟城堡古村探访之旅""关城漫步，穿越古今——昌平长城假日休闲之旅""古迹巡礼，沉浸夜游——延庆长城万象打卡之旅""山水之间，艺术生活——怀柔长城作伴慢享之旅""树守长城，乐居水镇——密云古道古堡古树之旅""探访古关，醉享金海——平谷环湖畅玩寻迹之旅"。

6月7日　北京市委书记尹力就贯彻落实习近平总书记给北京市八达岭长城脚下的乡亲们的回信精神，到延庆区调研长城保护传承利用工作，并出席2024北京长城文化节开幕式群众性文艺晚会。他强调，要认真学习领会、深入贯彻落实习近平总书记重要回信精神，立足全国文化中心定位，以首善标准做好长城保护发展这篇"大文章"，为建设社会主义文化强国、推进中国式现代化贡献北京力量。

6月8日　2024八达岭长城文化论坛举行。作为2024年北京长城文化节的重要组成部分，本届论坛以"长城国家文化公园的传承保护和实践创新"为主题，设置文化之城、开放之诚、发展之乘、时代之承四个篇章，围绕共促新时代长城文化遗产保护传承利用新路径、长城国家文化公园建设的价值阐释等问题进行了深入探讨。

6月26日　为落实北京城市总体规划，积极推动城市更新工作，依据

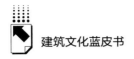

《国有土地上房屋征收与补偿条例》《北京市城市更新条例》等有关规定，经市政府同意，北京市住房和城乡建设委员会发布《关于城市更新过程中对国有土地上私有房屋实施房屋征收有关事项的通知》，该通知自印发之日起施行。

7月

7月2日 系统保护三山五园地区传统地名。经北京市政府批准，三山五园地区传统地名保护名录（第一批）由北京历史文化名城保护委员会办公室对社会公布。将传统地名纳入历史文化名城保护体系，是北京历史文化名城保护的一项重要探索。此次地名研究和评估工作由市规划和自然资源委员会会同海淀区政府组织开展，第一批名录是在综合考虑地名产生和使用年代、地名承载的历史文化意义、地名现状与影响力等因素后筛选而出。

7月5日 "薪火相传 共砺国魂——庆祝'爱我中华 修我长城'社会赞助活动四十周年专题展"在首都博物馆开幕。150余件文物、图片、档案等展品，系统展示"爱我中华 修我长城"社会赞助活动取得的成就。

7月16日 2024文化遗产保护数字化国际论坛在海淀区中关村国际创新中心开幕。论坛由清华大学、海淀区政府和国际古迹遗址理事会数字遗产专委会主办，来自全球20个国家和地区的308名代表出席。开幕式上，中国与希腊8家机构签约成立"中希数字遗产联合实验室"，共同探索文化遗产保护新路径。签约方包括北京清城睿现数字科技研究院、希腊雅典理工大学、陕西秦始皇帝陵博物院等。

7月27日 在印度新德里召开的联合国教科文组织第46届世界遗产大会上，"北京中轴线——中国理想都城秩序的杰作"成功列入《世界遗产名录》，使中国世界遗产总数增至59项。"北京中轴线"的成功申遗，彰显了中国在文化遗产保护领域的努力和成就，标志着"北京中轴线"在国际社会对其历史文化价值的认可，进一步提升了其保护和传承的国际影响力。

7月31日 在城市更新专项小组指导和市委城市工作办、市规划自然资源委、市住房城乡建设委的支持下，北京城市更新联盟联合北京城市规划学会、北京市城市规划设计研究院、北京市城建研究中心组织开展了第三届"北京城市更新最佳实践"评选活动。经评选和公示，城市更新"最佳实践"14项、"优秀项目"24项，共计38项入选。

8月

8月12日　石景山推动"京西八大厂"整体复兴。石景山区深入实施城市更新和产业转型"两大战略"，推动将新首钢工业遗存保护利用经验转化为标准规范，聚焦导入高精尖产业，带动北重、巴威·北锅和首特钢等老厂区转型升级，加速"京西八大厂"整体复兴。石景山通过产业重塑和城市更新，推动"工业锈带"向"城市秀场"转型，进一步提升区域经济活力，为首都城市复兴做出贡献。

8月14日　北京市住房和城乡建设委员会公布北京市2024年度第一批绿色建筑标识项目。经认定，西城区金融大街9号商业办公扩建、A5写字楼项目达到二星级绿色建筑要求，予以公布。

8月16日　北京市文化和旅游局公布2024~2028年北京市级非物质文化遗产生产性保护示范基地拟推荐名单。

9月

9月9日　北京市住房和城乡建设委员会等部门印发《北京市城市更新实施单元划定工作指引（试行）》。本指引适用于本市行政区域内的城市更新实施单元划定。

9月26日　第二届北京城市更新论坛开幕。此次活动由北京城市更新专项小组指导、北京城市更新联盟发起并筹办，包含开幕活动、政策解读与学术交流论坛、最佳实践分享论坛、区级分论坛等系列活动。亮马河国际风情水岸等10个城市更新"最佳实践"和金隅龙顺成文化创意产业园等16

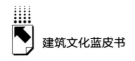

个"优秀项目"获表彰。

9月27日 第三届北京城市更新论坛暨第二届北京城市更新周在东城区钟鼓楼文化广场开幕。活动由北京市委城市工作办、市住房城乡建设委、市规划自然资源委指导，北京城市更新联盟发起并筹办，以"共续文脉、共享美好"为主题，包含开幕式、多场平行交流研讨会、区级分论坛、北京城市更新周分会场活动、闭幕式等。活动期间，主办方对第三届北京城市更新"最佳实践"获选项目进行表彰。

10月

10月9日 "2024年京津冀青年匠师（可移动文物修复师）培养项目"在北京乐石文物修复中心开展，该项目由北京市文物局、天津市文物局、河北省文物局联合主办，北京市文博发展中心承办，北京乐石文物修复中心协办，旨在贯彻落实党的二十大及二十届二中、三中全会精神，贯彻落实习近平总书记关于文物保护和人才工作的重要论述和重要指示批示精神，着力加强青年可移动修复师培养，促进京津冀三地人才协同发展。

10月25日 公众考古，知行北京——2024北京公众考古季正式启动。为深入贯彻习近平总书记关于考古工作的系列论述和重要指示批示精神，认真落实国家文物局"十四五"考古工作专项规划，践行系统保护、整体保护的理念，做好考古研究成果的宣传、推广、转化工作，努力建设中国特色、中国风格、中国气派的考古学，由北京市文物局、昌平区委区政府主办的"2024北京公众考古季开幕式"在明十三陵游客中心举行。本届公众考古季以"公众考古，知行北京"为主题，旨在向公众传递考古知识，推动文化遗产保护传承赋能社会经济发展。

10月27日 以"培育新质生产力，激发绿色新动能"为主题的2024年（第五届）北京城市副中心绿色发展论坛举办。论坛期间，百余位专家学者、企业家及各界人士分享智慧、交流经验，形成了一系列智力成果，论坛凝聚"绿色北京看城市副中心"和京津冀三个绿色城市携手并进"两个共识",为城市副中心绿色高质量发展提供支撑。开幕式上发布了《北京市关于加快建设国际绿色经济标杆城市的实施意见》,北京市建设国际绿色经济标杆城市启动。

10 月 30 日　西城区第三批文物建筑活化利用项目发布。项目旨在优选社会力量参与文物建筑活化利用,使文物建筑在有效保护的同时得到科学合理的开发利用,进而彰显西城特有的文化历史价值,弘扬社会主义核心价值观,共同打造首都历史文化金名片。本次西城区第三批文物建筑活化利用项目包括真武庙、永泉庵、西单饭店旧址、聚顺和栈南货老店旧址、砖塔胡同关帝庙、婺源会馆、秦良玉屯兵处 7 处文物建筑。

11月

11 月 16 日　2024(第八届)北京国际城市设计大会召开。由北京建筑大学、中国建筑学会、中国建筑文化中心主办的 2024(第八届)北京国际城市设计大会在北京建筑大学西城校区开幕。住房和城乡建设部党组成员、副部长姜万荣出席大会并讲话。大会以"变革·传承·包容"为主题,来自国内外遗产保护、城市更新、绿色低碳、人工智能、城市设计等领域的专家学者、高校师生等参加交流。会上,《城市更新 绿色指引》新书正式发布。

11 月 20 日　北京市文物局举办"北京世界文化遗产管理人员高级研修班"。该研修班依托北京建筑大学"国家文物局文博人才培训示范基地"的雄厚学术优势,通过举办高级研修班,使从事遗产保护工作的管理人员进一步开阔视野、更新观念,综合提高世界遗产管理水平。

12月

12 月 12 日　《北京历史文化遗产保护传承体系规划(2023 年～2035 年)》正式发布。该规划是北京市深入贯彻习近平文化思想,落实党的二

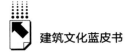

十届三中全会精神和中共中央办公厅、国务院办公厅《关于在城乡建设中加强历史文化保护传承的意见》要求的重要举措。规划由北京历史文化名城保护委员会编制，经北京市委、市政府审议同意并向首都规划建设委员会报告，由北京历史文化名城保护委员会印发实施。规划提出了近期（2027年）、中期（2030年）和远期目标（2035年）。到2035年的规划目标是全面建成北京城乡历史文化遗产保护传承体系。

12月20日 北京市住房和城乡建设委员会等5部门联合印发的《北京市城市更新实施方案联合审查管理办法（试行）》正式实施。该管理办法创新多部门联合审查工作方式，确保审查的规范性与科学性，提高审查质量；规范了方案联合审查过程中的部门职责、审查内容及审查重点；建立了"联合审查前准备—专家评审（如需要）—区级联合审查—方案公示"的审查流程；明确了各级的监督管理责任。

12月21日 560余岁先农坛庆成宫首次开放。历时近30年腾退修缮，先农坛庆成宫首次开放，成为北京古代建筑博物馆的一部分。由此，全国重点文物保护单位先农坛的最后一个古建筑群得以开放。"致中育和 嘉礼庆成——先农坛庆成宫数字常设展"等3场展览揭幕。

12月27日 北京城市副中心三大文化建筑开放一周年。北京城市副中心的三大文化建筑——北京艺术中心、北京城市图书馆和北京大运河博物馆，迎来了对外开放一周年的纪念。这些建筑在过去一年中举办了多场文化活动，吸引了大量市民和游客，彰显了全国文化中心的深厚底蕴。

Abstract

In recent years, Beijing has actively promoted the integration of architectural heritage conservation with urban renewal to fulfill its capital functions and drive high-quality urban development. Through urban renewal initiatives and specialized conservation programs, significant achievements have been made. However, challenges persist in balancing heritage conservation with adaptive reuse, urban functional optimization, and societal development needs. This report summarizes Beijing's practical experiences in architectural heritage preservation, identifies underlying issues, and proposes strategies to advance systematic conservation and innovative development of architectural heritage, thereby supporting the capital's high-quality development.

This book comprises a General Report and several thematic reports, offering a multidimensional examination of the current status and evolving trends in the conservation and development of Beijing's architectural heritage. The General Report focuses on the conservation and utilization of this heritage within the context of urban regeneration. It systematically reviews recent achievements in enhancing the character and appearance of historic and cultural districts, the conservation and adaptive reuse of heritage buildings, and the integration of historic building conservation/utilization with improvements to people's livelihoods. Concurrently, the report analyzes persistent challenges related to coordinated development between cultural heritage conservation and socio-economic progress, industrial synergies, and governance mechanisms. To address these, it proposes strategies centered on revitalizing architectural heritage through planning-led initiatives, optimization of institutional mechanisms, and enhanced social participation.

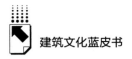

The sub-reports comprise the Heritage Conservation Report and the Development Report. Heritage Conservation Report encompasses five thematic studies. It systematically summarizes the experiences and challenges in conserving different types of architectural heritage, focusing on the following areas: conservation practices in the Dashilanr Historic and Cultural District; categorized conservation and adaptive reuse of Qing Dynasty Princely Mansions; reuse and transformational development of industrial heritage in Western Beijing; conservation strategies for the altar architectural system and holistic conservation approaches for "Soviet-Style" architectural heritage. Development Report focuses on three thematic areas: exploration and optimization of renewal models for Beijing's Old City; systematically reviewing the conservation journey of the Beijing Great Wall, analyzing recent achievements and future prospects to provide direction for the protection and transmission of this cultural heritage, as well as comprehensively presenting the evolution of green building technology application in Beijing and its prospects within the future construction industry, offering insights for green building policies and practices.

To advance the high-quality development of architectural heritage conservation and architectural culture within Beijing's urban regeneration process, this report proposes the following recommendations. 1) prioritize planning guidance and strengthen top-level design for heritage conservation: improve urban regeneration planning and specialized heritage conservation plans, enhance zonal and categorical protection for different types of architectural heritage, coordinate the relationship between heritage conservation and economic development, and achieve long-term institutionalized management. 2) promote collaborative governance and enhance public awareness and participation: establish diversified mechanisms for social participation, attracting social capital, non-profit organizations, and community residents to jointly engage in architectural heritage conservation, fostering a social atmosphere of "heritage protection by all". 3) Explore diverse pathways for adaptive reuse to enhance sustainable heritage value: encourage multi-functional adaptive reuse practices such as cultural creativity, tourism development, and community services utilizing architectural heritage. Innovate models like "thematic district renewal" and "community-led conservation" to reinvigorate heritage assets, enabling them to serve the economy and improve people's livelihoods. 4) Optimize institutional mechanisms and enhance cross-departmental coordination: establish a linkage mechanism between urban regeneration and architectural heritage conservation, strengthen collaboration among relevant departments, promote the efficient allocation of funds, resources, and technology, and ensure the sustainability and equity of heritage conservation efforts. 5) Deepen specialized research on heritage conservation and strengthen the summarization of lessons learned. Further intensify research on the value and conservation strategies for specific heritage types, such as Qing Dynasty Princely Mansions, industrial heritage, altar architecture, and "Soviet-Style" architecture. 6) Promote the integrated development of green technologies and heritage conservation: incorporate green building technologies into heritage conservation and adaptive reuse practices, exploring low-carbon and environmentally friendly approaches to building restoration and operation.

Keywords: Beijing Architectural Culture; Architectural Heritage Conservation; Urban Regeneration

Contents

Ⅰ General Report

Abstract: Urban regeneration in Beijing represents not only a continuous improvement and optimization of the urban spatial form and functions within built-up areas, but also serves as a vital means to implement urban landscape control and the requirements for protecting the city as a historic and cultural capital, thereby facilitating the conservation, inheritance, and revitalization of Beijing's architectural heritage. Based on the fundamental characteristics and innovative models of Beijing's urban regeneration, this report summarizes the main achievements in the conservation and utilization of its architectural heritage. but overall, as Beijing's architectural heritage conservation and utilization efforts progress towards a new stage of high-quality development for the capital within the context of urban regeneration, several challenges persist. For onstance, enhanced coordination is needed between urban regeneration initiatives and the conservation of historic and cultural districts/architectural heritage. In addition, insufficient integration exists between architectural heritage conservation and adjacent functional connectivity/industrial synergies. Moreover, the effectiveness of systematically promoting the adaptive reuse of heritage buildings requires improvement. Furthermore, the conservation and renewal of historic buildings face difficulties in balancing the imperative for improving people's livelihoods. To address these challenges in light of Beijing's new urban development dynamics and needs, this report proposes the following recommendations: 1) Leverage the guiding role of urban regeneration planning to balance the relationship between architectural heritage conservation/utilization and economic development within historic and cultural districts. 2) Formulate management regulations for architectural heritage within urban regeneration districts to improve the institutional mechanisms for conservation and utilization. 3) Deepen pathways for the adaptive reuse of heritage buildings and actively expand modes of social participation to breathe new life into architectural heritage through urban regeneration. 4) Intensify practical innovation in the conservation and utilization of historic buildings to harmonize the relationship between their protection and the improvement of people's livelihoods.

Keywords: Urban Regeneration; Architectural Heritage Conservation; Historic and Cultural Districts; Beijing

Ⅱ　Heritage Protection Reports

B.2　Research Report on the Protection and Utilization of Architectural Heritage in Beijing's Historical and Cultural Blocks
—*A Case Study on Dashilar Historical Block*

Qi Ying, Chen Yixia and Zhang Qiuyan / 043

Abstract: Boasting 3,000-year history of being a city and 800-year history of being a capital, Beijing is a world-renowned historical and cultural city. It is a model and historical witness of ancient Chinese capital construction. Throughout its long history, the Xuan Nan area has always been closely related to the historical changes in the city's layout, initially as the land of the State of Ji and within the Zhongdu city of Jin dynasty, and later outside the city, serving as a witness to Beijing's city-building and a microcosm of its culture. In the post-heritage era, the

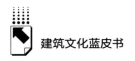

protection and revitalization of Beijing's old city has entered a new stage. This report takes Dashilar Historical Block in the Xuan Nan area, which has a complete historical context, rich culture, and prominent features, as an example to explore the analysis of its current status of renewal practice, refine strategies and directions for subsequent revitalization and utilization.

Keywords: Dashila; Historical and Cultural Block; Architectural Heritage

B.3 Research Report on the Protection and Utilization of Qing Dynasty Mansion Architecture in Beijing's Old City

Li Chunqing, Jin Enlin, Yan Wenqian,

Liu Shengnan and Li Zhuoran / 066

Abstract: Beijing's old city is a millennium-old capital that has witnessed the vicissitudes of history. It is a great testament to the long-standing Chinese civilization and the foundation for Beijing to become a world cultural city. Due to the special Qing Dynasty system of enfeoffment without granting land, almost all Qing Dynasty mansion buildings are concentrated in the inner city of Beijing's old city, becoming an important part of the ancient capital's landscape, witnessing the changes in Qing Dynasty society, politics, and culture, and reflecting the essence of traditional Chinese architectural culture. They are characterized by a large number and variety, significant scale differences, and concentrated distribution areas. Therefore, Qing Dynasty mansion buildings are one of the most representative and valuable historical and cultural heritages in Beijing's old city. This report systematically summarizes the historical evolution, current status, protection level, and usage functions of the 40 existing Qing Dynasty mansions in Beijing's old city through investigation and research, initially constructing the heritage system of Qing Dynasty mansion buildings in Beijing's old city and refining the protection and utilization value of these buildings. On this basis, the report also summarizes and classifies the characteristics of Qing Dynasty mansion buildings in

Beijing's old city, discusses the existing problems and influencing factors of various levels of mansion buildings, and proposes corresponding protection and utilization strategies and countermeasures. The aim is to enhance the government and public's understanding of the value of Qing Dynasty mansion buildings in Beijing's old city and provide a research foundation and support for their protection and utilization work.

Keywords: Beijing Old City; Qing Dynasty Mansion Buildings; Protection and Utilization

B.4　Report on the Protection and Utilization of Industrial

　　　　Heritage in Western Beijing

Zheng Dehao, Fu Fan / 095

Abstract: Industrial heritage, as a type of cultural heritage, has witnessed the rise and fall of urban industry. It carries the historical memory of urban industrial development, making it a valuable asset in the process of urbanization. In recent years, with the acceleration of urbanization and rapid economic development, the protection and utilization of industrial heritage have gained increasing attention. Eight representative enterprises in western Beijing, such as Shougang Group Co., Ltd. and Beijing Heavy Electric Motor Factory have seized the significant opportunities of relocating industrial sites and creating new landmarks for the revival of the capital in the new era, achieving phased results. Currently, Shougang Group Co., Ltd. has become a high-end industrial comprehensive service area integrating technology, sports, commerce, and tourism, and the sites of Beijing Heavy Electric Motor Factory and other eight major factories in Western Beijing have also begun to transform and develop. However, their development still faces many problems and challenges. Based on detailed data collection and field research, and in combination with the policies and higher-level planning of Beijing, Shijingshan District, and the eight major factories in Western Beijing, this report

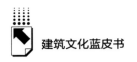
summarizes the current status and existing problems of the protection and reuse of industrial heritage in Western Beijing. It proposes pathways and suggestions for the construction and development of the protection and reuse of industrial heritage in Western Beijing, aiming to provide decision-making references for the more rational protection and utilization of Shougang's industrial heritage.

Keywords: Industrial Heritage; Eight Major Factories in Western Beijing; Sustainable Transformation; Beijing

B.5   Research Report on the Protection and Utilization of Beijing Altar Architecture

Hou Xiaoxuan, Ma Quanbao / 115

Abstract: The Beijing Altar is a ritual architectural complex built during the Ming and Qing dynasties, and it is one of the few well-preserved complete altar systems that coexist with the urban layout of the capital city. The altar architecture represents the royal authority and carries cultural rituals, presenting unique architectural features. Under the background of the protection of the old city of Beijing and the successful application for the World Heritage List of the Central Axis, the altar, as an important carrier of ancient rituals and an important part of the urban layout of Beijing, urgently needs more comprehensive and systematic protection and utilization research. Based on the architectural groups of the Temple of Heaven, Earth, Sun, Moon, Altar of Agriculture and Forestry, and Silkworm Altar, this paper traces the development of the altar, clarifies the evolution process of the Beijing altar, analyzes the construction features of the Beijing altar, and explores more effective ways of protection and utilization based on this foundation.

Keywords: Beijing Altar; Construction Features; Heritage Protection

264

Abstract: The early PRC period witnessed extensive adoption of Soviet architectural paradigms through the Sino-Soviet alliance, resulting in distinctive landmarks like the Soviet Exhibition Hall and Military Museum, industrial complexes, and educational district architectures in western Beijing. As vital components of 20th-century heritage, these Soviet-style structures require systematic documentation, listing in heritage protection systems, and holistic conservation strategies. This study advocates for enhanced research, value assessment, and adaptive reuse approaches to integrate these architectural legacies into contemporary urban contexts.

Keywords: Soviet-style Architecture; Heritage Conservation; Adaptive Reuse

III   Development Reports

Abstract: The year 2017 was of significant importance in the history of the protection and development of Beijing's old city. With the release and implementation of the new Beijing city master plan, Beijing's old city entered a new stage of overall protection. Since 2010, Beijing's old city has initiated explorations of old city protection and renewal models in multiple historical and cultural blocks, distinct from the "dangerous renovation with development" model. These explorations have accumulated experience for the launch of pilot projects for the protection and renewal of Beijing's old city. Since 2019, over a

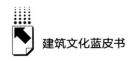
span of five years, 24 protection and renewal projects have been launched based on pilot projects, and more than 7,900 households have been relocated, ensuring the steady implementation of the new Beijing city master plan. The new operation model of relocation and construction has achieved the predetermined goals of improving the living environment, continuing the urban landscape, and balancing financial investment through the implementation of application-based relocation, protective restoration and reconstruction, and relocation asset operation. Through detailed combing of the formation and development process of the relocation, construction, and operation model, in-depth summary of past experiences and lessons, and suggestions for future development directions, this paper promotes the continuous self-adjustment and self-improvement of this model.

Keywords: Protection of Beijing's Old City; Urban Renewal; Utilization of Vacated Space

B.8　Report on the Protection and Inheritance of the Great Wall in Beijing

Liu Zhaoyi, Bi Jianyu / 192

Abstract: This paper reviews the history of the protection and utilization of the Great Wall in Beijing since the founding of the People's Republic of China. This pioneering work has achieved remarkable progress and fruitful results. The paper focuses on summarizing the achievements in the protection and management of the Great Wall in Beijing over the past five years in four aspects. First, with protection as the priority and demonstration as the mission, Beijing has taken the lead in establishing a comprehensive chain of Great Wall protection, including emergency repairs, research-based restoration, preventive conservation, and the construction of practice bases. This has set a good example in line with the standards of World Heritage sites. Second, with research as the foundation and planning as the guide, Beijing has strengthened multi-party cooperation, promoted the transformation of research results, and explored the application of advanced technology. Third, with utilization as the goal and innovation as the driving force, Beijing has promoted the quality improvement of Great Wall scenic spots, the construction of the "Jingji Great Wall" national scenic byway, and the establishment of a museum cluster along the Great Wall, which has helped to revitalize rural culture and shape a national-level Great Wall cultural brand. Fourth, with the mechanism as the guarantee and management as the means, Beijing has strengthened high-level coordination, improved the system and mechanisms, promoted coordinated protection and development in the Beijing-Tianjin-Hebei region, and guided social forces to participate in the protection of the Great Wall, expanding the ranks of Great Wall protectors. As for the protection and inheritance of the Great Wall in Beijing in a new era, protection will still be the focus. Meanwhile, continuous efforts will be made in the aspects of revitalized utilization, cultural interpretation, and spirit promotion, constantly refining the "Beijing experience" that can be replicated and referenced.

Keywords: Great Wall protection and Inheritance; Management Assurance; Public Participation; Demonstration and Leadership; Beijing

B.9 Development Report on the Application of Green
Building Technology in Beijing

Dong Hong, Yao Zhen, Wang Lulu and Li Jiale / 214

Abstract: Green building technology is the most direct and effective means to support the greening of buildings. In the past 20 years of research and practice in green buildings, the development and evolution of green building technology, as well as its application status in buildings, are important references for guiding the future development of green buildings. The study presents a comprehensive display of the development and changes in the application of green building technology by comparing the changes in technical points in the three stages of green building

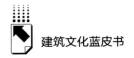
evaluation standards in Beijing, and analyzing the application status of green building technology in case buildings designed, constructed, and put into use according to different evaluation standards. It provides a reference for those engaged in the formulation of green building policies and standards, as well as the design, construction, and operation of green buildings, to understand the development and application status of green building technology.

Keywords: Green Building; Building Technology; Beijing

权威报告·连续出版·独家资源

皮书数据库
ANNUAL REPORT(YEARBOOK)
DATABASE

分析解读当下中国发展变迁的高端智库平台

所获荣誉

- 2022年，入选技术赋能"新闻+"推荐案例
- 2020年，入选全国新闻出版深度融合发展创新案例
- 2019年，入选国家新闻出版署数字出版精品遴选推荐计划
- 2016年，入选"十三五"国家重点电子出版物出版规划骨干工程
- 2013年，荣获"中国出版政府奖·网络出版物奖"提名奖

皮书数据库

"社科数托邦"
微信公众号

成为用户

　　登录网址www.pishu.com.cn访问皮书数据库网站或下载皮书数据库APP，通过手机号码验证或邮箱验证即可成为皮书数据库用户。

用户福利

- 已注册用户购书后可免费获赠100元皮书数据库充值卡。刮开充值卡涂层获取充值密码，登录并进入"会员中心"—"在线充值"—"充值卡充值"，充值成功即可购买和查看数据库内容。
- 用户福利最终解释权归社会科学文献出版社所有。

　　数据库服务热线：010-59367265
　　数据库服务QQ：2475522410
　　数据库服务邮箱：database@ssap.cn
　　图书销售热线：010-59367070/7028
　　图书服务QQ：1265056568
　　图书服务邮箱：duzhe@ssap.cn

社会科学文献出版社　皮书系列
SOCIAL SCIENCES ACADEMIC PRESS (CHINA)

卡号：367332329299
密码：

S 基本子库
SUB DATABASE

中国社会发展数据库（下设 12 个专题子库）

　　紧扣人口、政治、外交、法律、教育、医疗卫生、资源环境等 12 个社会发展领域的前沿和热点，全面整合专业著作、智库报告、学术资讯、调研数据等类型资源，帮助用户追踪中国社会发展动态、研究社会发展战略与政策、了解社会热点问题、分析社会发展趋势。

中国经济发展数据库（下设 12 专题子库）

　　内容涵盖宏观经济、产业经济、工业经济、农业经济、财政金融、房地产经济、城市经济、商业贸易等 12 个重点经济领域，为把握经济运行态势、洞察经济发展规律、研判经济发展趋势、进行经济调控决策提供参考和依据。

中国行业发展数据库（下设 17 个专题子库）

　　以中国国民经济行业分类为依据，覆盖金融业、旅游业、交通运输业、能源矿产业、制造业等 100 多个行业，跟踪分析国民经济相关行业市场运行状况和政策导向，汇集行业发展前沿资讯，为投资、从业及各种经济决策提供理论支撑和实践指导。

中国区域发展数据库（下设 4 个专题子库）

　　对中国特定区域内的经济、社会、文化等领域现状与发展情况进行深度分析和预测，涉及省级行政区、城市群、城市、农村等不同维度，研究层级至县及县以下行政区，为学者研究地方经济社会宏观态势、经验模式、发展案例提供支撑，为地方政府决策提供参考。

中国文化传媒数据库（下设 18 个专题子库）

　　内容覆盖文化产业、新闻传播、电影娱乐、文学艺术、群众文化、图书情报等 18 个重点研究领域，聚焦文化传媒领域发展前沿、热点话题、行业实践，服务用户的教学科研、文化投资、企业规划等需要。

世界经济与国际关系数据库（下设 6 个专题子库）

　　整合世界经济、国际政治、世界文化与科技、全球性问题、国际组织与国际法、区域研究 6 大领域研究成果，对世界经济形势、国际形势进行连续性深度分析，对年度热点问题进行专题解读，为研判全球发展趋势提供事实和数据支持。

法律声明

　　"皮书系列"（含蓝皮书、绿皮书、黄皮书）之品牌由社会科学文献出版社最早使用并持续至今，现已被中国图书行业所熟知。"皮书系列"的相关商标已在国家商标管理部门商标局注册，包括但不限于 LOGO（ ▧ ）、皮书、Pishu、经济蓝皮书、社会蓝皮书等。"皮书系列"图书的注册商标专用权及封面设计、版式设计的著作权均为社会科学文献出版社所有。未经社会科学文献出版社书面授权许可，任何使用与"皮书系列"图书注册商标、封面设计、版式设计相同或者近似的文字、图形或其组合的行为均系侵权行为。

　　经作者授权，本书的专有出版权及信息网络传播权等为社会科学文献出版社享有。未经社会科学文献出版社书面授权许可，任何就本书内容的复制、发行或以数字形式进行网络传播的行为均系侵权行为。

　　社会科学文献出版社将通过法律途径追究上述侵权行为的法律责任，维护自身合法权益。

　　欢迎社会各界人士对侵犯社会科学文献出版社上述权利的侵权行为进行举报。电话：010-59367121，电子邮箱：fawubu@ssap.cn。

社会科学文献出版社